职业教育规划教材
化工企业培训教材

化工机械设备及维修基础

潘传九　主编

化学工业出版社

·北京·

本教材面向化工生产操作人员、化工设备维护检修人员或安全管理人员，针对化工生产企业机械设备的使用、维护、检修、管理的需要，学习与化工设备相关的知识，以利于职业岗位工作。主要涉及机械制图、机械材料、机械传动、化工动设备（机器）、化工静设备（设备）、安全用电与仪表、职业安全、环境保护、质量管理、劳动法规等相关内容。每章后面配有本章知识要点小结和复习思考题，以便于学习和总结。

本教材适用于职业院校学生使用，包括高职、中职、技校、职高，也适用于企业员工培训。主要适用于化工工艺操作、化工设备维修、化工安全管理类专业或职业岗位，针对不同情况，可以选学其中的内容，或有些作为详细学习，有些作为一般了解或一般阅读。

图书在版编目（CIP）数据

化工机械设备及维修基础/潘传九主编. —北京：化学
工业出版社，2013.1（2024.1重印）
职业教育规划教材，化工企业培训教材
ISBN 978-7-122-15834-5

Ⅰ.①化… Ⅱ.①潘… Ⅲ.①化工机械-机械维修-
高等职业教育-教材②化工设备-维修-高等职业教育-教材
Ⅳ.①TQ050.7

中国版本图书馆 CIP 数据核字（2012）第 266968 号

责任编辑：高　钰	文字编辑：项　潋
责任校对：王素芹	装帧设计：刘丽华

出版发行：化学工业出版社（北京市东城区青年湖南街13号　邮政编码100011）
印　　装：涿州市般润文化传播有限公司
787mm×1092mm　1/16　印张18　字数451千字　2024年1月北京第1版第7次印刷

购书咨询：010-64518888　　　　售后服务：010-64518899
网　　址：http://www.cip.com.cn
凡购买本书，如有缺损质量问题，本社销售中心负责调换。

定　　价：48.00元

前　言

化工行业是我国国民经济的重要基础和支柱行业，化工生产在我国依然在快速发展，在宏观经济的发展中占有举足轻重的地位。多年来，在我国国民经济高速发展中，化工行业的自主创新、产业布局、结构调整、实施循环经济及资源节约与综合运用、环境保护、能源替代、安全生产、危险化学品管理、装备更新，以及新领域的发展包括核能应用、海洋发展等诸多方面得到了长足发展和进步，同时国家经济建设的发展也为化工行业创造了更广阔的发展空间和发展机会。我国的石油化工还实现了走出去战略，进入了世界大舞台。煤化工、生物能源和生物化工等发展迅速，促进了能源多样化。

国家经济建设需要发展化工，人们生活需要化工，化工生产中的设备多种多样，并且现代化工生产是高技术的集约化生产系统，需要长周期连续性运行，维护设备正常运行、提高设备维修质量显得非常重要。因此，无论是化工生产操作人员，还是化工设备维护检修人员，或者是安全管理人员，都必须了解化工设备，懂得化工设备，能用好化工设备，维护好化工设备，提高设备检修质量。

本教材正是面向化工生产操作人员、化工设备维护检修人员和化工安全管理人员，针对化工生产企业的设备使用、维护、检修、管理的需要，学习与化工设备相关的基本知识，以利于职业岗位工作。主要涉及机械图、机械材料、机械传动、化工动设备（机器）、化工静设备（设备）、安全用电与仪表、职业安全、环境保护、质量管理、劳动法规等相关内容。不同地区，不同人员（工艺操作、设备维修、安全管理），不同对象（院校学生、员工培训），可以根据具体情况，选学其中的内容，或有些作为详细学习，有些作为一般了解或一般阅读。

本教材编写前期，曾经得到中海石油海南基地人力资源部和检修部、化工职业技能鉴定指导中心，以及相关院校老师专家的大力帮助，积累了部分资料，在此表示衷心的感谢！本教材得以出版，包含了许多人员的心血，希望本教材的出版使用，能够在化工人才的培养方面，在各方面人员共同协作，确保安全生产、稳定生产、满负荷生产、连续性长周期生产、高质量地生产方面做出自己的贡献，尽到微薄之力。

编者

2012 年 10 月

目　录

绪　　论

化学工业从 19 世纪初开始形成，并且是发展较快的一个工业部门。化学工业是属于知识和资金密集型的行业。随着科学技术的发展，它由最初只生产纯碱、硫酸等少数几种无机产品和主要从植物中提取茜素制成染料的有机产品，逐步发展为一个多行业、多品种的生产部门，出现了一大批综合利用资源和规模大型化的化工企业。现代化学工业涉及方方面面，从航天工业到人们日常生活的每个角落，都在使用化工产品。今天的世界和生活在现代社会中的人们，已经离不开化工了。如果没用了化工，现代社会将无法运转，陷于瘫痪。

1. 化学工业与过程工业、化工机械与过程机械

化学工业（chemical industry）又称化学加工工业，泛指生产过程中化学方法占主要地位的工业，是利用化学反应改变物质结构、成分、形态等生产化学产品的部门。基本化学工业包括无机酸、碱、盐、稀有元素等，广义的化工包含炼油、石油化工、轻化工、化肥、农药、医药原料、染料、涂料、橡胶、塑料、合成纤维以及各种精细化工行业。

化工机械是指使用于化工生产之中的各种机械。因此，化工机械是一个应用比较广泛的机械门类。

推而广之，在很多工业生产中，处理的物料是流动性物料（也称流程性物料），如气体、液体、粉体等；在生产过程中，要对原材料、中间产物进行输送，并使物料发生一系列化学、物理过程，在这些过程中改变物质的状态、结构、性质并得到最终产品；这种以流动性物料为主要处理对象、完成其生产过程的工业生产总称为过程工业。过程工业中进行的各种化学、物理过程往往在密闭状态下连续进行，几乎遍及所有现代工业生产领域，而化学工业是最传统、最典型的过程工业。化肥、石油化工、生物化工、煤化工、制药、农药、染料、食品、炼油、轻工、热电、核工业、公用工程、湿法冶金、环境保护等生产过程大多数是处理流动性物料，处理过程中几乎都包含改变物质的状态、结构、性质的生产过程。这些工业都属于过程工业。因此，化学工业与过程工业关系最为密切，其内涵互相包容得最多。过程工业的任何一个生产装置都需要使用多种机器、设备和管道，如各种类型的压缩机、泵、换热设备、反应设备、塔设备、干燥设备、分离设备、储罐、炉窑、管子、管件等，以完成生产过程中的各种化学反应、热交换、不同成分的分离、各种原料（包括中间产物）的传输、气体压缩、原料和产品的储存等，这些设备几乎也就是化工设备。因此，化工机械与过程机械也是关系最为密切，其内涵互相包容得最多。

2. 化工生产与化工机械

化工生产要在一定条件下进行，不管其生产过程相对简单还是复杂，都需要在一定的"设备"或由设备组成的"装置"中进行，就像化学实验要在试管、烧杯等玻璃器皿中进行，或在这些器皿组成的实验装置中进行一样。例如，合成氨生产中，由天然气（或石脑油、重油）为原料经裂解等反应得到 H_2、CO 等混合物料，但氨（NH_3）的合成需要高纯度的H_2，实际生产中是经过"变换"反应，将 CO 和加入的水蒸气变成 CO_2 和 H_2，再经过"脱碳"，将 CO_2 分离掉。图 0-1 是 CO 变换工艺流程，图 0-2 是脱碳工艺流程。由图可见，该

生产过程用到了固定床反应器、换热器、变直径的填料塔，还有泵、空气冷却器、管路、阀门及多种化工仪表。

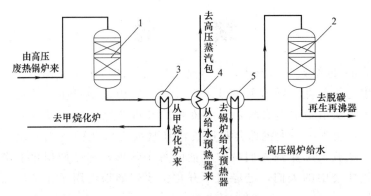

图 0-1　CO 变换工艺流程

1—高温 CO 变换炉；2—低温 CO 变换炉；3—甲烷化炉调整加热器；4,5—高压 BFW 预热器

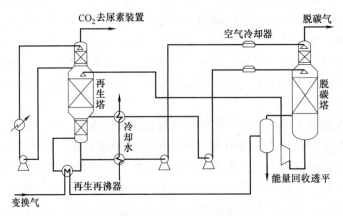

图 0-2　脱碳工艺流程

图 0-3 是管式炉乙烷裂解制乙烯生产流程。乙烯是重要的石油化工基础原料，主要用于生产聚乙烯、聚氯乙烯、苯乙烯、乙丙橡胶、乙醇、乙醛、环氧乙烷、乙二醇等。

原料乙烷和循环乙烷经热水预热后，到裂解炉对流层，加入一定比例的稀释蒸汽进一步预热，然后进入裂解炉辐射段裂解，裂解气到余热锅炉迅速冷却，再进入骤冷塔进一步冷却，其中水和重质成分冷凝成液体从塔底分出。冷却后的裂解气经离心式压缩机一、二、三段压缩，送碱洗塔除去酸性气体，再进乙炔转换塔除去乙炔，然后经压缩机四段增压后到干燥塔除去水分，接下来到乙烯/丙烯冷冻系统，烃类物质降温冷凝，分出氢气。冷凝液先分出甲烷，再在碳二分馏塔得乙烯产品，乙烷循环使用。碳三以上成为燃料。流程中使用的机器有离心式压缩机，设备有裂解炉、余热锅炉和各种塔。所有机器、设备之间全部用管子、管件、阀门等连接。

随着工业的发展，工业生产产生的废气、废液、废渣越来越多，严重污染人类的生存环境。"三废"治理已越来越引起人们的广泛重视，已经逐步与主产品生产放到同等的重要位置。其中很多治理过程也往往是流程性的。图 0-4 是从废有机氯化物中盐酸的回收流程。整个工艺包括燃烧、急冷、吸收和除害等工序。所用的设备主要是燃烧炉、塔设备、换热设备、泵和管路阀门。

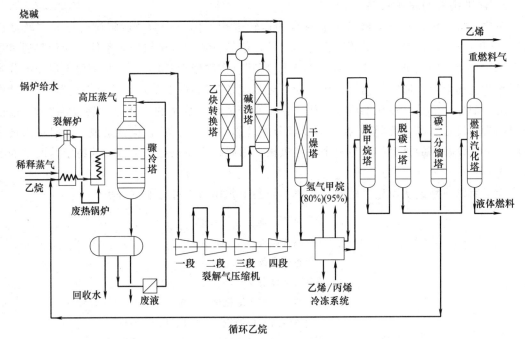

图 0-3　管式炉乙烷裂解制乙烯生产流程

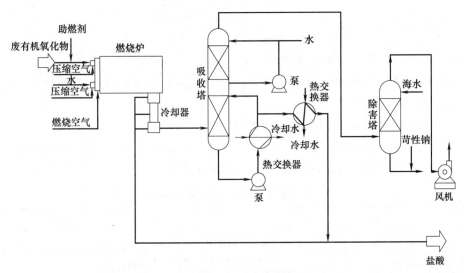

图 0-4　废有机氯化物中盐酸的回收流程

　　化工机械是以上举例和没有举例的各种化工生产中使用的各种机械设备的统称。可见，化工生产离不开化工机械，化工机械是为化工生产服务的。现代化工生产追求安全、稳定、长周期、满负荷运行，并优化生产组合和产品结构，这就需要化工工艺和化工机械之间很好地配合，当然，还有仪表控制在内。历史经验证明，新的化工工艺过程需要有性能优良的化工机械与之配合；反之，化工机械领域新的突破，能够促使化工生产跨上新台阶，出现新飞跃。为了密切配合，确保化工生产的"安、稳、长、满、优"，工艺人员必须具有一定的化工机械方面的知识和能力，同样，机械人员也需要具有一定的化工工艺过程的实际知识。

3. 化工机械与化工设备

在化工机械中，有一类机械依靠自身的运转进行工作，称为"运转设备"或"转动设备"（俗称动设备）；另一类机械工作时不运动，依靠特定的机械结构等条件，让物料通过机械内部"自动"完成工作任务，称为"静止设备"（俗称静设备）。为了便于化工机械的分类管理和学生的学习，通常将化工机械分为"化工设备"（即静设备）和"化工机器"（即动设备）两大部分。但是，在化工厂里，往往在需要分清是"静止的"还是"转动的"设备时，分别称为"设备"和"机器"，在不需要区分时统称"化工设备"，也就是说，非机械人员往往将"化工设备"的概念扩展为整个化工机械。因此，要注意对"设备"的特定情况下的特定含义。

为了简单清楚地认识化工机械，按照不同的工艺作用，可有如下分类。

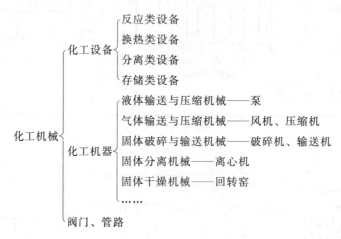

为方便今后的工作和学习，本课程所说的化工设备概念有时是指广义的化工设备；化工机器一般称为运转设备。

4. 化工生产操作和化工设备维护、修理

化工操作工，包括化学反应工、分离工、聚合工、化工司机工、化工司泵工等，其等级工技术标准中，直接与化工设备有关的要求主要列于表 0-1。

表 0-1 化工操作工等级工技术标准的有关内容

		初级工	中级工	高级工
应 知		本岗位设备、工艺管线的试压方法和耐压要求	装置主要设备的结构、用途、工作原理、设备检修质量标准及验收要求	装置易发生重大事故的产生原因和防范措施
		本岗位设备、工艺管线的开、停车安全置换知识和规定	装置主要设备、工艺管线的大修安全知识和规定	装置的全部设备的结构、性能及安装技术要求 装置的仪表、反应设备、机泵选用原则和技术要求 装置的大修、停车、置换方案和大修计划修订要求
		本岗位有关安全技术、消防、环保知识和规定	装置一般生产管理知识（全面质量管理、经济核算等）	装置的有关生产技术管理的知识（全面质量管理、经济活动分析、技术管理知识）

续表

	初级工	中级工	高级工
应 会	能及时处理本岗位事故,会紧急处理本岗位停水、电、汽、风等故障	组织处理装置多岗位事故,并能作出分析和提出防范措施	组织处理现场事故和技术分析
	会正确进行本岗位的设备清洗、防冻、试压、试漏等工作 会维护和保管本岗位设备,确保生产安全进行	组织装置大修后主要设备的质量验收和仪表检修安装后使用验收	提出装置的大修内容和改进方案
	熟练使用安全、消防急救器材	组织装置主要设备检修前的准备工作 组织装置主要设备、管线大修前后的安全检查	组织装置大修前后的安全检查和落实安全措施
		具有对初级工传授技能的能力	具有对中级工传授技能的能力
		绘画装置多岗位带控制点的工艺流程图,识工艺管线施工图	绘画压缩机装配图、管线施工图

对于机、泵岗位的操作工(指压缩机、泵等运转设备),还有相应的零配件、轴承、润滑等知识。仔细分析,等级工标准中与设备有关的约占50%,而且中、高级工标准中对设备方面的要求的比例更大,表中没有列出的其他条目,大多数与化工设备间接有关。由此可知道:化工工艺和化工设备是紧密联系的,化工生产操作的好坏是和化工设备的状态无法分开的。结论是:在化工生产操作中做好设备的维护管理确实非常重要,否则,难保不出事故。请看一例:某厂聚丙烯车间,用注射泵从储罐往外输送甲醇,随着液面的下降,卧式储罐变瘪而报废。这件事故的原因是操作工在启动泵之前没有打开往罐内补氮气的阀,在运行中也没有检查罐内的压力,致使抽成负压,设备变形而报废。

很明显,该操作工缺乏设备维护意识,只是简单地考虑开泵送液这个工艺要求,而且,责任心也差,既违反操作规程,又缺少巡回检查。

在化工生产厂,设备经过检修,经检验合格交付使用后,其使用过程包括以下几个步骤。

a. 启动(开车):开车前准备,严格执行开车程序。

b. 正常运行维护。

c. 异常情况处理:对某种异常的现象进行原因分析和处理。

d. 停车:正常停车;紧急停车(包括紧急全面停车和紧急局部停车);停车后保护。

另外,要特别注意特殊设备的启动开车安全守则及注意事项;还有冷天(冬季)的防冻要求等等。

在以上这些使用过程中,操作和操作维护及维修始终是连在一起,密不可分的。所以,要生产,要操作,就要了解设备、懂得设备;要操作得好,就要维护好设备、维修好设备。"安、稳、长、满、优"是很多现代化工企业追求的生产运行目标,实现这一目标的基础在于坚持优良的工艺操作和优良的设备维护与维修。可以说工艺人员的任务是使用和维护设备,机械人员的任务是维护和修理设备。所以,无论是工艺人员还是机械人员,学好本门课程都是非常重要的,是胜任化工职业技术人才工作的基础之一,也是从胜任化工职业技术人才工作出发,进而向高技能人才、技术创新型人才、技术管理型人才迈进的起点。

5. 学习化工机械设备及检修课程的目标与注意事项

① 化工生产离不开化工机械，化工厂的工艺人员和检修人员都必须具有一定的化工机械设备知识和能力，与机械工作人员有共同语言，以便更好地开展工作和协调合作。

② 本教材主要以化工检修岗位职工培训应当涉及的知识为线索进行内容编排，故同时适用于职业院校以胜任化工检修岗位工作为目标或工作起点的学生进行学习，以及以胜任化工生产操作岗位工作为目标或工作起点的学生进行学习，当然，对于这部分学生，可以有选择性地学习部分内容，或有部分内容可以作为阅读性内容，扩展知识面即可。

③ 课程学习中，尽可能结合化工实际，结合已具有的工业和机械知识，结合化工认识实习、化工单元操作课程等，结合参观与实物、模型，注意实际效果，注意实际能力的提高。

④ 可灵活安排学习内容，不追求系统完整，重点学习和扩展知识结构相结合。

第一章 识图与公差配合

本章主要介绍机械制图、公差配合相关的基础知识，为后续内容的学习打下一定的基础。

第一节 制图的基本知识

在工程实践中，无论是设备安装、检修还是使用机器和设备，都离不开机械图样，能够识读各种常用的机械设备图样，是设备检修人员的基本功。

1. 图纸幅面及格式（GB/T 14689—1993）

为了合理使用图纸和便于装订保管，国家标准《技术制图》对图纸幅面尺寸和图框格式做了统一规定。

(1) 图纸幅面

图纸幅面指的是图纸宽度与长度组成的图面。绘制技术图样时应优先采用表 1-1 推荐的 A0、A1、A2、A3、A4 五种规格尺寸，必要时可以沿长边加长。

表 1-1 图纸幅面　　　　　　　　　　　　　　　　　　　　　mm

幅面代号	A0	A1	A2	A3	A4
$B \times L$	841×1189	594×841	420×594	297×420	210×297
e	20			10	
c	10			5	
a	25				

其中 A1 是 A0 的一半（以长边对折裁开），其余后一号是前一号幅面的一半，一张 A0 图纸可裁 $2n$ 张 n 号图纸。绘图时图纸可以横放或竖放。

(2) 图框格式

图纸上面限定绘图区域的边框称为图框。图框用粗实线画出。图样必须绘制在图框内，按表 1-1 所示尺寸绘制图框，如图 1-1 所示。a 为左边框线与图纸边界的距离，c 为上边、下边、右边与图纸边界的距离。不需要装订的图样，图框的上下左右与图纸的边界都一样，按表 1-1 中 e 尺寸绘制图框。图 1-1 (a)、(b) 为留装订边的，图 1-1 (c)、(d) 为不留装订边的。

(3) 标题栏

标题栏是由名称、代号区、签字区、更改区和其他区域组成的栏目。标题栏的基本要求、内容、尺寸和格式在国家标准 GB/T 10609.1—1989《技术制图标题栏》中有详细规定。许多单位亦有自己的格式。标题栏位于图纸右下角，底边与下图框线重合，右边与右图框线重合，如图 1-1 所示。

2. 比例（GB/T 14690—1993）

图中所画机件要素（零件或装配体）的线性尺寸与实际尺寸之比，称为比例，如图 1-2 所示。

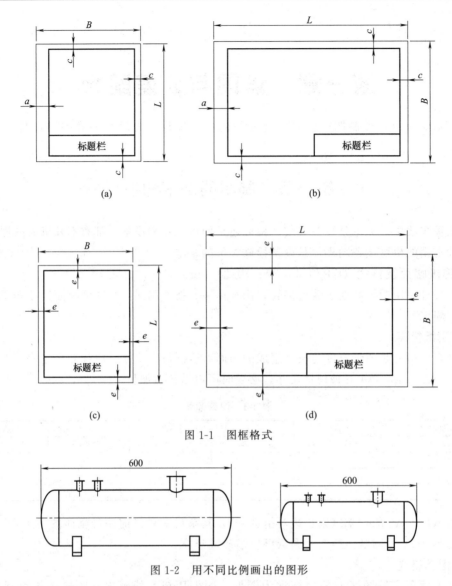

图 1-1　图框格式

图 1-2　用不同比例画出的图形

绘制图样时，一般应采用表 1-2 中规定的比例。绘制同一机件的各个视图应采用相同的比例，并在标题的比例一栏中填写。为了反映机件的真实大小和便于绘图，尽可能选用 1:1 的比例。

表 1-2　比例系列

种类	优先选择系列	允许选择系列
原值比例	1:1	
缩小比例	1:2　　1:5　　1:10 1:2×10^n　　1:5×10^n　　1:1×10^n	1:1.5　　1:2.5　　1:3 1:1.5×10^n　　1:2.5×10^n　　1:3×10^n 1:4　　1:6 1:4×10^n　　1:6×10^n
放大比例	5:1　　2:1 5×10^n:1　　2×10^n:1　　1×10^n:1	4:1　　2.5:1 4×10^n:1　　2.5×10^n:1

注：n 为正整数。

3. 字体（GB/T 14691—1993）

图样中书写的汉字、数字、字母必须做到：字体端正、笔画清楚、排列整齐、间隔均匀。字体的号数（用 h 表示），即字体的高度（单位为 mm）分别为 20、14、10、7、5、3.5、2.5、1.8 八种，字体宽度约为字高的 2/3。汉字应写成长仿宋体，并应采用国家正式公布使用的汉字。书写时应做到：横平竖直、起落露锋、结构均匀、写满方格，汉字的高度 h 不应小于 3.5mm。如图 1-3 所示。

横平竖直、注意起落
结构匀称、填满方格

图 1-3　长仿宋体汉字字体示例

字母和数字均可写成正体和斜体，斜体字的字头向右倾斜，与水平基准线成 75°，图样上一般采用斜体。图 1-4 所示为斜体字母和数字的示例。

ABCDEFGHIJKLMNOP
QRSTUVWXYZ

0123456789

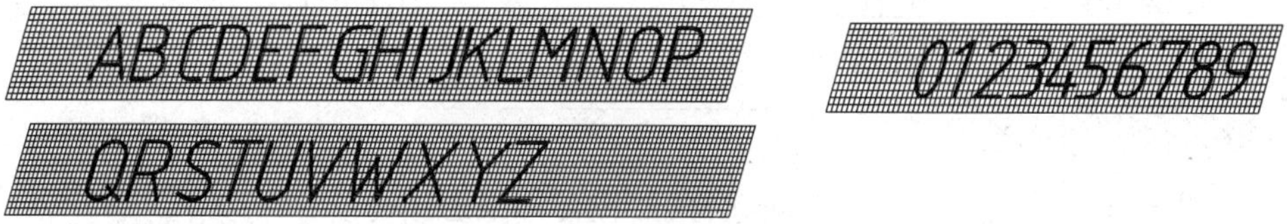

图 1-4　斜体字母和数字的示例

4. 图线（GB/T 17450—1998、GB/T 4457.4—2002）

（1）图线型式及应用

设备的图样是用各种不同粗细和线型的图线画成的。不同的线型有不同的用途，表 1-3 介绍了国家规定的七种图线的应用。

表 1-3　常见的图线及应用

图线名称	线型	图线宽度	一般应用
粗实线	———————	b	可见轮廓线，可见过渡线
细实线	———————	$b/3$	尺寸线及尺寸界线，剖面线，重合断面轮廓线，螺纹牙底线及齿轮的齿根线
波浪线	～～～	$b/3$	断裂处的边界线，视图和剖视的分界线
双折线	———⌇———⌇———	$b/3$	断裂处的边界线
虚线	— — — — —	$b/3$	不可见过渡线，不可见轮廓线
细点画线	— · — · —	$b/3$	轴线，对称中心线，轨迹线，节圆及节线
双点画线	— ·· — ·· —	$b/3$	相邻辅助零件的轮廓线，极限位置的轮廓线，坯料的轮廓线

（2）图线的画法

绘制图线时应根据图形的大小、复杂程度以及图的复制条件，在 0.5～2mm 的范围内选用粗实线的宽度。在同一张图样上绘制图形，同类图线的粗细应保持基本一致，虚线、点画线及双点画线的线段长短和间距大小也应各自大致相等，图 1-5 是一图线的画法的示例。

5. 尺寸标注（GB/T 16675.2—1996）

视图表达了物体的形状，而形体的真实大小是由图样上所注的尺寸来确定的。

任何物体都具有长、宽、高三个方向的尺寸。在视图上标注基本几何体的尺寸时，应将三个方向的尺寸标注齐全。但是，每个尺寸只在图上注写一次。

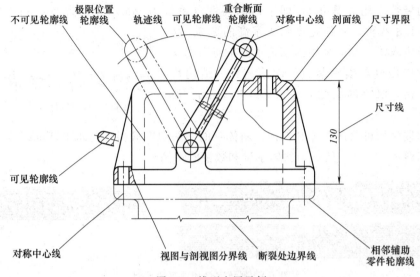

图 1-5　线型应用示例

平面立体的尺寸标注如图 1-6 所示。

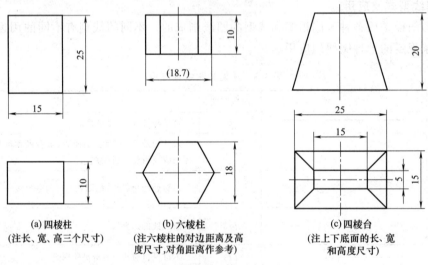

(a) 四棱柱
(注长、宽、高三个尺寸)

(b) 六棱柱
(注六棱柱的对边距离及高度尺寸,对角距离作参考)

(c) 四棱台
(注上下底面的长、宽和高度尺寸)

图 1-6　平面立体尺寸标注

曲面立体尺寸标注如图 1-7 所示。

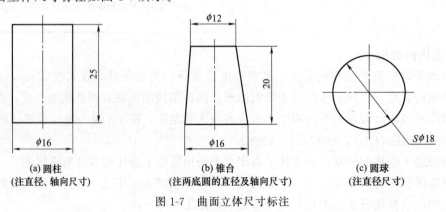

(a) 圆柱
(注直径、轴向尺寸)

(b) 锥台
(注两底圆的直径及轴向尺寸)

(c) 圆球
(注直径尺寸)

图 1-7　曲面立体尺寸标注

第二节 正投影与三视图

1. 投影法

物体在阳光或灯光光线的照射下，会在地面或墙壁上留下影子。这个影子在某些方面反映出物体的形状特征，这就是日常生活中常见的投影现象。人们根据这种现象，总结其几何规律，提出了形成物体图形的方法——投影法。投影法就是一组射线通过物体射向预定平面而得到图形的方法。

一组互相平行的投影线垂直于投影面进行投射而得到的投影称为正投影，如图 1-8 所示。正投影得到的投影图能如实表达空间物体的形状和大小，作图比较方便，因此，机械制图一般均采用正投影法绘制。

2. 三视图的形成与投影规律

(1) 三视图的形成

两个形状不同的物体，由于它们的某些尺寸相等，使得它们在投影面 P 上的投影可能完全相同。因此，在正投影中只用一个视图是不能确定物体的形状和大小的，为了确切表示物体的总体形状，需要在另外的方向再进行投影。通常采用互相垂直的三个投影面，建立一个三投影面体系，如图 1-9 所示。在实际绘图中，正立位置的投影面称为正投影面，用 V 表示；水平位置的投影面称为水平投影面，用 H 表示；侧立位置的投影面称为侧投影面，用 W 表示。用这样的三投影面体系在三个投影上形成的三个正投影图称为三视图。

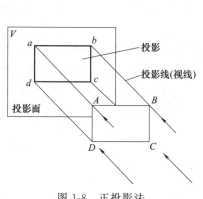

图 1-8 正投影法

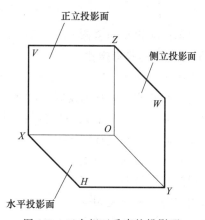

图 1-9 三个相互垂直的投影面

为了获得三视图，把物体放在所建立的三个投影面体系中间。用正投影的方法，向正投影面投影所得图形为主视图；向水平投影面投影所得图形为俯视图；由左方向右侧投影面投影所得图形为左视图。

为了把三视图画在一张图纸上，必须把互相垂直的三个投影面展成一个平面。展开时正投影面（V）的位置不变，水平投影面（H）、侧投影面（W）按图 1-10（a）所示箭头方向旋转 $90°$，使之与正投影面重合。在投影图上通常不画出投影面的边界，投影轴也可省略，如图 1-10（c）所示。

在画图时，先将物体摆正，确定主视图投影方向及位置，俯视图画在主视图的下方，左视图画在主视图的右方。国家标准《机械制图》规定按图 1-10（c）所示相对位置配置视图

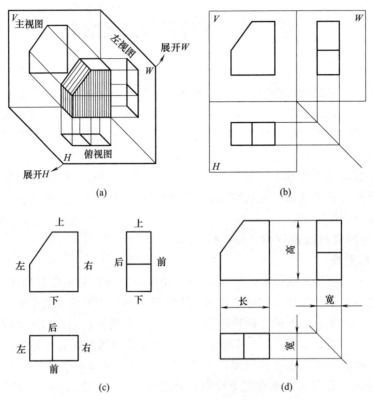

图 1-10　三视图的形成

时，一律不标注视图的名称。

（2）三视图的投影规律

图 1-10 所示物体的三个视图不是互相孤立的，而是在尺度上彼此关联。主视图反映了物体的高度和长度；俯视图反映了物体的长度和宽度；左视图反映了物体的高度和宽度。换句话说，物体的长度由主视图和俯视图同时反映出来，高度由主视图和左视图同时反映出来，宽度由俯视图和左视图同时反映出来。由此可得出物体三视图的投影规律：

主视图与俯视图长对正；

主视图与左视图高平齐；

俯视图与左视图宽相等。

简称"长对正，高平齐，宽相等"，如图 1-10（d）所示。

不仅整个物体的三视图符合上述投影规律，而且物体上的每一组成部分的三个投影也符合上述投影规律。读图时，也必须以这些规律为依据，找出三个视图中相对应的部分，从而想象出物体的结构形状。

第三节　图样表示方法

一般情况下，用三投影面体系（简称三视图）可以完整表达机械构件的立体结构形状了，同时，为适应生产实际中机件结构形状的多样性，保证在任何情况下都能将机件内外结构形状正确、完整、清晰、简洁地表达出来，国家标准《机械制图》规定有视图、剖视图、剖面图等各种表达方法。

1. 视图

（1）基本视图

在原有的三个投影面的基础上，再增加三个投影面，构成一个正六面体，这六个面称为基本投影面，如图 1-11 所示。物体向基本投影面投射所得视图，称为基本视图。将物体置于六面体中，分别向基本投影面投射，得到六个基本视图：除主、俯、左视图外，还有右视图（由右向左投射）、仰视图（由下向上投射）、后视图（由后向前投射）。

六个基本视图之间仍保持"长对正、高平齐、宽相等"的投影规律。除后视图外，其他视图中靠近主视图的部分表示物体的后面部分，远离主视图的那部分表示物体的前面部分。

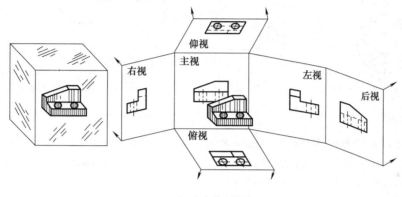

(a) 六个基本投影面

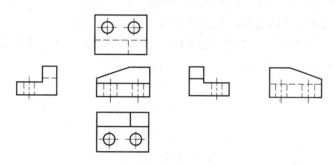

(b) 基本投影面的展开

图 1-11　六个基本视图的形成与配置

（2）向视图

向视图是指没有按照基本视图相对位置放置的基本视图。向视图必须标注，通常在其上方用大写英文字母标注向视图代号，并在相应视图的附近用箭头指明投射方向，并注上相同的字母，如图 1-12 所示。

（3）局部视图

当机件只有局部形状没有表达清楚时，不必再画出完整的基本视图或向视图，而采用局部视图。将机件的某一部分向基本投影面投射所得到的视图称为局部视图，如图 1-13 所示。

（4）斜视图

当机件上有不平行于基本投影面的倾斜结构

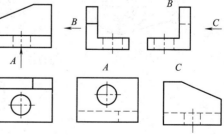

图 1-12　向视图

时，为了表达该结构的实形，可以选用一个与倾斜结构的主要平面平行的辅助投影面，将这部分向该投影面投射，就得到了倾斜部分的实形。这种将物体向不平行于基本投影面的平面投射所得到的视图称为斜视图，如图 1-14 所示。

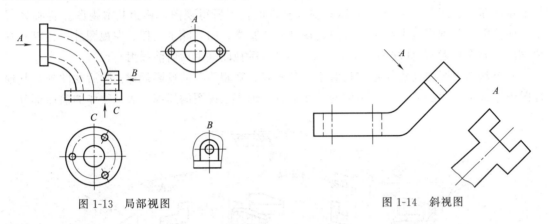

图 1-13 局部视图   图 1-14 斜视图

2. 剖视图

在绘图时，机件的内部形状常用虚线来表示。当机件内部形状较为复杂时，视图上就会出现较多虚线，影响图形清晰，给看图、画图带来困难。为此，国家标准《机械制图》规定可采用剖视的画法来表达机件的内部形状。

（1）剖视图及其形成

假想用一平面（剖切面）剖开机件，将处在观察者和剖切面之间的部分移去，而将其余部分向投影面投影所得的图形，称为剖视图。

如图 1-15（a）所示，在机件的视图中，主视图用虚线表达其内部形状，不够清晰。按图 1-15（b）所示方法，假想沿机件前后对称平面将其剖开，去掉前部，将后部向正投影面投影，就得到一个剖视的主视图，如图 1-15（c）所示。

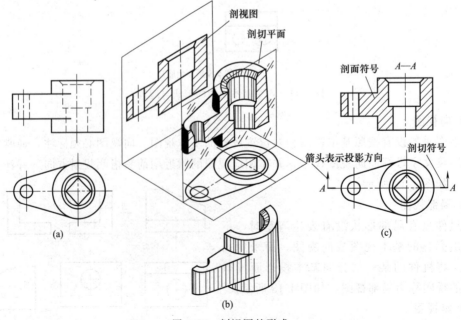

图 1-15 剖视图的形成

（2）剖视图的画法

剖视图是假想将机件剖切后画出的图形，画剖视图应注意以下几点。

① 剖切位置要适当 剖切面应尽量通过较多的内部结构（孔、槽等）的轴线或对称平面，并且，剖切面应当平行于选定的投影面。

② 内外轮廓要画齐 机件剖开后，处在剖切平面之后的所有可见轮廓都应画齐，不得遗漏。

③ 剖面符号要画好 为了区别剖到与未剖到的部分，被剖切到的实体部分应画上剖面符号（也称剖面线），不同材料其剖面符号不同，金属材料常采用倾斜 45°的细实线，方向向左和向右均可，但同一物体应保持同一方向、同一间隔；非金属材料一般采用 ±45°的剖面线形成的网状线表示。如果图形的主要轮廓与水平面成 45°或接近 45°时，该图剖面线应画成与水平面成 30°或 60°角，但倾斜方向仍应与其他视图剖面线一致，如图 1-16 所示。

剖视图是假想的，所以一个视图画成剖视图后不影响其他视图的正常表达，已经由剖视图表达清楚的结构，各视图中的虚线可省略。

（3）剖视图的标注

一般应在剖视图上方用大写字母标出剖视图的名称"×—×"，在相应的视图上用剖切符号表示剖切位置，用箭头表示投影方向，并注上相同的字母，如图 1-15（c）所示。

有时在满足一定条件又不影响理解时相应的标注可以简化（不在此详述）。

（4）剖视图的分类

按剖切范围的大小，剖视图可分为全剖视图、半剖视图和局部剖视图。

① 全剖视图 用剖切面（一般为平面，也可为柱面）完全地剖开机件所得到的剖视图，称为全剖视图。全剖视图及其标注如图 1-17 所示。

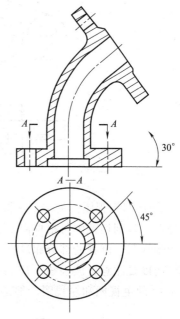

图 1-16 剖面线与水平面
成 30°或 60°角

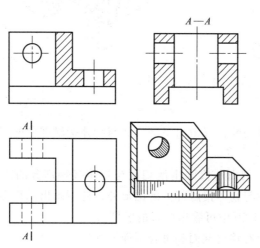
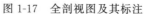
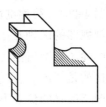

图 1-17 全剖视图及其标注

② 半剖视图　图 1-18 所示的俯视图为半剖视图，特点是一半表达内部结构，另一半表达外部结构。只有当机件具有对称平面，又需要同时表达内部结构和外部结构时，才可以以对称中心线为界，在垂直于对称平面的投影面上投影，一半画成剖视图，另一半画成视图。

半剖视图的标注与全剖视图相同。

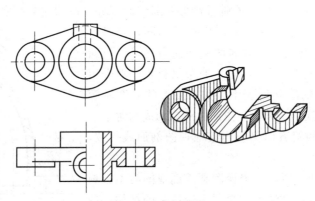

图 1-18　半剖视图

③ 局部剖视图　局部剖视图既能把机件局部的内部形状表达清楚，又能保留机件的某些外形，其剖切范围可根据需要而定，是一种较灵活的表达方法。它是局部地剖开机件所得到的剖视图，剖视的部分和没有剖视的部分的分界线用波浪线表示，就像这部分被敲断了一样。所以要注意：波浪线不应与轮廓线重合（或用轮廓线代替），也不能超出轮廓线之外。图 1-19 的主视图和左视图，都是采用了局部剖视图画法。

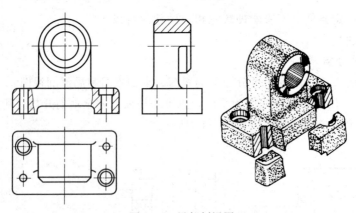

图 1-19　局部剖视图

3. 剖面图和局部放大图

假想用剖切平面将机件的某处切断，仅留出该剖切面与物体接触部分的图形，这个图形称为剖面图（图 1-20），简称剖面。

剖面图与剖视图的区别在于：剖面图仅画出剖切面与物体接触部分的图形，表达的是"面"，而剖视图除了要画出剖切面与物体接触部分的图形外，还须画出剖切面后边的可见部分的轮廓，表达的是"体"，在图 1-20 中可看出两者的区别。

根据剖面图所配置的位置不同有移出剖面和重合剖面两种。

画在视图轮廓之外的剖面称为移出剖面。图 1-20（b）所示即为移出剖面。移出剖面的

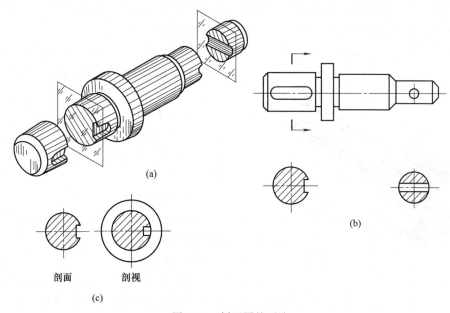

图 1-20　剖面图的画法

轮廓线用粗实线绘制，断面上画出剖面符号。移出剖面图应尽量配置在剖切平面的延长线上，必要时也可画在其他位置。

画在视图轮廓之内的剖面称为重合剖面，如图 1-21 所示。重合剖面的轮廓用细实线绘制。当视图中的轮廓线与重合剖面的图形重叠时，视图中的轮廓线仍应连续画出，不可间断。

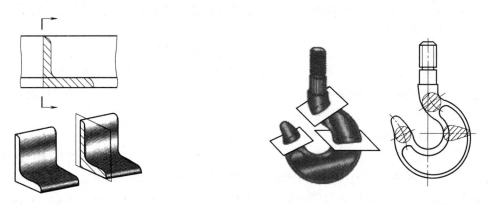

图 1-21　重合剖面

移出剖面一般应用剖切符号表示剖切位置，用箭头指明投影方向，并注上字母。在剖面图上方用同样的字母标出相应的名称"×—×"，但可根据剖面图是否对称及其配置的位置不同做相应的省略，可参考有关资料。

第四节　零　件　图

1. 零件图的作用与内容

任何机器或部件都是由若干个零件装配而成。表示零件结构、大小及技术要求的图样，称为零件图。零件图用于反映设计者的意图、表达机器（或部件）对零件的要求，同时要考虑结构的合理性和制造的可能性，是制造和检验零件的依据。

如图 1-22 所示的齿轮轴，如何用零件图表达清楚呢？图 1-23 是比较典型的一种表达。

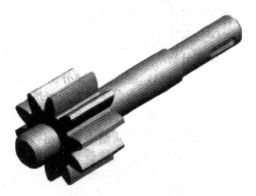

图 1-22　齿轮轴立体图

一张完整的零件图一般应包括如下四方面内容。

（1）一组图形

综合运用视图、剖视图、剖面图等表达方法，正确、完整、清晰地表达零件的内外结构形状。

（2）全部尺寸

正确、完整、清晰、合理地标注出零件的全部尺寸。

（3）技术要求

用代（符）号标注或文字说明零件在制造、检验、装配及调整过程中应达到的要求，如表面粗糙度、尺寸公差、形位公差和热处理要求等。

（4）标题栏

其中填写零件的名称、材料、数量、比例、图号、设计单位名称以及设计、制图、审核等人员的签名和日期等。

2．零件图图面表达的选择

首先要通过对零件的分析，选择适当的图面表达方式，合理、正确、完整、清晰地表达零件的内外结构形状，且便于读图。这是绘制零件图最重要和最基本的事情。

（1）主视图的选择

主视图是表达零件形状最主要的视图，选择得合理与否，不但直接关系到零件结构形状表示得是否清楚，而且关系到其他视图数量和位置的确定，影响到看图和画图是否方便，为此，在选择主视图时，把最能反映零件形体特征的那一面作为主投影面，按零件的加工位置和工作位置来确定零件的安放位置。

（2）其他视图的选择

当主视图选定之后，还需要哪些视图，应根据零件结构形状的复杂程度而定。在满足要求的前提下，使视图数量为最少，力求制图简便；避免不必要的细节重复，使每一个图形都有一个表达重点。一个好的方案应该是表达完整、清晰，看图易懂，画图简便，有利于技术要求的标注等。为此，零件表达方案的选择，具有一定灵活性，宜多考虑几种方案，进行比较，然后确定一个较佳方案。

机器零件的种类繁多，依据机器零件的功能、结构形状，大致可分为四大类典型零件：轴套类零件、盘盖类零件、叉架类零件和箱体类零件。图 1-24 所示为齿轮泵和泵盖立体图，泵盖是齿轮泵外壳的一部分。作为泵盖的零件图，要将内外结构和尺寸等都表达清楚，图 1-25 是绘制完成的泵盖零件图。

3．零件图的尺寸标注

（1）尺寸基准

零件图上的尺寸是制造零件的重要依据之一。要合理地标注尺寸，首先就是选择恰当的

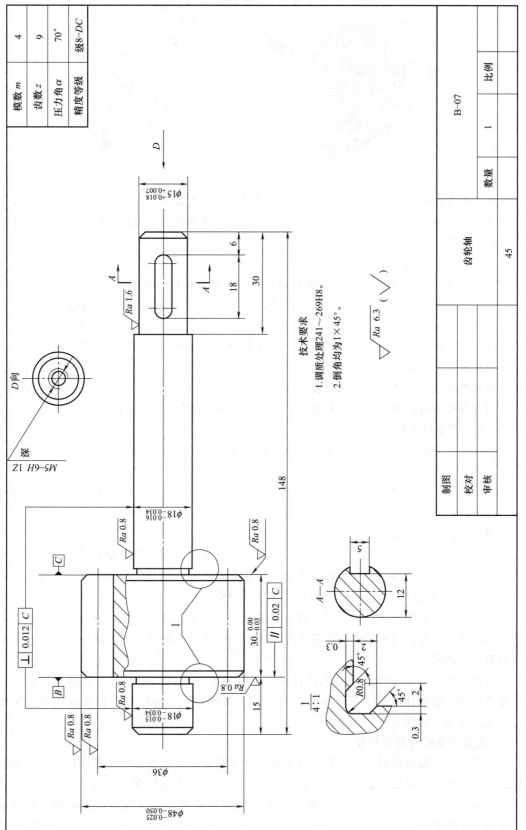

模数 m	4
齿数 z	9
压力角 α	70°
精度等级	级8–DC

	齿轮轴	B-07
		比例
数量		1
	45	
制图		
校对		
审核		

技术要求

1. 调质处理241～269H8。

2. 倒角均为1×45°。

图 1-23 齿轮轴零件图

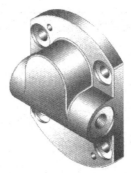

图 1-24 齿轮泵和泵盖立体图

尺寸基准。尺寸基准即量尺寸的起点，它应该根据零件在机器中的作用、装配关系，以及零件的加工方法、测量方法等情况来确定。根据尺寸基准在零件加工过程中的作用，将尺寸基准分为以下两种。

① 设计基准 根据零件的设计要求所选定的基准。

② 工艺基准 根据零件的加工、测量、检验的要求所选定的基准。

每个零件都有长、宽、高三个方向的尺寸，每个方向上都应至少有一个基准。标注尺寸时，既要考虑设计要求，又要考虑工艺要求。有时为了考虑加工和测量的方便，常增加一些辅助基准。通常把确定重要尺寸的基准称为主要基准，把增加的基准称为辅助基准。

主要尺寸应从主要基准出发标注，一般尺寸可从辅助基准出发标注。在选择基准时要注意：主要基准和辅助基准之间要有直接的尺寸联系；尽可能使设计基准和工艺基准一致。

常用基准要素有：点、轴线、对称面、端面和底面，如图 1-26 所示。

（2）尺寸的合理标注

标注的尺寸要能满足设计和工艺的要求，往往考虑下面几个原则：重要尺寸直接标出；尽量符合加工顺序；便于测量。

需要指出，图中所标注的尺寸在实际制造中都会产生制造误差，如何控制误差，使零件满足工作中的配合要求，见本章"公差与配合"部分。

4. 零件图的技术要求

零件图除了完整表达零件形状和尺寸外，还必须标注和说明零件在制造时应达到的技术要求，主要包括表面结构、尺寸公差与配合、形位公差、零件的热处理和表面处理等。它们有的用代（符）号标注在图样上，有的则用文字加以说明。

表面结构是表面粗糙度、表面波纹度、表面缺陷、表面纹理和表面几何形状的总称。表面结构的各项要求在图样上的表示法在 GB/T 131—2006 中有具体规定。这里主要介绍常用的表面粗糙度表示法。

表面粗糙度反映了零件表面的光滑程度。它直接影响零件的耐磨性、耐蚀性、疲劳强度、配合质量、密封性以及加工成本，因此，应根据零件表面的作用，合理选择表面粗糙度，并标注在加工表面上。

（1）表面结构的符号和代号

国家标准对表面结构的符号、代号及其标准作了规定。主要是用代号将表面结构标注在图样上，所用代号由符号、数字及文字说明组成。以下简要介绍其基本内容。

① 表面结构符号及意义 表 1-4 列出了表面结构的图形符号及其含义，表面结构符号的尺寸如表 1-5 所示。

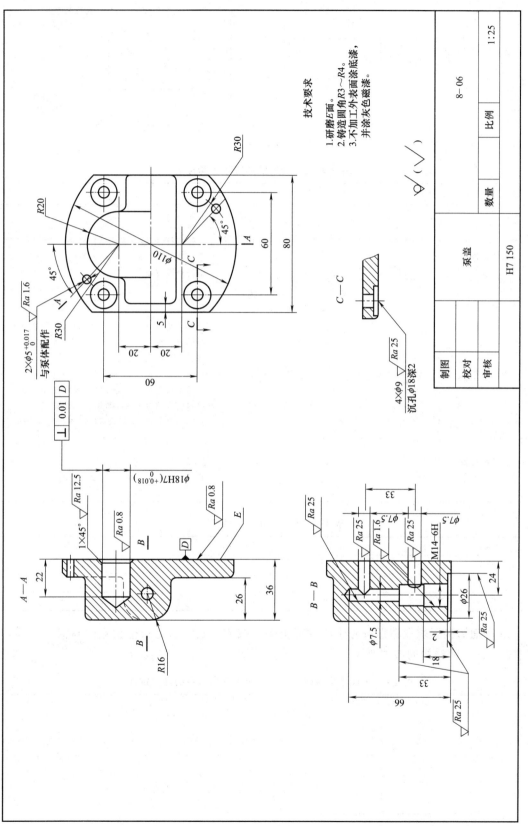

图 1-25　泵盖零件图

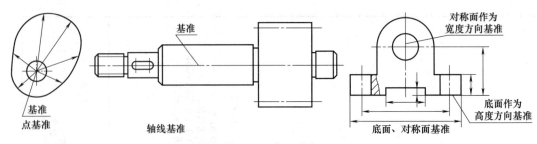

图 1-26 常用基准

表 1-4 表面结构的图形符号及其含义

符号名称	符 号	含 义
基本图形符号	d'为符号线宽 h为字高 $H_1=1.4h$ $H_2=2H_1$	基本符号,表示表面可用任何方法获得,若不加注结构参数值或有关说明,单独使用这个符号没有意义
扩展图形符号		基本符号加一短线,表示表面是用去除材料的方法获得的,例如车、铣、钻、磨、气割、剪切、抛光、电火花加工等
		基本符号加一小圆,表示表面是用不去除材料的方法获得的,例如铸、锻、冷轧、冲压、粉末冶金等,或是用保持原供应状况的表面
工件轮廓各表面的图形符号		在上述三个符号上均可加一小圆,表示所有的表面具有相同的表面结构要求

表 1-5 表面结构符号的尺寸   mm

字高 h	2.5	3.5	5	7	10	14	20
符号线宽 d'	0.25	0.35	0.5	0.7	1	1.4	2
高度 H_1	3.5	5	7	10	14	20	28
高度 H_2	7.5	10.5	15	21	30	42	60

② 表面结构要求在图形符号中的注写位置　按表 1-6 所示的指定位置注写需要在零件图中表示的表面结构的各项要求。

表 1-6 表面结构参数值及有关要求在代号中的注写位置

代 号	含 义
	位置 a:单一或第一表面结构代号及其数值,单位为 μm 位置 b:第二表面结构高度代号及数值,单位为 μm 位置 c:加工方法,如"车""磨""镀"等 位置 d:加工纹理方向符号 位置 e:加工余量,单位为 mm

（2）表面结构在图样中的注法

① 表面结构代号一般标注在可见轮廓线、尺寸界限、尺寸线、引出线或它们的延长线上。符号的尖端必须从材料外指向且接触所注表面的投影，代号中符号和数字的方向应按图1-27、图1-28中规定标注。

② 当零件的所有表面都具有相同的表面结构要求时，其代号在图样右上角统一标注，高度为图样中代号的1.4倍，如图1-29所示。

③ 零件的大部分表面都使用一种代号时，可将该代号统一标注在图样的右上角，并加注"其余"两字，且高度是图样中代号的1.4倍，如图1-30所示。

④ 对不连续的同一表面，可用细实线相连后只标注一次，如图1-31所示。

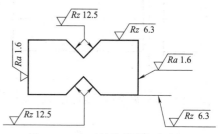

图1-27　表面结构代号规定标注

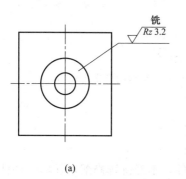

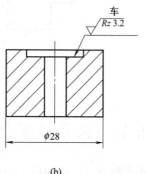

图1-28　用指引线标注表面结构要求

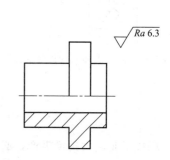

图1-29　所有表面同一要求时的标注

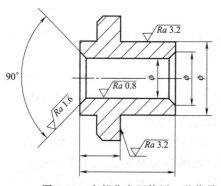

图1-30　大部分表面使用一种代号

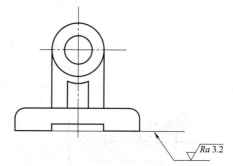

图1-31　不连续表面的标注

⑤ 同一表面有不同的表面结构要求时，用细实线画出其分界线，并标注出尺寸和相应的表面结构代号，如图1-32所示。

⑥ 螺纹工作表面需要注出结构代号而图形中没有画出螺纹牙型时，其结构代号必须与螺纹代号一起标注，如图1-33所示。

⑦ 齿轮表面结构代号注写在分度线上，如图1-34所示。

⑧ 可标注简化代号，但要在标题栏附近注明这些代号的意义，如图1-35所示。

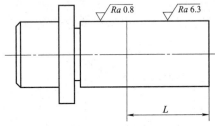

图 1-32　同一表面不同结构要求的标注

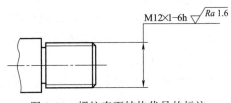

图 1-33　螺纹表面结构代号的标注

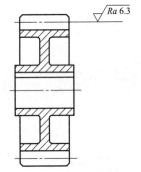

图 1-34　齿轮表面结构代号的注写

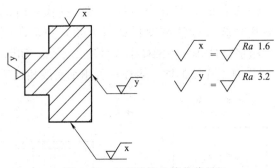

图 1-35　表面结构的简化代号

第五节　公差与配合

　　现代工业，大批量生产，必须保证做到：规格相同的零件，不经挑选修配，任取一件就可装入有关部件或机器，并满足其功能要求。这种性质称为互换性，它为成批大量生产、缩短生产周期、降低成本、便利于机器维修提供了有利条件。为使零件具有互换性，建立了极限与配合制度。

1. 公差与配合的基本术语

　　① 基本尺寸　是设计者通过计算或根据经验而确定的。互相配合的孔、轴，其基本尺寸要相同，孔的基本尺寸用 D 表示，轴的基本尺寸用 d 表示。

　　② 极限尺寸　是一个孔或轴允许的最大尺寸和最小尺寸。孔或轴允许的最大尺寸称为最大极限尺寸；孔或轴允许的最小尺寸称为最小极限尺寸。实际尺寸必须控制在两极限尺寸所确定的范围内，如图 1-36 所示。

　　③ 极限偏差　包括上偏差和下偏差，如图 1-36 所示。上偏差是指最大极限尺寸减其基本尺寸所得的代数差；下偏差是指最小极限尺寸减其基本尺寸所得的代数差。

　　④ 公差　是允许尺寸的变动量，等于最大极限尺寸与最小极限尺寸的代数差的绝对值，也等于上偏差与下偏差的代数差的绝对值。

　　例如，某孔的基本尺寸为 $\phi 50$ mm，

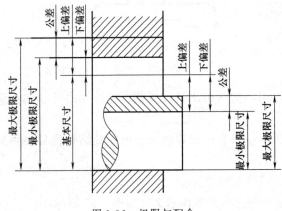

图 1-36　极限与配合

孔的最大极限尺寸为 $\phi 50.035mm$，最小极限尺寸为 $\phi 50.007mm$，则

$$孔的上偏差 = 50.035 - 50 = +0.035\ (mm)$$

$$孔的下偏差 = 50.007 - 50 = +0.007\ (mm)$$

$$孔的公差 = |50.035 - 50.007| = |0.035 - (+0.007)| = 0.028\ (mm)$$

在图中标注极限偏差时，应采用小一号的字体，上偏差注在基本尺寸的右上方，下偏差应与基本尺寸注在同一底线上，如上述孔标注为 $\phi 50^{+0.035}_{+0.007}$。

⑤ 公差带 是公差带图解中由代表上偏差和下偏差或最大极限尺寸和最小极限尺寸的两条直线所限定的一个区域。公差带包含了公差带大小和公差带位置两个要素。

2. 公差与配合

为了使公差带简化，国家标准《极限与配合》（GB/T 1800）分别规定了"标准公差系列"（公差带大小）和"基本偏差系列"（公差带位置），从而使公差值和基本偏差标准化。

① 基本偏差 是确定公差带相对零线位置的那个极限偏差，一般为靠近零线的那个偏差（偏差绝对值较小的那个偏差）。当公差带位于零线上方时，其基本偏差为下偏差；当公差带位于零线下方时其基本偏差为上偏差，见图 1-37。

标准化的基本偏差组成了基本偏差系列。国家标准对孔和轴分别规定了 28 种基本偏差，分别用一个或两个拉丁字母按一定的顺序表示。大写代表孔，小写代表轴。

孔的基本偏差代号有 A、B、C、CD、D、E、EF、F、FG、G、H、J、JS、K、M、N、P、R、S、T、U、V、X、Y、Z、ZA、ZB、ZC。其中代号为 H 的孔的基本偏差是下偏差且等于零，采用基本偏差为 H 的孔称为基准孔。

轴的基本偏差代号有 a、b、c、cd、d、e、ef、f、fg、g、h、j、js、k、m、n、p、r、s、t、u、v、x、y、z、za、zb、zc。其中代号为 h 的轴以上偏差为基本偏差且等于零，采用基本偏差为 h 的轴称为基准轴。

② 标准公差 国家标准规定了 20 个标准公差等级，以 IT 和阿拉伯数字表示。20 个标准公差等级为 IT01、IT0、IT1、IT2 … IT18。从

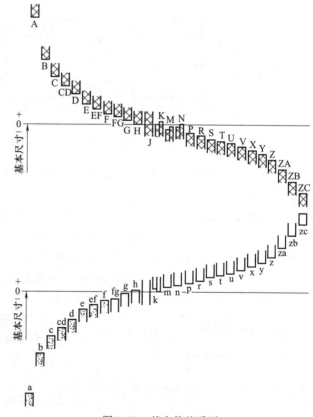

图 1-37 基本偏差系列

IT01 到 IT18，公差等级依次降低，公差值依次增大，精度依次降低。

③ 公差带代号 是用基本偏差代号和标准公差等级数来表示的一种符号，如 h8、m7、G6、F8 等。任何一个公差带代号都是由基本偏差代号和标准公差等级数联合表示的。

④ 配合　配合是指基本尺寸相同的、相互结合的孔和轴公差带之间的关系。国家标准对孔和轴公差带的相互位置关系规定了基孔制和基轴制两种配合制。

基孔制是采用基准孔、基本偏差为 H、下偏差为 0、具有一定公差带的孔与不同基本偏差和公差带的轴形成各种配合的一种制度。

基轴制是采用基准轴、基本偏差为 h、上偏差为 0、具有一定公差带的孔与不同基本偏差和公差带的孔形成各种配合的一种制度。

国家标准规定，配合的代号用孔和轴公差带代号写成分数形式表示，分子为孔的公差带代号，分母为轴的公差带代号，如 H9/d9 或 $\frac{H9}{d9}$。若指某一确定基本尺寸的配合，则基本尺寸标在配合代号之前，如 $\phi40$H9/d9 或 $\phi40\frac{H9}{d9}$。

不论采用基孔制还是采用基轴制，孔与轴的配合均有三种情况：间隙配合（松配合）、过盈配合（紧配合，一定是轴大孔小）、过渡配合（可能有间隙，也可能有过盈）。

3. 公差与配合的标注和选用

在零件图中尺寸公差的标注有如下三种形式。

① 只标注极限偏差　如图 1-38 （a）所示，这种标注法常用于生产图样中。

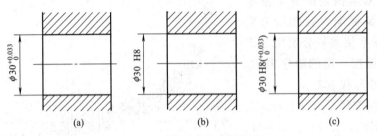

图 1-38　零件图中公差的标注

② 只标注公差带代号　如图 1-38 （b）所示，这种标注法适用于采用专用量具检验、大批量生产的情况。

③ 同时标注公差带代号及极限偏差　如图 1-38 （c）所示，此时极限偏差应加上括号。这种标注法适用于产量不定的情况，既便于通用量具检验，又便于专用量具检验。

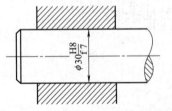

图 1-39　装配图中配合代号的标注

在装配图中，一般将配合代号标注在基本尺寸后，如图 1-39 所示。出现"H"时为基孔制配合；出现"h"时为基轴制配合。两者同时出现，一般视为基孔制。

公差与配合的选用步骤如下。

① 根据配合性质选定采用基孔制还是基轴制并选定基本偏差代号：基孔制的基本偏差为 H，基轴制的基本偏差为 h。

② 根据配合的精度要求选定精度等级。但是通常情况下，可以在设计手册等相关资料中直接查"基孔制与基轴制常用、优先配合"表，在表中选取相应配合。如：基孔制 7 级精度过渡配合 H7/k6；基孔制 8 级精度间隙配合 H8/h7 等。

4. 形状与位置公差

形状与位置公差简称形位公差，它是指零件要素（点、线、面）的实际形状和位置对理想形状和位置所允许的变动量。形位公差的特征项目及符号见表 1-7。形位公差代号由框格、指引线、公差特征项目的符号、公差数值、表示基准的字母和其他附加符号组成。图1-40 所示的零件为气门阀杆,对该气门阀杆的形位公差要求共有 4 处,意义分别如下。

① "SR750" 的球面对 "$\phi16$" 圆柱轴线的圆跳动公差值为 0.003mm。

② "$\phi16$" 圆柱的圆柱度公差值为 0.005mm。

③ "M8×1" 的螺孔轴线对 "$\phi16$" 圆柱轴线的同轴度公差值为 0.1mm。

④ 零件的右端面对 "$\phi16$" 圆柱轴线的圆跳动公差值为 0.1mm。

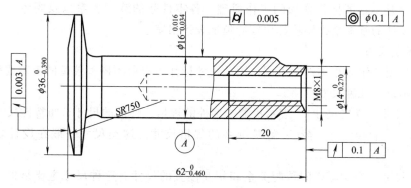

图 1-40 形位公差标注示例

表 1-7 形位公差特征项目及符号

公差	特征项目	符号	有无基准要求	公差	特征项目	符号	有无基准要求
形状	直线度		无	定向	平行度		有
	平面度		无		垂直度		有
	圆度	○	无		倾斜度	∠	有
	圆柱度		无	定位	位置度	⊕	有或无
					同轴度	◎	有
					对称度		有
形状或位置 轮廓	线轮廓度	⌒	有或无	跳动	圆跳动	↗	有
	面轮廓度	⌢	有或无		全跳动		有

第六节 装 配 图

表示产品及其组成部分的连接、装配关系的图样称为装配图。装配图是了解机器结构、分析机器工作原理和功能的技术文件,也是制定装配工艺规程,进行机器装配、检查、安装和维修的技术依据。

1. 装配图的内容

如图 1-41 所示,这是广泛应用于化工管道中的旋塞阀的装配图。从图中可以看出,一张完整的装配图包括下列基本内容。

(1) 一组视图

表达机器或部件的工作原理,各零件间的装配关系以及主要零件的基本结构形状。图 1-41 中用三个基本视图把旋塞阀的工作原理、各零件间的装配关系以及阀体、塞子、填料压盖等主要零件的基本结构形状都比较清晰地表达出来了。

(2) 必要的尺寸

由于装配图的用途与零件图不同,因此尺寸标注也有所不同。装配图不需要标注全部尺寸,而只注出以下几种尺寸。

① 特性尺寸(规格尺寸) 表示机器或部件的规格、性能的尺寸,叫特性尺寸。如图 1-41 中的壳体通孔直径尺寸 "$\phi 20$" 就是旋塞的规格尺寸。这类尺寸一般在设计之前就给定了的。

② 装配尺寸 表示零件间装配关系和相互位置的尺寸。这种尺寸主要是根据装配工作的需要而标注的。这种尺寸可分为以下两种。

a. 配合尺寸。表示零件间配合性质的尺寸,一般用配合代号标出,如图 1-41 中的 "$\phi 36H11/d11$" 是填料压盖与阀体的配合尺寸。

b. 相对位置尺寸。表示零件间较重要部分的相对位置的尺寸,如图 1-41 中的尺寸 "86"。

③ 安装尺寸 表示机器或部件安装到其他机器、部件或地基上所需要的尺寸,如图 1-41 中 "$\phi 65$" 和 "$4 \times \phi 12$" 等表示旋塞与管道法兰连接的尺寸。

④ 外形尺寸 表示机器或部件的总长、总宽和总高的尺寸。这种尺寸反映了机器或部件的总体尺寸大小,为包装、运输、厂房建筑提供数据。如图 1-41 中 "490" 为总宽尺才,总长为 "$100+110/2=155$",总高为 "$86+90/2=131$"。

⑤ 其他重要尺寸 在设计过程中,经过计算或选定的但又不属于上述几类尺寸的一些重要尺寸。

上述五类尺寸一张装配图上不一定全部都标注,因此,应根据具体情况恰当注出。

(3) 技术要求

装配图的技术要求一般应考虑以下内容。

① 注明机器或设备在制造中应遵循的通用技术规范,这类规范一般由国家或相关部门制定颁发,设计单位按使用要求选定,制造单位按规范要求施工,使用单位按规范要求验收,如图 1-41 中技术要求 1,说明按 JB 792—91 制造与验收。

② 安装使用时的技术要求。如图 1-41 中技术要求 2,说明适用工作介质为水、油等。

(4) 零件的序号和明细栏

① 零件序号及其编排方法

a. 装配图中需对每种零件(或组件)进行编号,规格完全相同的零件(或组件)只标注一次。

b. 序号注写在指引线的横线上或小圆中,字高比尺寸数字大 2 号;序号应有规律地排列,如图 1-41 所示。

c. 指引线相互不能相交，当通过有剖面线的区域时，指引线不应与剖面线平行。

② 明细栏　明细栏是装配图中各组成部分（零件或组件）的详细目录，其内容包括零件中序号、名称、数量、规格、材料及图号（或标准号）等。明细栏应紧接着标题栏的上方画出，由下向上按顺序填写，如地方不够时，可在标题栏左侧延续。

（5）标题栏

标题栏内填写机器部件的名称、图号、比例以及有关责任者签字等。

2. 装配图的识读

在机器或部件的设计、制造、安装使用和维修的过程中，在技术革新、技术交流等活动中，都会遇到看装配图的问题。看懂一张装配图，应达到如下要求：了解该装配图所表达部件的规格、性能、功用及工作原理；了解各零件间的相互位置、装配关系及运动状况；了解各零件的作用及主要零件的结构。

看装配图的基本方法仍然是运用投影的原理进行结构分析。由于装配图较一般零件图复杂，因此，看图时应按照一定的方法和步骤，才能收到较好的效果。通常可按如下五个步骤进行。

（1）概括了解

首先看标题栏、明细栏及产品说明书等技术资料，从中了解装配体的名称、性能、功用，大致浏览全部视图、尺寸及技术要求等，这样可对部件的情况有一个初步的认识。

如图 1-41 所示，从标题栏中可知，装配体是旋塞阀，大小与图形一致（比例 1：1）。根据名称和技术要求 2，可初步认识到旋塞阀是一种控制液体的启闭装置。由明细栏可知，它由 7 种零件装配而成，其中两种零件是标准件。

（2）分析视图

首先了解装配图选用了哪些视图，搞清各视图间的投影关系内容。

图 1-41 中共选用了三个视图，主视图全剖，左视图半剖，俯视图则采用沿结合面剖切法，在主视图中主要反映填料压盖、壳体、塞子等之间的装配关系；在左视图中则主要反映螺钉、填料压盖及壳体之间的连接关系和法兰端面的螺孔分布情况；在俯视图用双点画线画出了手柄（件 5）的另一极限位置，并表达了定位块（件 4）对两个极限位置定位的原理。同时也表达了壳体、法兰前后两凸耳的形状。

（3）了解工作原理与装配关系

在概括了解和分析视图之后，进一步根据各视图分析机器或部件的工作原理和装配关系。在分析时，一般从表达装配关系和工作原理较多的视图（多为主视图）开始，通过对其小零件的运动情况进行分析，从而弄清其工作原理。在大致弄清楚工作原理之后，进一步分析各条装配线，弄清楚零件相互之间的配合要求。此外对运动零件的润滑、密封形式等内容，也必须有所了解。

图 1-41 所示的旋塞阀，当手柄与塞子联动时，就体现了旋塞启闭的原理。

（4）分析零件

分析零件时，宜先从主要零件开始，然后再看次要零件。如何将装配图中的零件逐个分离出来？一般可根据零件的剖面线方向间隔并按"三等"规律将各零件从装配图中分离出来。

当视图相距较远不易直接判断或区别相邻零件时，可利用分规、直尺度量。然后根据投影关系逐个地想象出零件的主要形状和结构。

（5）归纳总结

为了对机器或部件有比较全面的认识，一般要归纳总结以下几点。

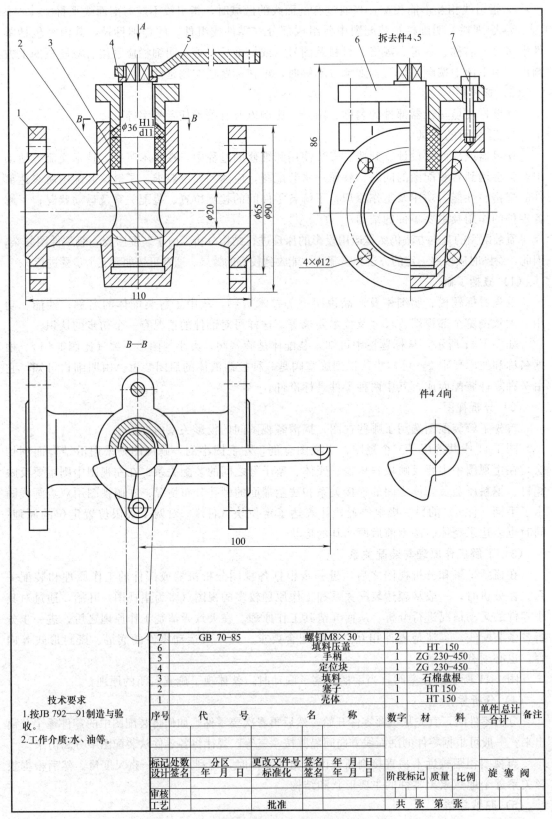

技术要求
1.按JB 792—91制造与验收。
2.工作介质:水、油等。

7	GB 70-85	螺钉M8×30	2				
6		填料压盖	1	HT 150			
5		手柄	1	ZG 230-450			
4		定位块	1	ZG 230-450			
3		填料	1	石棉盘根			
2		塞子	1	HT 150			
1		壳体	1	HT 150			
序号	代 号	名 称	数字	材 料	单件 合计	总计	备注

标记	处数	分区	更改文件号	签名	年 月 日			
设计	签名	年 月 日	标准化	签名	年 月 日	阶段标记	质量	比例
审核								旋 塞 阀
工艺			批准			共 张 第 张		

图 1-41 旋塞阀装配图

① 机器或部件的工作原理如何？怎样使用？运动零件如何运动？运动范围怎样？

② 表达该装配体的各个视图作用如何？

③ 图中标注的尺寸各属于哪一类？采用了哪几种配合？技术要求怎样？

④ 零件的连接方式和装、拆顺序如何？

第七节　化工设备图与工艺控制流程图

化工设备系指化工产品生产过程中所使用的专用设备，如高、中、低压容器、换热器、反应器、塔器等，以及其他化工专用设备，如运输、加料、净化分离等设备。图 1-42 所示为常见的较典型的四大化工设备，分别是储存类设备、换热类设备、反应类设备、分离类设备。

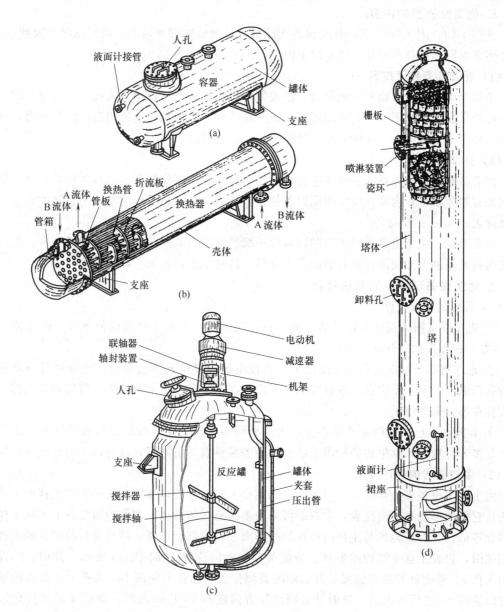

图 1-42　常见化工设备

表示化工设备的形状、大小、结构、性能和制造安装等技术要求的图样，称为化工设备装配图，简称化工设备图。化工设备图也是按"正投影法"原理和国家标准《机械制图》的规定绘制的。但由于化工生产的特殊要求，化工设备的结构、形状具有如下一些特点。

① 设备的主体结构（壳体），一般为钢板卷制成形的回转形体。

② 尺寸相差悬殊，设备的总体尺寸与某些局部结构（如壁厚、管口等）的尺寸往往相差悬殊，如壳体的壁厚只有几毫米，而长度有时达到十几米甚至几十米。

③ 由于化工生产工艺和操作、检修的需要，壳体上有较多的开孔和接管口，用以安装各种零部件和连接管道。另外化工设备上还大量采用焊接结构和标准化零部件等。

由于化工设备具有上述结构特点，因而在视图的表达方法上，相应地采用了一些与机械装配图有所不同的表达方法。

1. 化工设备图的内容

从图 1-43、图 1-44 可知，化工设备图除具有机械装配图所需的一组视图序号及明细栏、技术要求、标题栏等内容外，还有以下内容。

(1) 管口符号和管口表

设备上所有管口（物料进出管口、仪表管口等）和开孔（视镜、人孔、手孔等）均按拉丁字母顺序编注，并用管口表列出各管口或开孔的有关数据和用途等内容，信息全面，以供制造、检验、安装管路、操作、检修时使用，是很重要的表格。

(2) 技术特性表

以表格形式列出设备的主要工艺特性（如工作压力、工作温度、物料名称等）及其他特性（如容器类别等）内容，用以表明设备的重要特性指标。想了解清楚图中表达的设备，必须读此表。

由上可见，化工设备图所表达的内容比一般机械设备装配图表达的内容更丰富，其目标是要将该设备的方方面面在设备装配图上完整、清楚地表达出来。

2. 化工设备图视图的表达特点

(1) 视图的配置灵活

① 化工设备图的视图布置灵活　俯（左）视图可以配置在图面任何地方，但必须注明"俯（左）视图"的字样。

② 允许将部分视图画在数张图纸上　当设备所需要的视图较多时，允许将部分视图画在数张图纸上，但主要视图及该设备的明细栏、技术要求、技术特性表、管口表等内容，均应安排在第一张图纸上。

③ 装配图上已表达清楚的零件允许不另外画零件图：化工设备结构和零件相对比较简单，且多为标准件，如果在装配图上已经将相关零件表达清楚了，也可以不另外画零件图。

(2) 多次旋转的表达方法

由于化工设备多为回转体，设备壳体周围分布着各种管口或零部件，为在主视图上清楚地表达它们的形状和轴向位置，主视图可采用多次旋转的画法。即假想将设备上不同方位的管口和零部件，都旋转到与主视图所在的投影面平行的剖切位置，然后进行投影，画出视图或剖视图，以表示这些结构的形状、装配关系和轴向位置，如图 1-43 所示。其中，俯视图上的人孔 c、液面计等管口位置是其实际的圆周位置，而在主视图上，人孔 c 是假设按逆时针方向旋转 45°之后画出的；液面计是顺时针方向旋转 45°后画出的；管口 d 的轴线位置就在剖切投影面上，可直接投影。

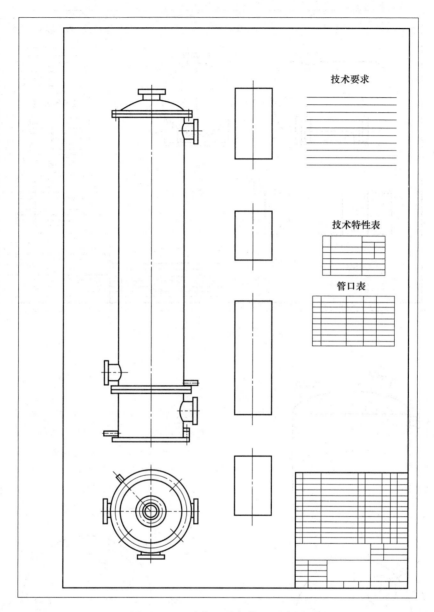

图 1-43 立式化工设备装配图布局

在化工设备图中采用多次旋转画法时，允许不作任何标注，但这些结构的周向方位必须表达清楚，一般以管口方位图（或俯、左视图）为准，在绘制和阅读化工设备图时必须注意。图 1-45 是用俯视图来表达管口的周向方位的。

（3）管口方位的表达方法

化工设备上的管口较多，它们的方位在设备的制造、安装和使用时都极为重要，必须在图样中表达清楚。对于管口在设备上的分布方位可用管口方位图来表示，以代替俯视图。方位图中仅以中心线表明管口的位置，用单线（粗）示意画出设备管口。同一管口，在各个视图和方位图上都标明相同的字母 a、b、c 等，如图 1-46 所示。当俯视图必须画出，同时管口方位可以在俯视图上表达清楚，可不必画出管口方位图。

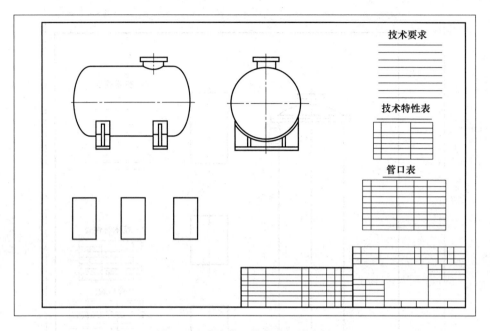

图 1-44　卧式化工设备装配图布局

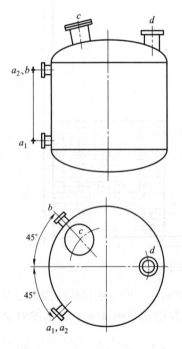

图 1-45　多次旋转的表达方法

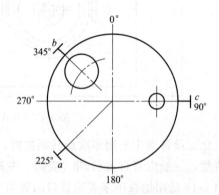

图 1-46　管口方位图

（4）局部结构表达方法

　　对于设备上的某些局部结构，按总体尺寸所选定的绘图比例无法表达清楚时，可采用局部放大画法，如图 1-47 所示。局部放大图又称节点图。

（5）夸大的表达方法

　　对于设备中过小的尺寸结构（如薄壁、垫片、折流板等）、零部件无法按比例画出或看

不清楚时，可采用夸大画法，即不按比例，适当夸大地画出它们的厚度或结构。如图 1-47
中的壁厚，就是未按比例夸大画出的。

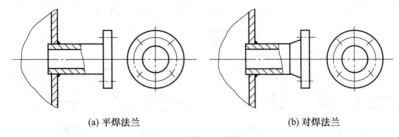

(a) 平焊法兰   (b) 对焊法兰

图 1-47 管法兰简化画法

（6）简化画法

化工设备图中，除采用国家标准《机械制图》的规定和简化画法外，根据化工设备的特
点，有关部门对化工设备图简化画法，作了一些补充规定，如管法兰的画法均可简化成如图
1-47 所示的形式，不论法兰的连接面是什么形式（平面、凹凸面、榫槽面），其焊接形式
（平焊、对焊等）及连接面形状，可在明细栏及管口表中表示；螺栓孔可用中心线和轴线表
示，可以省略圆孔的投影，如图 1-48 所示，装配图中的螺栓连接可简化，如图 1-49 所示，
其中符号"×"和"+"均用粗实线画出；当设备中装有同一规格、材料和同一堆放方法的
填充物时（包括瓷环、木格条、玻璃棉、卵石及砂砾等），在装配图的剖视图中，可用交叉
的细直线以及有关的尺寸和文字简化表达，如图 1-50（a）所示，其中"50×50×5"为瓷环
的规格尺寸，装有不同规格或规格相同但堆放方法不同的填充物，必须分层表示，分别注明
规格和堆放方法，如图 1-50（b）所示。

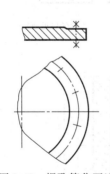

图 1-48 螺孔简化画法

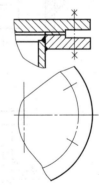

图 1-49 螺栓连接简化画法

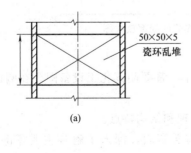

(a)

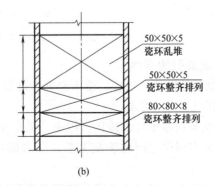

50×50×5
瓷环乱堆

50×50×5
瓷环整齐排列

80×80×8
瓷环整齐排列

(b)

图 1-50 填充物的简化画法

（7）焊接画法

焊接是化工设备中广泛采用的连接工艺，简体、封头、管口、法兰、支座等零部件的连接大都采用焊接。焊接接头形式有对接、角接、丁字形接和搭接等，如图1-51所示。

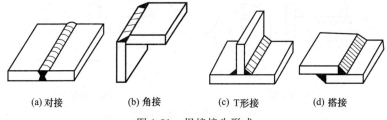

(a) 对接 (b) 角接 (c) T形接 (d) 搭接

图 1-51 焊接接头形式

在画焊接图时，焊缝可见面用粗实线表示，焊缝不可见面用波纹线表示；焊缝的断面需涂黑（当图形较小时，可不必画出焊缝断面的形状）。图1-52、图1-53所示为几种常见焊接接头的画法。

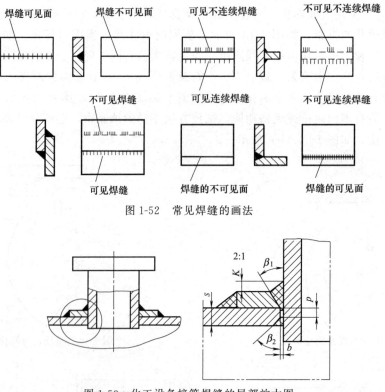

图 1-52 常见焊缝的画法

图 1-53 化工设备接管焊缝的局部放大图

3. 化工设备图的阅读

在化工设备的设计、制造、使用和维修过程中，都要阅读化工设备图。在阅读化工设备图时，应达到以下基本要求。

① 了解设备的基本技术特性、用途、工作原理和结构特点。

② 了解各零部件之间的装配关系，并参阅有关资料，深入了解各主要零部件的结构、规格和用途。

③ 了解设备上的开口方位以及制造、检验、安装等方面的技术要求。

阅读化工设备图的方法和步骤，基本上与阅读机械装配图一样，一般可分为概括了解、详细分析、归纳总结三个步骤。但必须着重注意化工设备图的各种表达特点、简化画法、管口方位和技术要求等不同的方面，以利于读懂化工设备图。

4. 工艺控制流程图

工艺控制流程图是以化工生产工艺流程为依据，并在工艺流程线和设备上画出配置的某些阀门、管件、自控仪表等有关符号的图样。图 1-54 所示为空压站工艺控制流程图，它一方面作为设备布置图和管路图设计的原始资料，另一方面也作为管道安装的指导性文件。

(1) 工艺控制流程图的内容

工艺控制流程图的内容主要包括以下几个方面。

① 带编号、名称和接管口的各种设备示意图。

② 带代号、规格、阀门和控制点（测压点、测温点和分析点）的各种管道流程线。

③ 表示管件、阀门和控制点的图例。

④ 标题栏。

(2) 工艺控制流程图中设备的画法与标注

① 设备的画法与标注，根据流程自左至右用细实线画出设备的简略外形和内部特征（如塔的填充物和塔板，容器的搅拌器和加热管等）。设备的外形应按一定的比例画出，对于外形过大或过小的设备，可以适当缩小或放大。但在同一工艺图中，同类设备的外形应一致。

② 图中设备的位置，一般考虑便于连接管线。对于有物料从上自流而下并与其他设备的位置有密切关系时，则设备间相对高度应与设备布置的实际情况相似。对于有位差要求者，还应标注限位尺寸。

③ 对于图中每个工艺设备都应编写设备位号及注写设备名称。设备位号应在两个地方进行标注：图样的上方或下方，要求标注的位号排列整齐，并尽可能正对设备，在设备位号线的下方标注设备的名称；在设备内或其近旁，此处仅注位号，不注名称。

④ 当一个流程中包括有 2 个或 2 个以上完全相同的设备（如压缩机）时，可以只画一个，其余的可以细实线框表示，框内注明设备名称及其编号。

(3) 工艺控制流程图中管道流程线的画法和标注

工艺控制流程图中的工艺管道流程线均用粗实线绘制。流程线一般画成水平线或垂直线，转弯一律画成直角。在流程线上标注物料流向箭头，在两个设备之间的流程线上至少标注一个流向箭头。

(4) 阀门等管件的画法

管道上的阀门及其他管件应用细实线按标准所规定的符号在相应处画出，并标注其规格代号（详细情况见相关标准）。

5. 设备布置图

由设计确定的工艺流程中的全部设备，必须按生产要求，在厂房内外合理布置、安装固定，以保证生产顺利进行。表示一个车间或工段的生产设备和辅助设备在厂房内外布置安装的图样称为设备布置图。它用来指导设备的布置、安装，并作为厂房建筑、管道布置的重要依据。

设备布置图的主要内容一般包括如下几方面的内容。

① 一组视图，表示厂房建筑的基本结构和设备在厂房内外的布置情况（包括平面布置和立面布置）。

② 尺寸及标注，在图形中注写设备布置的有关尺寸和建筑物轴线的编号、设备的位号等。

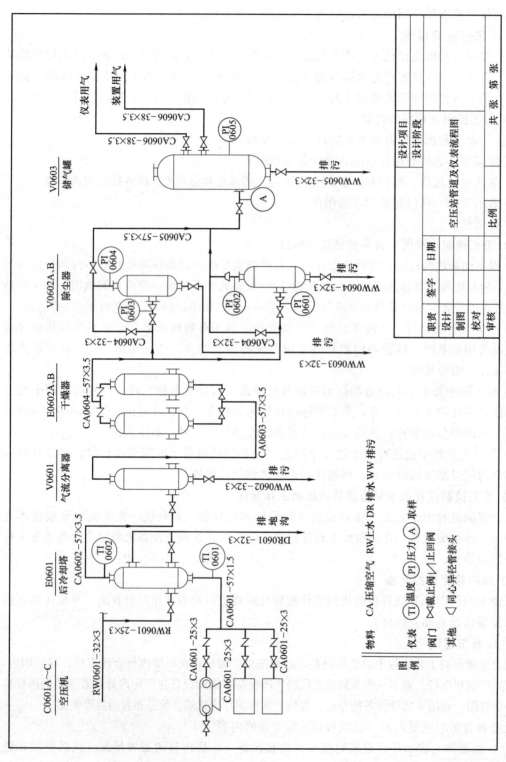

图 1-54　空压站工艺控制流程图

③ 安装方位标，用来指示安装方位基准的图标，一般画在图样的右上方。

④ 标题栏，注写图名、图号、比例、设计者签名等。

图 1-55 所示为空压站设备布置图。

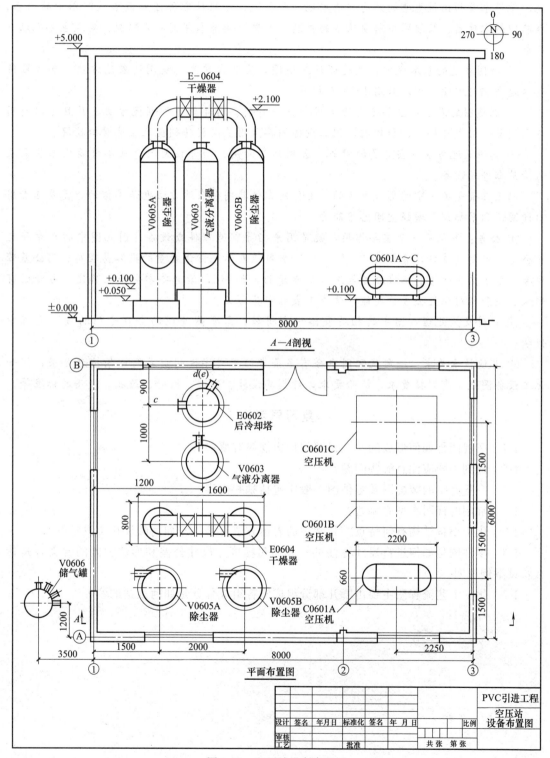

图 1-55 空压站设备布置图

知 识 要 点

对于化工设备维修工人（例如化工检修钳工）和学习化工类专业的高职学生等人员来说，学习本章知识最重要的是能够清晰地、顺利地读懂机械零件图和设备装配图中的内容，准确理解零件图、装配图中所要传达的信息、意思。读懂零件图和装配图，要点主要有以下几条。

① 视图表达的基本规则：主要使用三视图，要非常熟悉三视图的表达方法。如果零件表达起来相对方便，可以只用 1~2 个视图。

② 剖视图的表达：主要是灵活运用全剖、半剖、局部剖多种剖视方法，并且可以使用多个剖面，形成阶梯剖、旋转剖，化工设备图甚至用多次旋转剖视来表达管口情况。

③ 其他表达方法：当必要的时候，会用到断面图、局部放大图以及各种简化画法来表达清楚零件或设备。

以上三条是关于空间形状表达的，类似的零件其图面表达方法也是类似的，需要读者用心读图，积累知识，增强空间思维能力。

④ 公差：图纸有一项重要作用，就是用来指导制造零件或设备，因此图中的尺寸和尺寸公差一定要读清楚，直接用"＋"、"－"加数值表示允许误差量的很容易理解；用公差带代号（基本偏差代号和标准公差等级数）表示的，如 H8，读者要学会查表确定。另外还有形状公差和相对位置公差，要能读懂或查表确定其含义。

⑤ 材料及热处理：图中的相关表格中有材料；需要热处理的会在专门的技术要求中说明。

⑥ 其他技术要求：一般装配图中会有多条专门用文字说明形式写出的技术要求，例如化工设备图纸中有焊接要求，检验要求，评判其设计、制造、检验、验收、使用的标准等。

复习思考题

1-1 三视图是如何形成的？三视图的投影规律有哪些？

1-2 画剖视图应注意哪些问题？

1-3 一张完整的装配图及零件图一般应包括哪些内容？

1-4 常用的视图类型有哪些？

1-5 化工设备结构有何特点？其常用的表达方法有哪些？如何阅读化工设备图？

1-6 零件图是如何进行尺寸标注的？表面粗糙度、尺寸公差和形位公差的含义各是什么？试举例说明。

1-7 化工工艺流程图主要由哪几部分组成？各组成部分是如何表达的？

第二章　金属材料与热处理

化学工业是国民经济的基础产业，各种化学生产工艺的要求不尽相同，例如，压力从真空到高压甚至超高压，温度从低温到高温以及腐蚀性、易燃、易爆物料等，使得设备处在极其复杂的操作条件下运行。由于不同的生产条件对设备材料有不同的要求，因此，认识材料、合理地选用材料对于化工设备及其检修是非常重要的。

在所有应用的材料中，以金属元素或以金属元素为主形成的、具有金属特性的物质称为金属材料；由两种或两种以上不同性质或不同组织的材料组合而成的材料称为复合材料；除金属和复合材料以外的所有材料称为非金属材料。

金属材料是化工装备最重要的材料，它包括：铁和以铁为基的合金（俗称黑色金属），如钢、铸铁和铁合金等；有色金属如铜及其合金、铝及其合金、铅及其合金等。钢铁材料应用最广，占全部结构材料、零件材料和工具材料的 90%左右。钢可分为碳钢、低合金钢和合金钢三类。

第一节　金属材料的性能

1. 力学性能

力学性能是指金属材料在外力作用下抵抗变形或破坏的能力，如强度、硬度、弹性、塑性、韧性等。这些性能是化工设备设计中材料选择及计算时决定许用应力的依据。

(1) 强度

材料的强度是指材料抵抗外加载荷而不致失效破坏的能力。

① 屈服极限 σ_s　在低碳钢拉伸时，随着载荷增加钢材变形量增大，当载荷增大到某一值时，载荷不再增加，试件却产生明显的塑性变形。这种现象习惯上称为"屈服"。发生屈服时的应力称为屈服极限（屈服点），用 σ_s 表示，它代表材料抵抗塑性变形的能力。

② 强度极限 σ_b　金属材料在受力过程中，从开始受载到发生断裂所能达到的最大应力值，叫做强度极限。化工压力容器设计常用的材料强度性能指标是抗拉强度，它是拉伸试验时，试件拉断前的最大载荷下的应力，用 σ_b（单位 MPa）表示。强度极限是压力容器选材的重要性能指标。

③ 疲劳强度　化工设备零部件工作中常承受大小和方向变化的载荷，这种载荷作用下，使金属材料的应力远低于屈服极限即发生断裂，这种现象称为疲劳。例如用手弯一根铁丝，反复正反向弯曲，经过一段时间不需加多大的力，可把铁丝折断（只向单方向弯曲铁丝不会断），铁丝发生了疲劳破坏。金属材料在变载荷作用下，经过一特定时间而不发生破坏的应力极限称为疲劳极限。它反映了材料在变化的载荷作用下的承载能力，一般疲劳强度比强度极限低得多。

(2) 弹性与塑性

材料在外力作用下其尺寸和形状发生变化，当外力卸下，材料又恢复到原始形状和尺寸，这种特性称为弹性。一般情况下，材料在弹性范围内，应力和应变成正比，其比值为弹性模量。弹性模量越小，材料的弹性越好。

材料的塑性是断裂前发生塑性变形的能力。塑性指标也是由拉伸试验测得，用伸长率（δ）和断面收缩率（ψ）表示，δ 和 ψ 的值越大，塑性越好。

（3）硬度

材料抵抗局部变形（特别是塑性变形）、压痕或划痕的能力称为硬度。硬度不是一个单纯的物理量，而是反映材料弹性、强度和塑性等的综合性能指标。例如，提高了齿轮齿面的硬度，齿面抗点蚀能力、抗胶合能力和耐磨性都增强。

（4）冲击韧性

金属材料抵抗冲击载荷而不破坏的能力称为冲击韧性。在冲击载荷作用下的零部件能单纯用静载荷作用下的力学指标来衡量是否安全，必须考虑冲击韧性。冲击韧性指标由常温下材料冲击试验测得。

（5）材料在高温和低温下的力学性能

一般金属材料在高温和低温下，其力学性能会有显著改变，表现为高温蠕变和低温脆性。

① 高温蠕变 长期在高温下工作的金属材料，当它的应力值不高且大小也不变时，它的塑性变形却随时间而缓慢增长，这种现象称为蠕变。

化工生产中，常有因蠕变而造成破坏的事故发生，如承受高温高压的蒸气管道，由于存在蠕变，管径随时间不断增大，壁厚变薄，最后导致破裂。又如蒸气管道上的法兰螺栓，因蠕变而使法兰密封面上的压紧力降低（松弛），而引起法兰泄漏。

材料在高温下抵抗发生缓慢塑性变形的能力，称为蠕变极限，用 σ_n^t（MPa）表示，其含义是材料在温度 t 时经过 10^5 h 产生蠕变量为 1% 的最大应力。

② 低温脆性 在低温下工作的金属材料，随着温度的降低，其强度和硬度逐渐提高，塑性和韧性却逐渐下降，并且在低于某个温度后冲击韧性数值突然降得很低，这种现象称为低温脆性。

由于材料的低温脆性，使得低温下操作的化工设备产生脆性破坏。断裂前不发生明显的塑性变形，因而有较大的危险性，操作低温设备时要重视材料的低温脆性。

2. 物理性能

金属材料的物理性能有热膨胀性、导电性、导热性、熔点、相对密度等。化工生产中使用异种钢焊接的设备，要考虑到它们的热膨胀性能要接近，否则会因膨胀量不等而使构件变形或损坏。有些加衬里的设备也应注意衬里材料的热膨胀性要和基体材料相同或相近，以免受热后因膨胀量不同而松动或破坏。

3. 化学性能

金属材料的化学性能主要是耐蚀性和抗氧化性。

（1）耐蚀性

材料抵抗周围介质，如大气、水、各种电解质溶液等对其腐蚀破坏的能力叫耐蚀性。金属材料的耐蚀性，常用腐蚀速度来表示，一般认为介质对材料的腐蚀速度在 0.1mm/a 以下时，在这种介质中材料是耐蚀的。

（2）抗氧化性

在化工生产中，有很多设备和机械是在高温下操作的，如氨合成塔、硝酸氧化炉、石油气制氢转化炉、工业锅炉、汽轮机等。在高温下，钢铁不仅与自由氧发生氧化腐蚀，使钢铁表面形成结构疏松且容易剥落的 FeO 氧化皮；还会与水蒸气、二氧化碳、二氧化硫等气体产生高温氧化与脱碳作用，使钢的力学性能下降，特别是降低了材料的表面硬度和抗疲劳强度。因此，高温设备必须选用耐热材料。

4. 加工工艺性

化工设备制造过程中，其材料要具有适应各种制造方法的性能，即具有工艺性，它标志着制成成品的难易程度。加工工艺性包括可焊性、可铸性、可锻性、热处理性、切削加工性和冷变形性等。

（1）可铸性

可铸性主要是指液体金属的流动性和凝固过程中的收缩和偏析倾向（合金凝固时化学成分的不均匀析出叫偏析）。流动性好的金属能充满铸型，故能浇铸较薄的与形状复杂的铸件。铸造时，熔渣与气体较易上浮，铸件不易形成夹渣与气孔，且收缩小，铸件中不易出现缩孔、裂纹、变形等缺陷，偏析小，铸件各部位成分较均匀。这些都使铸件质量有所提高。合金钢与高碳钢比低碳钢偏析倾向大，因此，铸造后要用热处理方法消除偏析。常用金属材料中，灰铸铁和锡青铜铸造性能较好。

（2）可锻性

可锻性是指金属承受压力加工（锻造）而变形的能力，塑性好的材料，锻压所需外力小，可锻性好。低碳钢的可锻性比中碳钢、高碳钢好；碳钢比合金钢可锻性好。铸铁是脆性材料，目前，尚不能锻压加工。

（3）焊接性（可焊性）

这是指能用焊接方法使两块金属牢固地连接，且不发生裂纹，具有与母体材料相当的强度，这种能熔焊的性能称焊接性。焊接性好的材料易于用一般焊接方法与工艺进行焊接，不易形成裂纹、气孔、夹渣等缺陷，焊接接头强度与母材相当。低碳钢具有优良的焊接性，而铸铁、铝合金等焊接性较差。化工设备广泛采用焊接结构，因此材料焊接性是重要的工艺性能。

（4）切削加工性

切削加工性是指金属是否易于切削。切削加工性好的材料，刀具寿命长，切屑易于折断脱落，切削后表面光洁，灰铸铁（特别是 HT150、HT200）、碳钢都具有较好的切削性。

第二节 铁与碳钢的成分和组织

钢与铁的主要成分是铁和碳，含碳量小于 2.11％的铁碳合金，称为钢；含碳量大于 2.11％的铁碳合金，称为铁。

1. 铁的组织与结构

铁的组织是在金相显微镜下看到的金属晶粒，简称为组织，如图 2-1 所示。如用电子显微镜，可以观察到金属原子的各种规则排列。这种排列称为金属的晶体结构，简称结构。纯铁在不同温度下具有两种不同的晶体结构，即体心立方晶格与面心立方晶格，如图 2-2 所示。由于内部的微观组织和结构形式的不同，影响着金属材料的性质。纯铁在体心立方晶格结构时，塑性比面心立方晶格结构的好，而后者的强度高于前者。

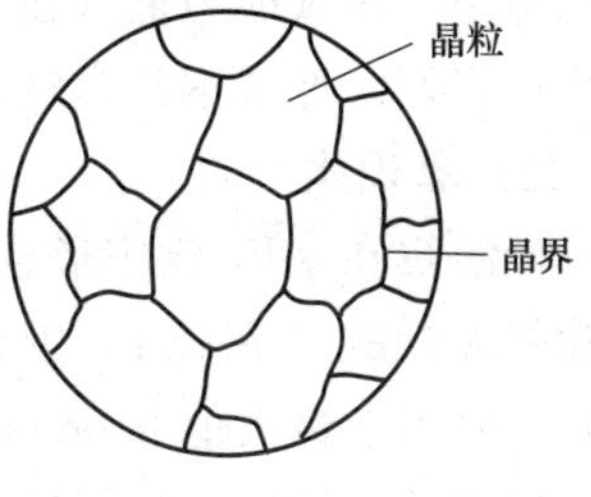

图 2-1 金属的显微组织

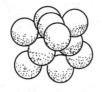

(a) 面心立方晶格　　　　　　　　　(b) 体心立方晶格

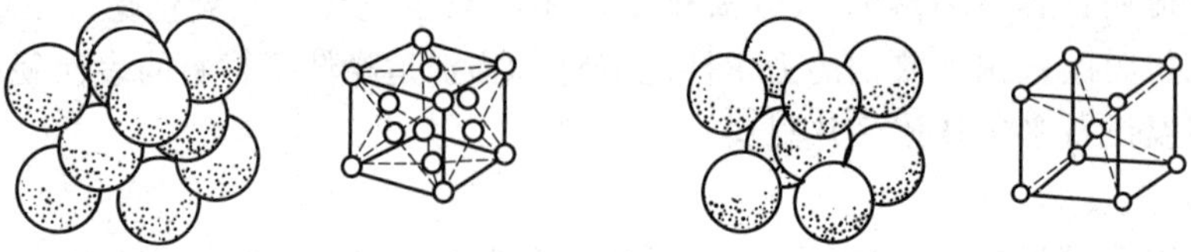

图 2-2　纯铁的晶体结构

铸铁是应用广泛的一种铁碳合金材料，一般碳以石墨形式存在，石墨有不同的组织形貌，如图 2-3 所示。其中，球状石墨的铸铁（称球墨铸铁）强度最高；细片状石墨的次之；粗片状石墨的最差。

(a) 球状石墨　　　　　(b) 细片状石墨　　　　　(c) 粗片状石墨

图 2-3　灰铸铁中石墨存在的形式与分布

2. 纯铁的同素异构转变

体心立方晶格的纯铁称 α-Fe，面心立方晶格的铁称为 γ-Fe。α-Fe 经加热可转变为 γ-Fe，反之高温下的 γ-Fe 冷却可变为 α-Fe。这种在固态下晶体构造随温度发生变化的现象，称为"同素异构转变"。纯铁的同素异构转变是在 910℃恒温下完成的，这一转变是铁原子在固态下重新排列的过程，实质上也是一种结晶过程，是钢进行热处理的依据。

3. 碳钢的基本组织

碳钢中主要有下列几种成分。

（1）铁素体

碳对铁碳合金性能的影响很大，铁中加入少量的碳，强度显著增加。这是由于碳引起了铁内部组织的变化，从而引起碳钢力学性能的相应改变。碳在铁中的存在形式有固溶体（两种或两种以上的元素在固态下互相溶解，而仍然保持溶剂晶格原来形式的物体）、化合物和混合物三种。这三种不同的存在形式，形成了不同的碳钢组织。

碳溶解在 α-Fe 中形成的固溶体称铁素体，其显微结构如图 2-4（a）所示。由于 α-Fe 原子间隙小，溶碳能力低（在室温下只能溶解 0.006%），所以铁素体强度和硬度低，但塑性和韧性很好。低碳钢是含铁素体的钢，具有软而韧的性能。

（2）奥氏体

碳溶解在 γ-Fe 铁中形成的固溶体称奥氏体，其显微结构如图 2-4（c）所示。γ-Fe 原子间隙较大，故碳在 γ-Fe 中的溶解度比 α-Fe 中大得多，如在 723℃时可溶解 0.8%，在 1147℃时可达最大值 2.06%。奥氏体组织是在 α-Fe 发生同素异构转变时产生的。由于奥氏体有较大的溶解度，故塑性、韧性较好，且无磁性。

（3）渗碳体

铁碳合金中的碳不能全部溶入 α-Fe 或 γ-Fe 中，其余部分的碳和铁形成一种化合物

（Fe3c），称为渗碳体，其显微结构如图 2-4 （b） 所示。它的熔点约为 1600℃，硬度高（约 800HB），塑性几乎等于零。纯粹的渗碳体又硬又脆，无法应用。但在塑性很好的铁素体基体上散布着这些硬度很高的微粒，将大大提高材料的强度。渗碳体在一定条件下可以分解为铁和碳，其中碳以石墨形式出现。铁碳合金中，碳和硅的含量愈高，冷却愈慢，愈有利于碳以石墨形式析出，析出的石墨散布在合金组织中。铁碳合金中，当含碳量小于 2％时，其组织是在铁素体中散布着渗碳体，这就是碳素钢。随着含碳量的增加，碳素钢的强度与硬度也随之增大。当含碳量大于 2％时，部分碳以石墨形式存在于铁碳合金中，这种合金称铸铁。石墨本身性软，且强度很低。从强度观点分析，分布在铸铁中的石墨，相当于在合金中挖了许多孔洞，所以铸铁的抗拉强度和塑性都比碳钢低。但是石墨的存在，并不削弱抗压强度，并且使铸铁具有一定消震能力。

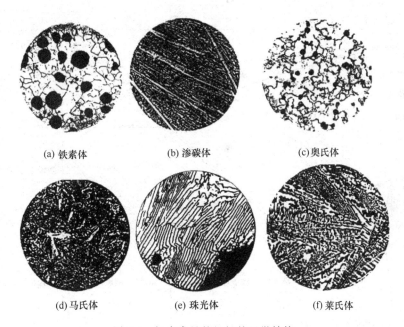

(a) 铁素体　　　　(b) 渗碳体　　　　(c) 奥氏体

(d) 马氏体　　　　(e) 珠光体　　　　(f) 莱氏体

图 2-4　钢中常见的组织的显微结构

（4）珠光体

珠光体是铁素体与渗碳体的机械混合物，其显微结构如图 2-4 （f） 所示。其力学性能介于铁素体和渗碳体之间，即其强度、硬度比铁素体高，塑性、韧性比铁素体差，但比渗碳体要好得多。

（5）莱氏体

莱氏体是珠光体和初次渗碳体的共晶混合物，其显微结构如图 2-4 （g） 所示。莱氏体具有较高的硬度，是一种较粗而硬的金相组织，存在于白口铸铁、高碳钢中。

（6）马氏体

马氏体是钢和铁从高温急冷下来的组织，是碳原子在 α-Fe 中过饱和的固溶体，其显微结构如图 2-4 （e） 所示。马氏体具有很高的硬度，但很脆，延伸性低，几乎不能承受冲击载荷。

4. 铁碳合金状态图

铁碳合金的组织是比较复杂的。不同含碳量或相同含碳量温度不同时，有不同的组织状态，性能也不一样。铁碳合金状态图（图 2-5）明确反映出含碳量、温度与组织状态的关系，是研究钢铁的重要依据，也是铸造、锻造及热处理工艺的主要理论依据。

图 2-5 中 *AC*、*CD* 两曲线称为"液相线"，合金在这两曲线以上均为液态，从这两曲线以下开始结晶。

AE、*CF* 称为"固相线"，合金在该线以下全部结晶为固态。

ECF 为水平线段，温度为 1147℃，在这个温度时剩余液态合金将同时析出奥氏体和渗碳体的机械混合物——莱氏体。*ECF* 线又称"共晶线"，其中 *C* 点称为"共晶点"。

ES 与 *GS* 分别为奥氏体的溶解度曲线，在 *ES* 线以下奥氏体开始析出二次渗碳体，在 *GS* 线以下析出铁素体。

PSK 为"共析线"，在 723℃ 的恒温下，奥氏体将全部转变为铁素体和渗碳体的共析组织-珠光体。

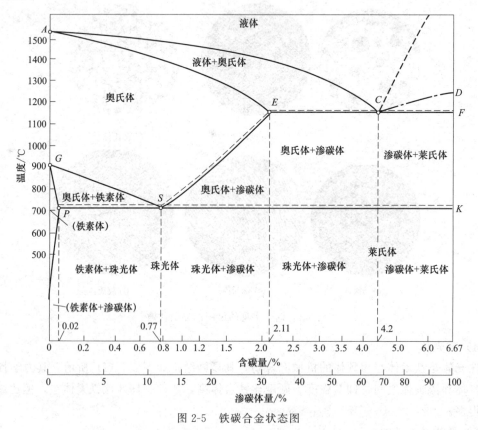

图 2-5　铁碳合金状态图

第三节　碳钢的种类与牌号

1. 碳钢中的杂质元素

普通碳素钢除含碳以外，还含有少量锰（Mn）、硅（Si）、硫（S）、磷（P）、氧（O）、氮（N）和氢（H）等元素。这些元素并非为改善钢材质量加入的，而是由矿石及冶炼过程中带入的，故称为杂质元素。这些杂质对钢的性能是有一定影响的，为了保证钢材的质量，在国家标准中对各类钢的化学成分都作了严格的规定。

① 硫　硫来源于炼钢的矿石和燃料焦炭。它是钢中的一种有害元素。硫以硫化铁（FeS）的形态存在于钢中，FeS 和 Fe 形成低熔点（985℃）化合物。而钢材的热加工温度一般在 1150～1200℃ 以上，所以当钢材热加工时，由于 FeS 化合物的过早熔化而导致工件开裂，这种现象称为"热脆"。含硫量愈高，热脆现象愈严重，故必须对钢中含硫量进行控制。高级优质钢：S＜0.02%～0.03%；优质钢：S＜0.03%～0.045%；普通钢：S＜0.055%～0.7%。

② 磷　磷是由矿石带入钢中的，一般来说，磷也是有害元素。磷虽能使钢材的强度、硬度增高，但引起塑性、冲击韧性显著降低。特别是在低温时，它使钢材显著变脆，这种现象称"冷脆"。冷脆使钢材的冷加工及焊接性变坏，含磷愈高，冷脆性愈大，故钢中对含磷量控制较严。高级优质钢：P＜0.025%；优质钢：P＜0.04%；普通钢：P＜0.085%。

③ 锰　锰是炼钢时作为脱氧剂加入钢中的。由于锰可以与硫形成高熔点（1600℃）的 MnS，一定程度上消除了硫的有害作用。锰具有很好的脱氧能力，能够与钢中的 FeO 反应生成 MnO 进入炉渣，从而改善钢的品质，特别是降低钢的脆性，提高钢的强度和硬度。因此，锰在钢中是一种有益元素。一般认为，钢中含锰量在 0.5%～0.8% 以下时，可把锰看成是常存杂质。技术条件中规定，优质碳素结构钢中，正常含锰量是 0.5%～0.8%；而较高含锰量的结构钢中，可达 0.7%～1.2%。

④ 硅　硅也是炼钢时作为脱氧剂而加入钢中的元素。硅与钢水中的 FeO 能生成密度较小的硅酸盐炉渣而被除去，因此硅是一种有益的元素。硅在钢中溶于铁素体内使钢的强度、硬度增加，塑性、韧性降低。镇静钢中的含硅量通常为 0.1%～0.37%，沸腾钢中只含硅0.03%～0.07%。由于钢中含硅量一般不超过 0.5%，对钢性能影响不大。

⑤ 氧　氧在钢中是有害元素。它是在炼钢过程中自然进入钢中的，尽管在炼钢末期要加入锰、硅、铁和铝等脱氧，但不可能除尽。氧在钢中以 FeO、MnO、SiO_2、Al_2O_3 等夹杂形式，使钢的强度、塑性降低。尤其是对疲劳强度、冲击韧性等有严重影响。

⑥ 氮　铁素体溶解氮的能力很低。当钢中溶有过饱和的氮，在放置较长一段时间后或随后在 200～300℃ 加热就会发生氮以氮化物形式的析出，并使钢的硬度、强度提高，塑性下降，发生时效。钢液中加入 Al、Ti 或 V 进行固氮处理，使氮固定在 AlN、TiN 或 VN 中，可消除时效倾向。

⑦ 氢　钢中溶有氢会引起钢的氢脆、白点等缺陷。白点常见于轧制的厚板、大锻件中，在纵断面中可看到圆形或椭圆形的白色斑点，在横断面上则是细长的发丝状裂纹。锻件中有了白点，使用时会发生突然断裂，造成不测事故。因此，化工容器用钢，不允许有白点存在。氢产生白点冷裂的主要原因是高温奥氏体冷至较低温时，氢在钢中的溶解度急剧降低，当冷却较快时，氢原子来不及扩散到钢的表面而逸出，就在钢中的一些缺陷处由原子状态的氢变成分子状态的氢。氢分子在不能扩散的条件下在局部地区产生很大压力，这压力超过了钢的强度极限而在该处形成裂纹，即白点。

2. 碳钢的分类

碳钢的种类很多，分类方法也很多，这里主要介绍按钢的质量、含碳量、用途和脱氧程度分类。

(1) 按钢的质量分类

根据碳钢质量的高低分类，即主要根据钢中含有害杂质疏、磷的多少来划分，可分为普通碳素钢（含 S≤0.045%，含 P≤0.045%）、优质碳素钢（含 S≤0.035%，含 P≤

0.035%）和特殊质量碳素钢（含 S≤0.030%，含 P≤0.035%）三类。

（2）按含碳量分类

根据碳钢中含碳量不同，可分为低碳钢（0.021%＜C≤0.25%）、中碳钢（0.25%＜C≤0.60%）和高碳钢（0.60%＜C≤1.3%）三类。

（3）按用途分类

按非合金钢的用途不同，可分为碳素结构钢和碳素工具钢两类。

① 碳素结构钢主要用于制造各种工程构件和机械零件的非合金钢。这类钢一般属于低碳和中碳钢。

② 碳素工具钢主要用于制造各种刀具、量具和模具的非合金钢。这类钢含碳量较高，一般属于高碳钢。

（4）按冶炼时脱氧程度不同分类

按冶炼时脱氧程度不同，可分为沸腾钢、镇静钢和半镇静钢三类。

① 沸腾钢，这类钢在冶炼后期不加脱氧剂，浇铸时钢液在钢锭模内产生气体溢出，即沸腾现象，铸成的钢锭组织疏松，质量较差，但成本较低，不宜用在重要场合。

② 镇静钢，这类钢脱氧彻底，浇注时钢液镇定不沸腾，铸成的钢锭组织致密，质量较好，优质钢及合金钢都是镇定钢。

③ 半镇定钢，这类钢的脱氧情况介于沸腾钢和镇静钢之间。

3. 常用碳钢的牌号、性能及用途

碳素结构钢钢号冠以"Q"，代表钢材屈服强度，后面的数字表示屈服强度数值（MPa）。如 Q235 钢，其屈服强度值为 235MPa。必要时钢号后面可标出表示质量等级和冶炼时脱氧方法的符号，质量等级符号分为 A，B，C，D。脱氧方法符号分为 F，b，Z，TZ。脱氧方法符号 F 是指只用弱脱氧剂 Mn 脱氧，脱氧不完全的沸腾钢。这种钢在钢液往钢锭中浇注后，钢液在锭模中发生自脱氧反应，钢液放出大量 CO 气体，出现"沸腾"现象，故称为沸腾钢；若在熔炼过程中加入硅、铝等强氧化剂，钢液完全脱氧，则称镇静钢，以 Z 表示，一般情况 Z 省略不标；脱氧情况介于二者之间时，称半镇静钢，用符号 b；采用特殊脱氧工艺冶炼时脱氧完全，称特殊镇静钢，以符号 TZ 表示。化工压力容器用钢一般选用镇静钢。按照 GB/T 700—2006《碳素结构钢》，有 Q195、Q215、Q235 及 Q275 四个牌号。各个牌号的质量等级可参见 GB/T 700—2006。其中屈服强度为 235MPa 的 Q235 有良好的塑性、韧性及加工工艺性，价格比较便宜，在化工设备制造中应用极为广泛。Q235-C 板材用作常温低压设备的壳体和零部件，Q235-A 棒材和型钢用作螺栓、螺母、支架、垫片、轴套等零部件，还可制作阀门、管件等。

4. 优质碳素钢牌号、性能及用途

优质钢含硫、磷有害杂质元素较少，其冶炼工艺严格，钢材组织均匀，表面质量高，同时保证钢材的化学成分和力学性能，但成本较高。优质碳素钢的编号仅用两位数字表示，钢号顺序为 08、10、15、20、25、30、35、40、45、50…80。钢号数字表示钢中平均含碳量的万分之几。如 45 钢表示钢中含碳量平均为 0.45%（0.42%～0.50%）。如 45 钢表示钢中含碳量平均为 0.45%（0.42%～0.50%）。锰含量较高的优质非合金钢，应将锰元素标出，如 45Mn。依据含碳量的不同，可分为优质低碳钢（C＜0.25%），如 08、10、15、20、25；优质中碳钢（C＝0.3%～0.60%），如 30、35、40、45、50 与 55；优质高碳钢（C＞0.6%），如 60、65、70、80。优质低碳钢的强度较低，但塑性好，焊接性能好。在化工设备制造中常用作热交换器列管、设备接管、法兰的垫片包皮（08、10）。优质中碳钢的强度较高、韧性较好，但焊接性能较差，不适宜做化工设备的壳体，但可作为换热设备管板，强度要求较高的螺栓、螺母等。45钢常用作化工设备中的传动轴（搅拌轴）。优质高碳钢的强度与硬度均较高。60、65钢主要用来制造弹簧，70、80钢用来制造钢丝绳等。

5. 高级优质钢

高级优质钢比优质钢中含硫、磷量还少（均小于0.03％），它的表示方法是在优质钢号后面加"A"，如20A。

第四节　低合金钢与合金钢

碳钢虽然具有良好的塑性和韧性、机械加工工艺性，但强度较低、耐蚀性差、适应温度范围窄，不论从满足现代化生产工艺条件方面，还是从经济方面，都不是理想材料。在碳钢中加入一种或几种元素，能改善钢的组织和性能，这些特意加入的元素称为合金元素。加入合金元素的钢称为合金钢。合金元素的加入可提高钢的综合力学性能和热处理性能，还可使钢具有某些特殊的物理与化学性能，如耐蚀和耐热性能等。

1. 合金元素对钢的影响

目前在合金钢中常用的合金元素有：铬（Cr），锰（Mn），镍（Ni），硅（Si），硼（B），钨（W），钼（Mo），钒（V），钛（Ti）和稀土元素（RE）等。

铬是合金结构钢主加元素之一，在化学性能方面它不仅能提高金属耐蚀性能，也能提高抗氧化性能。当其含量达到13％时，能使钢的耐蚀能力显著提高，并增加钢的热强性。铬能提高钢的淬透性，显著提高钢的强度、硬度和耐磨性，但它使钢的塑性和韧性降低。

锰可提高钢的强度，增加含锰量对提高低温冲击韧性有好处。

镍对钢的性能有良好的作用。它能提高淬透性，使钢具有很高的强度，而又保持良好的塑性和韧性。镍能提高耐蚀性和低温冲击韧性。镍基合金具有更高的热强性能。镍被广泛应用于不锈耐酸钢和耐热钢中。

硅可提高强度、高温疲劳强度、耐热性及耐H_2S等介质腐蚀的性能。硅含量增高会降低钢的塑性和冲击韧性。

铝为强脱氧剂，显著细化晶粒，提高冲击韧性，降低冷脆性。铝还能提高钢的抗氧化性和耐热性，对耐H_2S介质腐蚀有良好作用。铝的价格比较便宜，所以在耐热合金钢中常以它来代替铬。

钼能提高钢的高温强度、硬度、细化晶粒、防止回火脆性。钼能耐氢腐蚀。

钒用于固溶体中可提高钢的高温强度，细化晶粒，提高淬透性。铬钢中加少量钒，在保持钢的强度情况下，能改善钢的塑性。

钛为强脱氧剂，可提高强度、细化晶粒、提高韧性，减小铸锭缩孔和焊缝裂纹等倾向。在不锈钢中起稳定碳的作用，减少铬与碳化合的机会，防止晶间腐蚀，还可提高耐热性。

稀土元素可提高强度，改善塑性、低温脆性、耐蚀性及焊接性能。

2. 合金钢的分类

（1）按用途分类

合金钢按用途可分为合金结构钢、合金工具钢、特殊性能钢三类。

合金结构钢用于制造各种机械零件和结构件。它具有较高的强度、塑性和韧性。从含碳量来说，均为低、中碳合金钢。合金工具钢用于制造各种工具，如刃具、量具及模具等，一般为高碳合金钢。

（2）按化学成分分类

按合金元素的含量可分为：低合金钢，合金元素总含量低于 5%；中合金钢，合金元素总含量为 5%～10%；高合金钢，合金元素总含量高于 10%。按所含合金元素的种类可分为锰钢、铬钢、铬镍钢、锰钒硼钢等。

3. 合金钢的编号

按照国家标准规定，我国合金钢的编号是按钢的含碳量、合金元素种类、数量以及用途等编制的，基本上采用数字、元素化学符号加数字的方法进行。

前边的数字表示钢的平均含碳量，合金结构钢的含碳量，前面是两位数字，一般以其平均含碳量的万分数表示，如 40Cr 钢的平均含碳量为 0.4%。

当合金工具钢的含碳量高于或等于 1% 时，在牌号中不标出其含碳量，如 CrMn 钢的含碳量为 1.3%～1.5%；当含碳量低于 1% 时，则以平均含碳量的千分数表示，如 9Mn2V 钢的平均含碳量为 0.9%。

不锈钢、耐热钢的含碳量一般是 1 位数字，以千分数表示。如 2Cr13 钢的平均含碳量为 0.2%。不锈钢中当含碳量低于或等于 0.03% 时，在钢号前冠以 "00"，如 00Cr8Ni10；当含碳量低于或等于 0.08% 时，在钢号前冠以 "0"，例如 0Cr18Ni9Ti 等。

用化学符号表示钢中所含的合金元素，其后面的数字表示该合金元素的含量。若合金元素低于 1.5% 时，只标出元素的符号即可；如合金元素的平均含量高于或等于 1.5% 时，则在元素符号后标以 "2"，如其含量在 2.5%～3.5% 之间，则标以 "3"，其余依此类推。例如 12CrNi3 钢，平均含铬量低于 1.5%，平均含镍量为 3%。

钢号前面的字母或汉字表示钢的专门用途，滚动轴承钢，即在牌号前加上 "滚" 或 "G" 字表示，后面的数字表示含铬量的千分数，如 GCr15（滚铬 15），表示含铬量为 1.5% 的滚动轴承钢。牌号末尾加注 "A" 或 "高" 字表示含硫、磷较低的高级优质钢，如 38CrMoA。

4. 常用合金钢的性能及用途

（1）合金结构钢

在碳素结构钢的基础上适当地加入一种或几种合金元素就成为合金结构钢。合金结构钢主要包括普通低合金钢、渗碳钢、调质钢、弹簧钢、滚动轴承钢等。

① 普通低合金钢　普通低合金钢，简称普低钢，是一种低碳结构用钢，合金元素含量较少，一般在 3% 以下。这类钢具有较好的韧性、良好的焊接性和耐蚀性。特别是有较高的屈服强度，屈服极限可达 300～400MPa（而 Q235 的屈服极限为 240MPa）。所以若用普低钢代替普通碳素钢就可在相同受载的条件下，使结构重量减轻 20%～30%。此外，它还具有比普通碳素钢更低的冷脆临界温度。这对在北方高寒地区使用的构件及运输工具，具有重要意义。普低钢已广泛应用在车辆、船舶、建筑、压力容器、石油工业以及各种机械工业中。

普通低合金钢通常在热轧退火（或正火）状态下使用。为了保证良好的焊接性，这类钢的含碳量较低（低于 0.18%），因此它的强度提高主要依靠加入合金元素来达到，如加入锰、硅等元素可对铁素体起固溶强化的作用，加入钒、钛等元素能起细化晶粒和弥散强化作用，加入铜、磷则可提高钢的耐蚀能力。

常用的普通低合金钢有 09Mn2、16Mn 和 15MnV 等，其中 16Mn 应用最广，如新型载重汽车纵横梁采用 16Mn，使载重比由 1.05 提高到 1.25。16Mn 用于建造南京长江大桥构件，不仅提高了质量，而且减轻了自重、节约了钢材。

② 合金渗碳钢　合金渗碳钢的含碳量低于 0.25%，合金元素总量一般亦不超过 3%。该钢经渗碳淬火后，表面硬度和耐磨性与经渗碳淬火的低碳钢相差不多，但内部的强度、韧性要高得多，因而能承受较强烈的冲击。合金渗碳钢中加入铬、镍、锰、硼等合金元素，主要增加合金渗碳钢的淬透性，并使内部组织得到强化。加入钒、钛等合金元素，可防止渗碳时晶粒长大，起细化晶粒的作用，以提高韧性。

常用合金渗碳钢有以下几种。

20Cr 与碳钢相比有较高的淬透性和强度，适宜制造高速、中等载荷下工作的零件。如变速箱齿轮、离合器、蜗杆、凸轮和主轴等。

20Mn2B 比 20Cr 淬透性好，经淬火低温回火后具有高的强度和韧性，可代替 20Cr 制造上述零件。

20CrMnTi 是目前较为普遍应用的一种合金渗碳钢，它不仅有高的淬透性和力学性能，而且加工性能良好，少量的钛能使晶粒细化，提高韧性，减少淬火变形。常用于制造形状复杂、在高速重载下工作的零件，如汽车上的齿轮、十字头等。

③ 合金调质钢　合金调质钢主要用来制造各种重要的承受冲击载荷或较大载荷的机器零件，如曲轴、连杆、蜗杆、轴类零件等。其含碳量一般为 0.25%～0.5%。加入铬、锰、硅、硼等合金元素，可提高钢的淬透性和综合力学性能；加入少量的铂、钨、钒、钛等合金元素，可细化晶粒，进一步提高回火稳定性。

常用的合金调质钢有以下几种。

40Cr 钢是合金调质钢中最常用的，具有较高的强度（比 40 钢高 20%）、硬度和良好的韧性，广泛应用于汽车、拖拉机的齿轮、传动轴、连杆螺栓以及机床上的主轴、蜗杆等零件。

在硅锰调质钢中加入钼和钒等合金元素，可以消除回火脆性和细化晶粒；适当提高锰的含量（达 2%）能提高淬透性，这样就可以得到性能很好的高级调质钢。它的淬透性、强度、韧性全面提高，如用 30SiMn2MoV 可代替铬镍钼钢制造承受冲击载荷的重要零件。

④ 合金弹簧钢　弹簧钢要求有高强度，特别是高的弹性极限和疲劳强度。它的含碳量一般在 0.05%～0.07% 之间，主要加入锰、硅、铬、钒等合金元素，以提高钢的弹性极限和淬透性。

一般小尺寸螺旋弹簧，可选用冷拔弹簧钢丝（70～85 碳钢）冷卷成形，不需淬火，只进行低温回火处理（250～350℃）以消除应力、稳定尺寸。尺寸不大的弹簧片及弹性零件，常用优质 65Mn 制造，经淬火及中温回火处理。对于尺寸较大、要求较高的弹簧，则需用合金弹簧钢如 50CrVA、60Si2CrA、60Si2Mn 等，在经过热成形后，要进行淬火及中温回火（400～520℃），如解放牌汽车的板弹簧及火车缓冲弹簧多采用 60Si2Mn。

⑤ 滚动轴承钢　滚动轴承钢大量用来制作滚动轴承的滚珠、滚柱和内外圈。因为这些零件要求高而均匀的硬度、耐磨性、高的抗压强度和疲劳强度等。故滚动轴承钢含碳量很高，为 0.95%～1.15%，含铬 0.6%～1.5%。还可加入适量的锰、硅等合金元素，以提高其淬透性。常用的合金轴承钢的牌号有 GCr9、GCr15、GSiMnV 等。

（2）合金工具钢

合金工具钢与碳素工具钢相比，具有淬透性好、耐磨性与热硬性高、热处理变形小等优点，按用途可分为刃具钢、量具钢和模具钢。

刃具钢主要用以制造各种刃具，如车刀、钻头、铣刀等。刃具在工作时，受到很大的切削力、摩擦与切削热的作用，因而要求具备高的硬度（60HRC 以上）、耐磨性和高的热硬性，应有足够的强度和韧性，以防断裂或崩刃。

低合金工具钢，含碳量一般为 0.8%～1.5%，以保证淬火后有高的硬度和耐磨性。合金元素的总含量通常不大于 5%。加入铬、硅和锰等元素，主要作用是提高钢的淬透性，同时还可提高强度。而加入的钨和钒形成碳化物，能提高钢的硬度、耐磨性和热硬性。

最常用作刃具的低合金工具钢是 9SiCr、CrWMn 和 9Mn2V。9SiCr 钢具有良好的淬透性，直径 $\phi40$～50mm 的工具，在油中冷却即可淬透，获得 60～64HRC 的硬度。9SiCr 钢的碳化物比较细小且分布均匀，热处理变形小，可用于制造要求淬火变形小和较薄的低速切削工具，如板牙、丝攻和铰刀等。

9Mn2V 钢是适合我国资源条件的不含铬的低合金工具钢，价格较低。其淬透性、耐热性和淬火变形倾向均接近 CrWMn 钢，并且碳化物分布均匀，淬火后开裂倾向较小。

5. 不锈钢

不锈钢通常是不锈钢和耐酸钢的统称，也称不锈耐酸钢。一般称耐空气、蒸汽和水等弱腐蚀介质的钢为不锈钢，称耐酸、碱、盐等强烈腐蚀性介质的钢为耐酸钢。不锈钢不一定耐酸，而耐酸钢一般均有良好的耐弱腐蚀介质的性能。对不锈钢的性能要求是：良好的耐蚀性，合适的力学性能，优良的冷热加工和成形性及焊接性能。不锈钢种类繁多，性能各异，通常按钢的金相组织分为铁素体不锈钢、奥氏体不锈钢、奥氏体-铁素体双相不锈钢和马氏体不锈钢等。根据所含主要合金元素的不同，不锈钢常分为以铬为主的铬不锈钢和以铬、镍为主的铬镍不锈钢，目前还发展了节镍（或无镍）不锈钢。

（1）铬不锈钢

以铬为主要合金元素，一般含碳量不超过 0.15%，含铬量为 12%～30%。有些钢中还含有钼、钛等元素。在铬不锈钢中，起耐蚀作用的主要元素是铬。当钢中铬的质量分数达到 12% 左右时，能使钢的表面形成一层极薄且致密的铬氧化膜，阻止了钢基体被继续侵蚀，使钢在氧化性介质中的耐蚀性发生突变性上升。铬不锈钢耐蚀性的强弱取决于钢中的含碳量和含铬量，而且含铬量愈多耐蚀性愈好。但是由于钢中碳元素的存在，使其与铬形成铬的碳化物（如 $Cr_{23}C_6$ 等）而消耗了铬，致使钢中的有效铬含量减少，降低了钢的耐蚀性，故不锈钢中的含碳量都是较低的。为了确保不锈钢具有耐蚀性能，使其含铬量大于 12%，实际应用的不锈钢中的平均含铬量都在 13% 以上。此类钢的不足之处是，对晶间腐蚀比较敏感；当铬含量高时，脆性转变温度高，可焊性较差。铁素体不锈钢的应用广泛性仅次于奥氏体不锈钢，常用的钢种有 1Cr13、2Cr13、0Cr13、0Cr17Ti 等。

1Cr13（含碳量小于 0.15%）、2Cr13（含碳量平均为 0.2%）等钢铸造性能良好，经调质处理后有较高的强度与韧性，焊接性能尚好。耐蒸汽、潮湿大气、淡水和海水的腐蚀，对弱腐蚀性介质（如盐水溶液、硝酸、低浓度有机酸等）温度较低（小于 30℃）时也有较好的耐蚀性。在硫酸、盐酸、热硝酸、熔融碱中耐蚀性较低。主要用在化工机器中制造受冲击载荷较大的零件，如阀、阀件、塔盘中的浮阀、石油裂解设备、高温螺栓、导管及轴与活塞杆等。0Cr13、0Cr17Ti 等钢中含 C 量少（含碳量小于 0.08% 时，标注"0"；含碳量小于

0.03％时，标注"00"）、含 Cr 量较多，具有较好的塑性，但韧性较差，能耐氧化性酸（如稀硝酸）和硫化氢气体的腐蚀，所以可部分代替高铬镍型不锈钢，如可制作硝酸厂和维尼纶厂耐冷醋酸和防铁锈污染产品的耐蚀设备。

（2）铬镍不锈钢

以铬镍为主要合金元素的奥氏体不锈钢是应用最为广泛的一类不锈钢，此类钢包含 Cr18Ni8 系不锈钢以及在此基础上发展起来的含铬镍更高，并含钼、硅、铜等合金元素的奥氏体类不锈钢。这类钢的特点是，具有优异的综合性能，包括优良的力学性能，冷、热加工和成形性，可焊性和在许多介质中的良好耐蚀性，是目前用来制造各种储槽、塔器、反应釜、阀件等化工设备最广泛的一类不锈钢材。

铬镍不锈钢除像铬不锈钢一样有氧化铬薄膜的保护作用外，还因镍能使钢形成单一奥氏体组织而得到强化，使得在很多介质中比铬不锈钢更具耐蚀性。如对浓度在 65％以下、温度低于 70℃或浓度在 60％以下、温度低于 100℃的硝酸，以及对苛性碱（熔融碱除外）、硫酸盐、硝酸盐、硫化氢、醋酸等都很耐蚀。但对还原性介质如盐酸、稀硫酸则是不耐蚀的。在含氯离子的溶液中，有发生晶间腐蚀的倾向，严重时往往引起钢板穿孔腐蚀。

压力容器中常用铬镍不锈钢的牌号有 1Cr18Ni9、0Cr18Ni11Ti 和 0Cr17Ni12Mo2 等，1Cr18Ni9 中含 C＜0.14％，含 Cr17％～19％，含 Ni8％～11％，故常以其 Cr、Ni 平均含量"18-8"来标志这种钢的代号。这种钢经固溶处理（加热至 1000～1100℃，在空气中或水中淬冷）后，是单一的奥氏体组织，可得到良好的耐蚀性、耐热性、低温和高温力学性能及焊接性能。

高铬镍不锈钢在强氧化性介质（如硝酸）中具有很高的耐蚀性，但在还原性介质（如盐酸、稀硫酸）中则是不耐蚀的。为了扩大在这方面的耐蚀范围，常在铬镍钢中加入合金元素 Mo、Cu，如 00Cr17Ni14Mo2，一般加入 Mo 的钢对氯离于 Cl^- 的腐蚀具有较大的抵抗力，而同时含 Mo 和 Cu 的钢在室温、浓度为 50％以下的硫酸中具有较高的耐蚀性，在低浓度盐酸中也比不含 Mo 和 Cu 的钢具有更高的化学稳定性。

（3）节镍或无镍不锈钢

由于钢含镍量高，因而价格较高。为节约镍并使钢中仍具有奥氏体组织，用容易得到的锰和氮代替不锈钢中的镍，发展出了铬锰镍氮系和铬锰氮系不锈钢。例如 Cr18Mn8Ni5、Cr18Mn10Ni5Mo3N。而用于制造尿素生产设备的 0Cr17Mn13Mo2N 比 1Cr18Ni12Mo2Ti、1Cr18Ni12Mo3Ti 在耐蚀性能上更强。

6. 耐热钢和高温合金

在石油、化工生产中有许多高温、高压生产工艺，在这种高温、高压的生产工艺中，必须使用耐热钢及高温合金。例如石油化工的乙烯裂解、氨的合成等，都是在高温下使用的设备，其温度往往达到 1000℃以上。设备使用温度超过 300～350℃即需选用耐热钢，一般耐热钢工作温度都在 700℃以下，如果工作温度在 700～1000℃范围内，耐热钢就不能胜任，要采用高温合金。

耐热钢是指高温下具有较高的强度和良好的化学稳定性的合金钢。耐热钢主要合金元素有铬（Cr），铝（Al），硅（Si），镍（Ni），锰（Mn），钒（V），钛（Ti），铌（Nb）、碳（C）、氮（N）、硼（B）和稀土元素（RE）等。Cr、Al、Si 是铁素体形成元素，可以被高温气体（对耐热钢而言，主要是氧气）氧化后生成一种致密的氧化膜，保护钢的表面，防止氧的继续侵蚀，从而得到较好的化学稳定性。Ni、Mn 是奥氏体形成元素，能提高高温强度和改善抗渗碳性。V、Nb、Ti 是强碳化物形成元素，可以提高钢的高温强度。C 和 N 可以扩大和稳定奥氏体，提高钢的高温强度。B 和 RE 均为耐热钢中添加的微量元素，可以显著提高钢材的抗氧化性，并改善其热塑性。耐热钢按特性和用途可分为抗氧化钢（又称高温不起皮钢）和热强钢。抗氧化钢是指高温下具有较好的抗氧化性，并有适当强度的钢种。多数用来制造炉用零件和热交换器。热强钢高温下有较好的抗氧化性和耐蚀能力，且有较高的强度。常用来高温工作下的汽缸、螺栓及锅炉的过热器等。常用耐热钢的牌号、特性和用途列于表 2-1。

高温合金有三个主要类型：铁基合金、镍基合金、钴基合金。铁基耐热合金的工作温度在 700℃ 以下，含有相当高的铬、镍成分和其他强化元素。镍基耐热合金是目前在 700～900℃ 范围内使用得最广泛的一种高温合金。这类合金的镍含量通常在 50% 以上。钴基耐热合金的高温强度主要靠固溶强化获得。钴价格昂贵，应用受到很大的限制，一般在 1000℃ 以上才用。

表 2-1　常用耐热钢牌号、特性和用途

钢号	主　要　特　点	用　　途
1Cr25Ni20Si2	奥氏体钢,有良好的抗氧化性、加工性能和焊接性能。由于含镍高,组织较稳定,一般经固溶处理	高温炉管、加热炉辊,最高可用到1200℃
3Cr18Mn12Si2N	节镍奥氏体钢,按其抗氧化性能可用于900℃左右的耐热零件,其加工性能不如铬镍奥氏体钢。目前使用不多	锅炉吊架及其他炉用零件
2Cr20Mn9Ni2Si2N	性能同3Cr18Mn12Si2N,由于含铬高、碳低和少量的镍,使用温度可稍高,工艺性能亦较3Cr18Mn12Si2N稍好	用锅炉吊架及炉用零件,长期可用于950℃,短期可用于1000～1050℃
1Cr5Mo	600℃以下有一定强度,650℃以下有较好的抗氧化性和抗石油裂化过程中的腐蚀	锅炉管架、高压加氢设备零件、紧固件等

7. 钢的品种及规格

钢的品种有钢板、钢管、型钢、铸钢及锻钢等。通常按外形分为板材、管材、型材、金属制品等。为便于采购、订货和管理，我国目前将钢材分为十六大品种。

(1) 钢板（板材）

钢板按厚度分为薄板（厚度小于或等于 4mm）和厚板（厚度大于 4mm），习惯上还把 20mm 以下的厚钢板称为中板，超过 60mm 的钢板叫特厚板。钢带是指厚度较薄、宽度较窄、长度很长，可以成卷供应的钢板。

钢板中大多为光面平板，但也有花纹钢板（或称网纹钢板），花纹钢板有菱形或扁豆形的凸棱，有防滑作用，常用于制造厂房扶梯、工作架的踏板及船舶甲板、汽车地板等。

钢板一般是成张供应，钢带则大多成卷供应。成张钢板的规格用"厚度×宽度×长度"表示，成卷供应的钢板和钢带的规格用"厚度×宽度"表示。

薄钢板按生产工艺方法可分为热轧薄钢板和冷轧薄钢板。目前生产供应的热轧薄钢板厚度通常为 0.35～4mm、宽度为 500～1500mm、长度为 500～4000mm；冷轧薄钢板厚度为 0.2～4mm、宽度为 500～1500mm，长度为 500～3500mm。

厚钢板的厚度一般为 4.5～60mm，厚度小于 6mm 时，间隔 0.5mm 一个规格；钢板厚度在 6～30mm 之间时，间隔 1mm 一个规格；钢板厚度在 30～60mm 之间时，间隔 2mm 一个规格。一般碳素钢板材有 Q235-A、Q235-A·F、08、10、15、20 等。

(2) 钢管（管材）

钢管有无缝钢管和有缝钢管两类。无缝钢管分冷轧和热轧，冷轧无缝钢管外径和壁厚的尺寸精度均较热轧高。普通无缝钢管常用材料有 10、15、20 等。另外，还有专门用途的无缝钢管，如热交换器用钢管、石油裂化用无缝管、锅炉用无缝管等。有缝钢管、水煤气管分镀锌（白铁管）和不镀锌（黑铁管）两种。

(3) 型钢（型材）

型钢主要有圆钢、方钢、扁钢、角钢（等边与不等边）、工字钢和槽钢、六角钢、螺纹钢等。各种型钢的尺寸和技术参数可参阅附录和有关标准，按尺寸大小分为大、中、小型；按材质分有优质钢型材、普通钢型材。圆钢与方钢主要用来制造各类轴件；扁钢常用于制作各种桨叶；角钢、工字钢及槽钢可做各种设备的支架、塔盘支承及各种加强结构。

型材中还包含线材（直径 5～10mm 的圆钢和盘条）、钢带（也叫带钢，实际上是长而窄并成卷供应的薄钢板）、重轨（30kg/m 的钢轨，包括起重机轨）、轻轨（小于或等于 30kg/m 的钢轨）等。

(4) 铸钢和锻钢

铸钢用 ZG 表示，牌号有 ZG25、ZG35 等，用于制造各种承受重载荷的复杂零件，如泵壳、阀门、泵叶轮等。锻钢有 08、10、15…50 等。石油化工容器用锻件一般采用 20、25 等材料，用以制作管板、法兰、顶盖等。

(5) 其他钢材与金属制品

有钢丝、钢丝绳、钢绞线等，还有电工硅钢薄板，也叫硅钢片或矽钢片。

第五节　钢的热处理

钢、铁在固态下通过加热、保温和不同的冷却方式，改变金相组织以满足所要求的物理、化学和力学性能，这种加工工艺称为热处理。热处理工艺不仅应用于钢和铸铁，亦广泛应用于其他材料。根据热处理加热和冷却条件的不同，钢的热处理可以分为很多种类。

$$
热处理
\begin{cases}
普通热处理
\begin{cases}
退火 \\
正火 \\
淬火 \\
回火
\end{cases} \\
表面热处理
\begin{cases}
表面淬火 \\
化学热处理
\end{cases}
\end{cases}
$$

1. 退火和正火

退火是把钢（工件）放在炉中缓慢加热到临界点以上的某一温度，保温一段时间，随炉缓慢冷却下来的一种热处理工艺。退火的目的在于调整金相组织，细化晶粒，促进组织均匀化，提高力学性能；降低硬度、提高塑性，便于冷加工；消除部分内应力，防止工件变形。

正火与退火的不同之处，在于正火是将加热后的工件从炉中取出置于空气中冷却。正火和退火作用相似，由于正火的冷却速度比退火快一些，因而晶粒变细，钢的韧性可显著提高。铸、锻件在切削加工前一般要进行退火或正火。

2. 淬火和回火

淬火是将工件加热至淬火温度（临界点以上 30～50℃），并保温一段时间，然后投入淬火剂中冷却的一种热处理工艺。淬火后得到的组织是马氏体。为了保证良好的淬火效果，针对不同的钢种，淬火剂有空气、油、水、盐水，其冷却能力按上述顺序递增。碳钢一般在水和盐水中淬火，合金钢导热性能比碳钢差，为防止产生过高应力，一般在油中淬火。淬火可以增加零件的硬度、强度和耐磨性。淬火时冷却速度太快，容易引起零件变形或裂纹；冷却速度太慢则达不到技术要求。因此，淬火常常是产品质量的关键所在。

回火是零件淬火后进行的一种较低温度的加热与冷却热处理工艺。回火可以降低或消除零件淬火后的内应力，提高韧性；使金相组织趋于稳定，并获得技术上需要的性能。回火处理有以下几种。

（1）低温回火

淬火后的零件在 150～250℃ 范围内的回火称"低温回火"。低温回火后的组织主要是回火马氏体。它具有较高的硬度和耐磨性，内应力和脆性有所降低。当要求零件硬度高、强度大、耐磨时，如刀具、量具，一般要进行低温回火处理。

（2）中温回火

当要求零件具有一定的弹性和韧性，并有较高硬度时，可采用中温回火。中温回火温度是 300～450℃。要求强度高的轴类、刀杆、轴套等一般进行中温回火。

（3）高温回火

要求零件具有强度、韧性、塑性等都较好的综合性能时，采用高温回火。高温回火温度为 500～680℃。这种淬火加高温回火的操作，习惯上称为"调质处理"。由于调质处理比其他热处理方法能更好地改善综合力学性能，故广泛应用于各种重要零件的加工中，如各种轴类零件、连杆、齿轮、受力螺栓等。

此外，生产上还采用时效热处理工艺。时效是指材料经固溶处理或冷塑变形后，在室温或高于室温条件下，其组织和性能随时间而变化的过程。时效可进一步消除内应力、稳定零件尺寸，它与回火作用相类似。

3. 钢的表面处理

（1）表面淬火

钢的表面淬火是将工件的表面通过快速加热到临界温度以上，在热量还来不及传导至心部之前，迅速冷却。这样改变钢的表层组织，而心部没有发生相变，仍保持原有的组织状态。经过表面淬火，可使零件表面层比心部具有更高的强度、硬度、耐磨性和疲劳强度，而心部则具有一定的韧性。

（2）化学热处理

化学热处理是将零件置于某种化学介质中，通过加热、保温、冷却等方法，使介质中的某些元素渗入零件表面，改变表面层的化学成分和组织结构，从而使零件表面具有某些特殊性能。热处理有渗碳、渗氮（氮化）、渗铬、渗硅、渗铝、氰化（碳与氮共渗）等。其中，渗碳、氰化可提高零件的硬度和耐磨性；渗铝可提高耐热、抗氧化性；氮化与渗铬的零件，表面比较硬，可显著提高耐磨和耐蚀性；渗硅可提高耐酸性等。

第六节　铸　铁

铸铁是含碳量较高的铁，质脆，不能锻压，用来炼钢或铸造器物。工业上常用的铸铁，其含碳量约为 2.5%～4.0%，含有 S、P、Si、Mn 等杂质。铸铁是脆性材料，强度较低，但耐磨性、减振性、铸造性及切削加工性能都很好，在一些介质（浓硫酸、醋酸、盐溶液、有机溶剂等）中具有相当好的耐蚀性能。铸铁生产成本低廉，因此在工业中得到普遍应用。

碳在铸铁中存在的形式有三种：一是溶解于铁素体中，这部分碳很少，可以忽略不计；二是生成渗碳体；三是既不溶解也不化合，而是独立存在于各基体之外的石墨，石墨柔软而光滑。渗碳体与石墨含量多少对铸铁性能影响很大。除碳外，铸铁中还含有 1%～3% 的硅以及锰、磷、硫等元素。合金铸铁还含有镍、铬、钼、铝、铜、硼、钒等元素。碳、硅是影响铸铁显微组织和性能的主要元素。根据碳在铸铁中存在形式不同，铸铁可分为白口铸铁、灰铸铁、可锻铸铁、球墨铸铁和蠕墨铸铁。

1. 白口铸铁

碳在白口铸铁中几乎全部以渗碳体的形式存在，断口呈白亮色，故称为白口铸铁。由于渗碳体组织硬而脆，使得白口铸铁非常脆硬，切削加工极为困难。因此，工业上很少用白口铸铁来制造一般机械零件，而主要作为炼钢的原料，也用作可锻铸铁的坯件和制作耐磨损的零部件。

2. 灰铸铁

含碳量较高（2.7%～4.0%），碳主要以片状石墨形态存在，断口呈灰色，故称灰铸铁，简称灰铁。熔点低（1145～1250℃），凝固时收缩量小，抗压强度和硬度接近碳素钢，减振性好。灰铸铁的抗压强度较大，抗拉强度却很低。冲击韧性也很低，不适于制造承受弯曲、拉伸、剪切和冲击载荷的零件，可用来铸造承受压力，要求消振、耐磨的零件，如制造机床床身、机座、汽缸、阀体、泵体、支架、管路附件或受力不大的不重要的铸件。

灰铸铁的牌号以"HT"加数字表示，共有 HT100，HT150，HT200，HT250，HT300，HT350，HT400 共 7 种牌号。"HT"为"灰铁"两字汉语拼音的第一个字母；后面的数字代表最低抗拉强度（N/mm² 或 MPa），数字愈大，强度愈高。

3. 可锻铸铁

由白口铸铁退火处理后获得，石墨呈团絮状分布，简称韧铁。可锻铸铁实际上是不可锻的，其"可锻"两字的含义只是说明它具有一定的延展性而已，所以也常称为"展性铸铁"。其组织性能均匀，耐磨损，有良好的塑性和韧性。用于制造形状复杂、承受冲击和振动的场合，例如汽车、拖拉机的后桥外壳、转向机构、低压阀门、管道配件、运输机、升降机、纺织机零件等。

可锻铸铁的代号为"KT"，它是"可"、"铁"两个字汉语拼音的第一个字母。又因为有黑心（基体组织为铁素体）和珠光体的不同，故在"KT"后分别标以"H"和"Z"。后面两组数字中，第一组数字表示最低抗拉强度，第二组数字表示最低伸长率。如 KTH300-06，表示 $\sigma_b \geqslant 300\text{MPa}$、$\delta \geqslant 6\%$ 的铁素体可锻铸铁；KTZ450-06 表示 $\sigma_b \geqslant 450\text{MPa}$、$\delta \geqslant 6\%$ 的珠光体可锻铸铁。

4. 球墨铸铁

在浇铸前往铁水中加入少量球化剂（如 Mg、Ca 和稀土元素等）和石墨化剂（硅铁或硅钛合金），以促进碳以球状石墨结晶存在，称为球墨铸铁。

球墨铸铁在强度、塑性和韧性方面大大超过灰铸铁，而且仍具有灰铸铁的许多优点（铸造性、耐磨性、切削工艺性好等），用它来代替灰铸铁，可以减轻机器的自重。与锻铁相比，球墨铸铁的耐磨性较好，并可节约金属，缩短加工工时。与铸钢相比，它的屈服强度和抗拉强度比值（$\sigma_{0.2}/\sigma_b$）高达 0.7～0.8，几乎为钢的（0.35～0.5）的 2 倍。在一般机械设计中，材料许用应力是按屈服强度来确定的，因此对于承受静载荷的零件，用球墨铸铁代替铸钢，就可以减轻机器的自重。与可锻铸铁相比，不仅在强度和冲击韧性上超越过它，而且生产周期短，生产成本比铸钢或可锻铸铁低。总之，球墨铸铁兼有普通铸铁及钢的优点，目前已成为广泛应用的新型结构材料。

当然，球墨铸铁也不是十全十美的，它的明显缺点是凝固时收缩率较大，对铁水成分要求较严，因而熔炼工艺与铸造工艺要求较高，而且消振能力比灰铸铁低。

我国球墨铸铁的牌号中"QT"两字母是表示"球铁"的意思，后面两组数字第一组数字表示最低抗拉强度，第二组数字表示最低伸长率。如 QT450-10 表示 $\sigma_b \geq 450MPa$、$\delta \geq$ 10％的球墨铸铁。

5. 蠕墨铸铁

蠕墨铸铁是在高碳、低硫、低磷的铁水中加入蠕化剂（镁钛合金、稀土镁钛合金或稀土镁钙合金），经蠕化处理后使石墨变为蠕虫状的高强度铸铁。由于蠕虫状石墨介于片状石墨与球状石墨之间，因此蠕墨铸铁的力学性能介于灰铸铁与球墨铸铁之间，其铸造性、切削加工性、吸振性、导热性和耐磨性接近灰铸铁，抗拉强度和疲劳强度相当于铁素体球墨铸铁。常用于制造复杂的大型铸件、高强度耐压件和冲击件，如立柱、泵体、机床床身、阀体和汽缸盖等。

蠕墨铸铁的牌号常用"蠕铁"两字的汉语拼音字母"RuT"与一组数字表示，数字表示最低抗拉强度（单位为 MPa），如 RuT420 表示最低抗拉强度极限值为 420MPa 的蠕墨铸铁。

第七节　有色金属及其合金

铁以外的金属称非铁金属，也称有色金属。有色金属及其合金的种类很多，常用的有铝、铜、铅、钛等。在石油、化工生产中，由于腐蚀、低温、高温、高压等特殊工艺条件，许多化工设备及其零部件经常采用有色金属及其合金。

有色金属有很多优越的特殊性能，例如良好的导电性、导热性，密度小，熔点高，好的低温韧性，在空气、海水以及一些酸、碱介质中耐蚀等，但有色金属价格比较昂贵。常用有色金属及合金的代号见表 2-2。

表 2-2　常用有色金属及合金的代号

名称	铜	黄铜	青铜	铝	铅	铸造合金	轴承合金
代号	T	H	Q	L	Pb	Z	Ch

1. 铝及其合金

铝是一种银白色金属，密度小（2.7g/cm³），约为铁的 1/3，属于轻金属。铝的导电性、导热性能好，仅次于金、银和铜；塑性好、强度低，可承受各种压力加工，并可进行焊接和切削。铝在氧化性介质中易形成 Al_2O_3 保护膜，因此在干燥或潮湿的大气中，在氧化剂的盐溶液中，在浓硝酸以及干氯化氢、氨气中，都是耐蚀的。但含有卤素离子的盐类、氢氟酸以及碱溶液都会破坏铝表面的氧化膜，所以铝不宜在这些介质中使用。铝无低温脆性、无磁性，对光和热的反射能力强，耐辐射，冲击不产生火花。

化工上常用的铝及其合金的牌号及用途如下。

（1）工业纯铝

工业纯铝不像化学纯铝那么纯，它或多或少含有杂质，最常见的杂质为铁和硅。铝中所含杂质的数量愈多，其导电性、导热性、塑性以及耐大气腐蚀性就愈低。

工业纯铝的牌号为 L1、L2…L6。"L" 是 "铝" 字汉语拼音第一个字母，其后编号愈大，纯度愈低。工业纯铝广泛应用于制造硝酸、含硫石油工业、橡胶硫化和含硫的药剂等生产所用设备（反应器、热交换器、槽车、管件），同时也用于食品工业和制药工业中要求耐蚀而不要求强度的产品。

（2）硬铝

代号是 "LY"，基本上是 Al-Cu-Mg 合金，还含有少量的 Mn。按照所含合金元素数量的不同与热处理强化效果的不同，大致可将各种硬铝再分为以下三类。

① 低合金硬铝　如 LY1，这类硬铝中 Mg、Cu 含量低，因而具有很好的塑性，但其强度较低。这类合金主要用来制作铆钉，故有 "铆钉硬铝" 之称。

② 标准硬铝　如 LY11，这是一种应用最早的硬铝，其中含有中等数量的合金元素。其强度、塑性和耐蚀性均属中等水平。经退火后，工艺性能良好，可以进行冷弯、轧压等工艺过程，切削加工性也比较好。这类合金主要用于制造各种半成品，加轧材、锻材、冲压件等。

③ 高合金硬铝　如 LY12，其中含有较多的 Cu 和 Mg 等合金元素。强度和硬度较高，但塑性和承受冷热压力加工的能力较差。高合金硬铝可以制作航空模锻件和重要的销轴等。

硬铝合金由于含有较高的铜，而含铜的固溶体和化合物的电极电位比晶粒边界高，促成晶间腐蚀，因此耐蚀性差，特别在海水中尤甚。因此需要防护的硬铝部件，其外部都包一层高纯度铝，制成包铝硬铝材。但是包铝的硬铝热处理后强度较未包铝的低。

（3）防锈铝

它的代号是 "LF"，代号后面再附以顺序数字，如 LF21、LF2 等。LF21 是含有 1.0%～1.6%锰的 Al-Mn 合金，锰能消除杂质铁降低材料塑性的有害作用，而且在加入锰后，能形成高熔点的（Mn，Fe）Al_6，其耐蚀性比纯铝高，故称防锈铝。它可用作空气分离的蒸馏塔、热交器等。LF2 是含有 2%～2.5%镁、0.15～0.4%锰的 Al-Mg-Mn 合金。它的特性是强度高，在海水中能形成不溶性的 Mg（OH）$_2$ 和 MnO 保护膜，从而提高对海水的耐蚀性。它也能耐潮湿大气腐蚀，常用来制造各式容器、热交换器、防锈蒙皮等。

（4）铸铝

铸铝为铝硅合金，其典型牌号是 ZL107，它具有优良的铸造性，流动性好，线收缩率小，生成裂纹倾向小等。另外还具有密度小、耐蚀性好（由于表面生成 SiO_2、Al_2O_3 的保护膜）、焊接性能好等优点。可用来铸造形状复杂的耐蚀零件，如化工管件、汽缸、活塞等。

2. 铜及其合金

铜的密度为 8.94 g/cm^3，铜及其合金具有高的导电性和导热性，较好的塑性、韧性及低温力学性能，在许多介质中有高耐蚀性，因此在化工生产中得到广泛应用。

（1）纯铜

纯铜呈紫红色，又称紫铜。纯铜有良好的导电、导热和耐蚀性，也有良好的塑性，在低温时可保持较高的塑性和冲击韧性，用于制作深冷设备和高压设备的垫片。

铜耐稀硫酸、亚硫酸、稀的和中等浓度的盐酸、醋酸、氢氟酸及其他非氧化性酸等介质的腐蚀，对淡水、大气、碱类溶液的耐蚀能力很好。铜不耐各种浓度的硝酸、氨和铵盐溶液。在氨和铵盐溶液中，会形成可溶性的铜氨离子，故不耐蚀。纯铜的牌号 T1、T2、T3、TU1、TU2、TP1、TP2 等。T1、T2 是高纯度铜，用于制造电线，配制高纯度合金。T3 杂质含量和含氧量比 T1、T2 高，主要用于一般材料，如垫片、铆钉等。TU1、TU2 为无氧铜，纯度高，主要用作真空器件。TP1、TP2 为磷脱氧铜，多以管材供应，主要用于冷凝器、蒸发器、换热器、热交换器的零件等。

（2）铜合金

铜合金是指以铜为基体加入其他元素所组成的合金，在化工设备中常用的是青铜和黄铜。

① 黄铜　铜和锌的合金称普通黄铜。为了改善普通黄铜的性能，向其中加 Sn、Al、Si、Ni、Mn 等合金元素，所形成的合金称为特种黄铜。Cu-Zn 系合金由于其价格较低，含锌量小于 45% 时又具有良好的压力加工性和较高的力学性能，同时耐蚀性和铜相似，特别是在大气中的耐蚀性比铜好，因此，它在化工上应用很广。

不过黄铜在中性或弱酸性的溶液中，会出现脱锌的选择性腐蚀。这种现象是由于锌比铜更易于溶解在溶液中，因而使合金中的铜含量相对增多，并且使这种脱锌而形成的海绵态钢覆于黄铜表面，它与内部黄铜（阳极）构成微电池，加速电解，使黄铜进一步腐蚀。为了防止脱锌作用，可在黄铜中加入 0.01%～0.02% 砷（As）。

化工上常用的黄铜牌号是 H80、H68、H62 等，"H" 是黄铜代号，其后面的数字是表示合金内铜平均含量的百分数。H80、H68 塑性好，可在常温下冲压成形。H62 在常温下塑性较差，力学性能较高，价格低廉，可做深冷设备的筒体、管板、法兰及螺母等。加有 1%Sn 的 HSn70-1 锡黄铜，能提高 H70 黄铜在海水中的耐蚀性，常用于舰船，故称为海军黄铜。

在黄铜中加入 2.5%～4%Si，能改善其工艺性能和在海水中的耐蚀性。例如 HSi80-3 硅黄铜容易进行热压力加工，也能进行冷压力加工，并且能提高其力学性能，改善其焊接性和铸造性。这种硅黄铜用于制造管件、泵等。

② 青铜　除铜锌合金外，铜与其他元素所组成的合金均称为青铜。铜锡合金称为锡青铜；铜与其他元素（Al、Si、Mn 等）所组成的合金称为特种青铜。

锡青铜具有如下特性：高强度和硬度，如 ZQSn10（"Q" 为青铜代号，其后标为主要合金元素及其含量的百分数），含 Sn 量为 10%，含铜量为 90%；能承受大的压力和冲击载荷，耐磨性很好；具有优良的铸造性。锡青铜虽然流动性和铸造致密度差，但其体积收缩小，合金充满铸型能力高，故适于铸造外形、尺寸要求较严的铸件；具有良好的化学性能，锡青铜在许多介质中的耐蚀性都比铜高，特别是在稀硫酸溶液中，在许多有机酸和焦油、稀盐溶液、硫酸钠溶液、氢氧化钠溶液和海水介质中，也都具有很好的耐蚀性。

锡青铜主要用来铸造耐蚀和耐磨零件，如泵外壳、阀门、齿轮、轴瓦、蜗轮等零件。

3. 铅及其合金

铅是重金属，密度为 $11.34g/cm^3$，硬度低、强度小，不宜单独作为设备材料，只适于做设备的衬里。铅的热导率小，不适合作为换热设备用材；纯铅不耐磨，非常软；在许多介质中，特别是在硫酸（80% 的热硫酸及 92% 的冷硫酸）中铅具有很高的耐蚀性。

铅与锑合金称为硬铅，它的硬度、强度都比纯铅高，在硫酸中的稳定性也比纯铅好。硬铅的主要牌号为 PbSb4、PbSb6、PbSb8 和 PbSb10。

铅和硬铅在硫酸、化肥、化纤、农药、电器设备中可用来做加料管、鼓泡器、耐酸泵和阀门等零件。由于铅具有耐辐射的特点，在工业上用作 X 射线和 γ 射线的防护材料。铅合金的自润性、磨合性和减振性好，噪声小，是良好的轴承合金。铅合金还用于铅蓄电池极板、铸铁管口、电缆封头的铅封等。

4. 钛及其合金

钛的密度小（4.507g/cm³）、强度高、耐蚀性好、熔点高。这些特点使钛在军工、航空、化工领域中日益得到广泛应用。

典型的工业纯钛牌号有 TA0、TA2、TA3（编号愈大、杂质含量愈多）。纯钛塑性好，易于加工成形，冲压、焊接、切削加工性能良好；在大气、海水和大多数酸、碱、盐中有良好的耐蚀性。钛也是很好的耐热材料。它常用于制作飞机骨架、耐海水腐蚀的管道、阀门、泵体、热交换器、蒸馏塔及海水淡化系统装置与零部件。在钛中添加锰、铝或铬钼等元素，可获得性能优良的钛合金。供应的品种主要有带材、管材和钛丝等。

5. 镍及其合金

镍是稀有贵重金属，密度 8.93g/cm³，具有很高的强度和塑性，有良好的延伸性和可锻性。镍具有很好的耐蚀性，在高温碱溶液或熔融碱中都很稳定，故镍主要应用在制碱工业，用于制造处理碱介质的化工设备。

在化工应用的镍合金，是含有 31%Cu、1.4%Fe、1.5%Mn 的 Ni-Cu 合金（Ni66Cu31Fe），通常称为蒙乃尔合金。它有很高的力学性能，σ_s 为 180～280MPa，δ 为 35%～50%，在 750℃ 以下的大气中是稳定的，在 500℃ 时还可保持足够的高温强度。它在熔融的碱中，在碱、盐、有机物质的水溶液中，以及在非氧化性酸中也是稳定的。高温高浓度的纯磷酸和氢氟酸，对这种合金也不腐蚀。但有硫化物和氧化剂存在时，它是不稳定的。此种合金主要用于高温并有载荷下工作的耐蚀零件和设备。

含有 28%Mo、5%Fe、1%Si、0.1%C 的 Ni-Mo 合金（Ni62Mo28Fe5Si），具有高的力学性能，σ_s 为 390 MPa，δ 为 50%，有良好的工艺性，便于铸造和焊接，也可冷轧。这种合金在室温下对所有无机酸和有机酸都耐蚀，但是在 70℃ 时，只有在盐酸和硫酸的介质中是稳定的。这种材料性能很好，但镍、铜都昂贵稀缺，一般情况尽量少用。

知 识 要 点

① 金属材料的性能有：力学性能，包括强度、硬度、弹性、塑性、韧性等，这些性能是化工设备设计中材料选择及计算时决定许用应力的依据；化学性能，主要是耐蚀性和抗氧化性，是选材的依据；加工工艺性，主要有可焊性、可铸性、可锻性、热处理性、切削加工性和冷变形性等，它标志着制成成品的难易程度。

② 碳钢中主要有几种成分组成：铁素体、奥氏体、渗碳体、珠光体、莱氏体、马氏体等，它们在碳钢中的含量决定了碳钢的性能。

③ 根据碳钢质量的高低，可将钢分为普通碳素钢（含 S≤0.045%，含 P≤0.045%）、优质碳素钢（含 S≤0.035%，含 P≤0.035%）和特殊质量碳素钢（含 S≤0.030%，含 P≤0.035%）三类；普通碳素钢有 Q195、Q215、Q235、Q255 及 Q275 五种钢；优质碳素钢常用的有 10、15、20、25、30、45 钢等。

复习思考题

2-1 化学工业中常用的材料有哪几类？请举例说明（说出典型代表）。

2-2　常用金属材料包含哪几种？其力学性能常用哪些参量来表示？各参量的意义如何？

2-3　铁与钢的区别是什么？铁中的主要组织有哪些？

2-4　钢中的组织有哪些？对钢的性能有何影响？

2-5　钢中常含有哪些元素？这些元素对钢的性能有何影响？

2-6　合金钢中常添加哪些元素？这些元素如何改善钢的性能？

2-7　钢热处理的方法有哪些？各方法可以改善钢的何种性能？

2-8　铸铁有哪几种类型？各类铸铁牌号如何表示？它们有何应用，请举例说明。

2-9　化工设备中常用的有色金属有哪些？各类有色金属的牌号如何表示？

2-10　请说明下列钢的牌号属于哪一种钢，并解释牌号中各数字及字母的含义：Q195、Q215、Q235-C、15、45、00Cr8Ni10、38CrMoA、09Mn2、20Mn2B、30SiMn2MoV、60Si2CrA、GCr15、9Mn2V、1Cr13、1Cr18Ni9、3Cr18Mn12Si2N。

第三章　机械传动基础

通常机器是由原动机、传动装置和工作机三部分组成。原动机将电能、化学能、热能等转变为机械能，工作机利用原动机提供的机械能完成有用功，传动装置是原动机和工作机之间连接的"纽带"，它的作用是将原动机的动力传递给工作机，并且根据工作机的需要，对原动机的动力传递进行减速、增速或改变运动方式，从而满足工作机对运动速度、运动形式以及动力诸方面的要求。把原动机和工作机直接连接起来的情况相对很少。

第一节　机械摩擦、磨损及润滑

机械设备在工作过程中，相互接触的零件在相对运动时必然要产生摩擦，摩擦是一种不可逆过程，其结果必然有能量损耗和摩擦表面物质的丧失或迁移，即磨损。磨损使得机械零件的几何尺寸和几何形状发生改变，配合件之间的间隙增大，甚至产生机械损伤。人们为了降低磨损，提高机器效率，减小能量损失，降低材料消耗，保证机器工作的可靠性，已经找到了一个有效的手段——润滑。

1. 摩擦

在外力作用下，一物体相对于另一物体运动或有运动趋势时在摩擦表面上所产生的切向阻力叫做摩擦力，其现象称为摩擦。

（1）零件的表面形貌

微观上看，零件的表面是高低不平的，如图 3-1 所示。高的地方叫凸峰，凸峰的大小与表面粗糙度有关，即便是加工精度很高的表面，也难免存在着粗糙不平，只不过粗糙度较小，凸峰较小而已。当两个零件表面接触时，由于凸峰是客观存在的，所以在微观上两个表面的若干凸峰会相接触。

（2）摩擦状态

本节将只着重讨论金属表面间的滑动摩擦。根据摩擦面间存在润滑剂的情况，滑动摩擦分为干摩擦、边界摩擦、流体摩擦、混合摩擦，如图 3-2 所示。

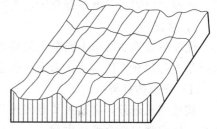

图 3-1　零件的表面形貌

① 干摩擦　两个表面间无任何润滑剂或保护膜的纯金属接触时的摩擦称为干摩擦［图3-2（a）］。在工程实际中，并不存在真正的干摩擦，因为一般零件的表面不仅会因氧化形成氧化膜，而且多少也会被润滑油所湿润或受到"油污"，通常都把这种未经人为润滑的摩擦状态当作"干"摩擦处理。干摩擦的摩擦阻力大、磨损严重、发热多，零件寿命短，应尽量避免。

② 边界摩擦　当运动副的摩擦表面被吸附在表面的边界膜隔开，摩擦性质取决于边界膜和表面的吸附性能时的摩擦称为边界摩擦［图3-2（b）］。润滑油中的脂肪酸是一种极性化合物，它的极性分子能牢固地吸附在金属表面上，吸附在金属表面上的分子膜，称为边界膜。边界膜极薄，其厚度小于两个表面的凸峰之和，强度较低，受力易破裂，因此边界摩擦

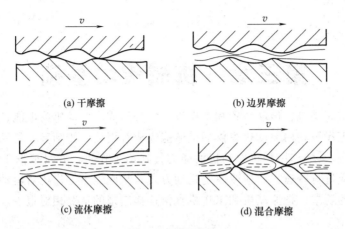

(a) 干摩擦   (b) 边界摩擦
(c) 流体摩擦   (d) 混合摩擦

图 3-2　摩擦状态

时仍有凸峰相接触,磨损不可避免,但同时边界膜的存在又减少了凸峰直接相接触的数量。边界摩擦与干摩擦相比,摩擦阻力和磨损都会大大降低。

③ 流体摩擦　当运动副的摩擦表面被流体膜隔开,摩擦性质取决于流体内部分子间黏性阻力的摩擦称为流体摩擦［图 3-2 (c)］。使用润滑油时,在特定条件下,两个表面被具有一定压力的液体隔开,液体厚度足以使两个表面的凸峰不相接触。因两个表面不接触,没有金属表面接触的摩擦,摩擦只是液体内部油分子间摩擦,摩擦阻力最小,是理想的摩擦状态。

④ 混合摩擦

当摩擦状态处于干摩擦、边界摩擦及流体摩擦的混合状态时称为混合摩擦［图 3-2 (d)］。使用润滑油时,在工况不能形成流体摩擦的条件下,摩擦状态并不稳定,处于边界摩擦、流体摩擦甚至干摩擦的混合状态,但更常见的是处于边界摩擦和液体摩擦的混合状态,此时摩擦阻力和磨损都介于边界摩擦和流体摩擦之间。

2. 磨损

使摩擦表面的物质不断损失的现象称为磨损。磨损通常很难避免,在规定年限内,只要磨损量不超过允许值,就认为是正常磨损。磨损并非都有害,跑合、研磨都是有益的磨损。

(1) 磨损的种类

按破坏机理分,磨损主要有四种基本类型:黏着磨损、表面疲劳磨损、磨粒磨损和腐蚀磨损。磨损常以复合形式出现。

① 黏着磨损　在相对运动和一定载荷作用下,凹凸不平的摩擦表面接触点产生瞬时高温和高压而发生黏着,在相对滑动时,材料从一个表面迁移到另一个表面,有时也会再附着到原先的表面上或脱离所黏附的表面,这种现象称为黏着磨损。黏着磨损一般出现在高速、重载且润滑不良的场合。

② 疲劳磨损　当摩擦面承受周期性载荷时,受到反复作用的接触力应力,若该应力超过材料相应的接触疲劳极限,就会在零件工作表面或表面下一定深度处形成疲劳裂纹,随着裂纹的扩展与相互连接,就造成许多微粒从零件工作表面上脱落下来,这种现象称为疲劳磨损。

③ 磨粒磨损　空气中的尘土或磨损造成的金属微粒等硬质颗粒或摩擦表面上的硬质凸出物,在摩擦过程中引起的材料脱落的现象称为磨粒磨损。

④ 腐蚀磨损　在摩擦过程中，金属与周围介质发生化学反应或电化学反应导致零件表面层材料破坏的现象，称为腐蚀磨损。氧化磨损是最常见的腐蚀磨损，若磨损速度小于氧化速度时，则氧化膜起着保护表面的作用；若磨损速度大于氧化速度，则极易磨损。

（2）磨损的规律

机械设备在工作过程中，其磨损量和磨损速度虽各不相同，但磨损的发展过程却有着相同的变化规律，典型的磨损过程曲线如图 3-3 所示，它表示磨损量 Q 随时间 T 的变化关系，可分为三个阶段。

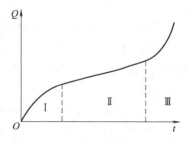

图 3-3　典型的磨损过程曲线

① Ⅰ——跑合磨损阶段　两个新装配或修理后的零件表面在刚开始工作的较短时间内，表面少数较高的凸峰接触，接触面积小，单位压力大，磨损速度和磨损量较大。随着时间延长，高的接触凸峰被磨平，又有新的较低的凸峰接触，接触面积逐渐增大，单位压力减小，磨损开始减慢，这一阶段称为跑合磨损阶段。

② Ⅱ——稳定磨损阶段　跑合磨损后，较高的凸峰被磨平，表面接触面积增大，磨损速度减慢，进入稳定磨损阶段。这一阶段，磨损量随时间变化缓慢，属于正常工作时期。

③ Ⅲ——剧烈磨损阶段　经过较长时间的稳定磨损后，零件表面被磨掉的材料越来越多，接触表面间的间隙增大，会丧失工作精度，使冲击增大而破坏润滑油膜，同时由于表面形状的改变以及表面疲劳等影响使磨损速度剧烈增大而进入剧烈磨损阶段。这一阶段，若不及时停车修理则会导致事故的发生。

3. 润滑

润滑是改善摩擦副的摩擦状态以降低摩擦阻力减缓磨损的技术措施。

（1）润滑的分类

按摩擦副之间摩擦状态的不同，润滑又分为流体润滑、边界润滑和混合润滑。

流体润滑时，在适当条件下，两相互摩擦表面被一层具有一定厚度的黏性流体隔开，由流体压力平衡外载荷，此时，配合件的磨损最小。轴颈和滑动轴承之间建立液体动压润滑的过程如图 3-4 所示。

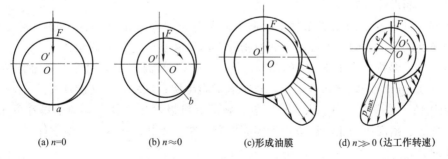

(a) $n=0$　　　(b) $n\approx0$　　　(c)形成油膜　　　(d) $n\gg0$（达工作转速）

图 3-4　轴颈和滑动轴承之间建立液体动压润滑的过程

边界润滑时，两相互摩擦表面间存在一层边界膜，这种现象通常出现在机器启动或停车时。介于流体润滑和边界润滑之间的润滑状态称为混合润滑。

（2）润滑剂

润滑剂的主要作用是减小摩擦和磨损，降低工作表面的温度。液体润滑剂还能带走摩擦所产生的热量，对降温更为有效。此外，润滑剂有防锈、传递动力、消除污物、减振、密封等作用。为了改善润滑性能，在某些润滑剂中可加入合适的添加剂，使用添加剂是现代改善润滑性能的重要手段，其品种和产量都发展很快。

① 润滑剂种类　润滑剂有液体润滑剂、半固体润滑剂、气体润滑剂和固体润滑剂四大类。

液体润滑剂主要有石油润滑剂、合成润滑剂以及其他液体。石油润滑剂具有黏度品种多、挥发性低、惰性好、防腐性强等特点。合成润滑剂不是从石油中提炼的，而是用化学合成的方法制取的，但某些性质与石油润滑剂又有相似之处，其在军工、宇航等高科技领域中广泛应用。

半固体润滑剂主要是指各种润滑脂，是在液体润滑剂中加入增稠剂制成。

气体润滑剂有空气、氢气、氦气、水蒸气、其他工业气体以及液体金属蒸气等。最常用的为空气，对环境没有污染。用气体作润滑剂主要是由于气体黏度低，摩擦阻力极小，温升很低，特别适用于高速场合，又能在低温或高温环境中应用，但气体润滑的气膜厚度和承载能力都较小。

固体润滑剂主要用于怕油污染、不易维护的场合和特殊工作的环境，有无机化合物、有机化合物和金属等。无机化合物有石墨、二硫化钼、二硫化钨、硼砂等。有机化合物有聚合物、金属皂、动物蜡、油脂等。金属有铅、金、银、锡、铟等。

② 润滑剂性能指标

a. 黏度。是液体润滑剂的主要性能指标，可定性地定义为它的流动阻力。滑动表面间的摩擦力、润滑膜的厚度都与黏度大小有关。

b. 凝点。是润滑油冷却到不能流动时的最高温度。它是润滑油在低温下工作的一个重要指标。低温润滑时，应选用凝点低的油。

c. 闪点。是当油在标准仪器中加热所蒸发出的油气，一遇火焰即能发出闪光时的最低温度。对于高温下工作的机器，这是润滑油的一个十分重要的指标。通常应使工作温度比油的闪点低 $30\sim40℃$。

d. 润滑性。是指润滑油中极性分子与金属表面吸附形成一层边界油膜，以减少摩擦和磨损的性能。润滑性越好，油膜与金属表面的吸附能力越强。对于那些低速、重载或润滑不充分的场合，润滑性具有特别重要的意义。

e. 滴点。是在规定的加热条件下，润滑脂从标准测量杯的孔口滴下第一滴时的温度。润滑脂的滴点决定了它的工作温度。润滑脂的工作温度至少应低于滴点 $20℃$。

f. 锥入度。是指一个重 1.5N 的标准锥体，于 25℃ 恒温下，由润滑脂表面经 5s 后刺入的深度（以 0.1mm 计）。锥入度越小，表示润滑脂越稠；反之，流动性越大。

g. 极压性。是润滑油中加入含硫、氯、磷的有机极性化合物后，油中极性分子在金属表面生成抗磨、耐高压的化学反应边界膜的性能。它在重载、高速、高温条件下，可改善边界润滑性能。

③ 润滑剂选择　按照 GB 7631.1—87 规定，工业用润滑剂及其有关产品共分 19 组。表 3-1 列出了几种常用润滑油的组别、名称、代号和标准号。

选用常用的几种工业用润滑油时，可先根据润滑对象选择润滑油品种，再根据运动速度、载荷、温度等工作情况来选择油的黏度等级或牌号，选择原则如下：

a. 在高速运转或载荷较轻的摩擦部位，宜选用黏度低一些的油，否则会增大摩擦阻力，温升过高，反而对润滑不利。

表 3-1　几种常用工业用润滑油的组别、名称、代号和标准号

组别[1]	润滑油名称、代号、标准号
A	机械油 AN，GB 443—89
C	齿轮油（中负荷，极压）CKC，GB 5903—86
D	空气压缩机（回转式）油 DAG，GB 5904—86
F	轴承油（抗氧、防锈、抗磨）FD，SH 0017—90
G	导轨油 G，SY[2] 1228—88
T	汽轮机油（防锈）TSA，GB 11120—89

① 19 组的组别分别用拉丁字母 A、B、…、Z（I、J、K、L、O、U、V 除外）表示。A 组油不循环使用，故统称全损耗油。F、H、T 组油可循环使用，统称循环用油。

② SY 为原石油部标准。

　　b. 在低速运转或载荷较大的摩擦部位，宜选用黏度较高、油性较好的润滑油，以利于油膜形成和良好润滑。在低速而载荷又大的摩擦部位，应选用含有极压和油性添加剂的润滑油。受冲击、振动载荷的以及做间歇和往复运动的，都应选用黏度高、吸附性好的油。

　　c. 在较高温度下工作的摩擦部位，应选用黏度较大、闪点较高和抗氧化性较好的油。工作温度变化较大，还应选用黏度指数高的油。在低温工作的，应选用黏度较小、凝点较低、不含水分的油。

　　对于闭式工业齿轮油和车辆齿轮轴，国际上常通用 AGMA（美国齿轮制造商协会）和 SAE（美国汽车工程师学会）的润滑油牌号。

　　常用的几种润滑脂的使用性能见表 3-2，其选用原则如下。

　　a. 在潮湿环境或与水、水汽相接触的工作部位，宜选用耐水性好的润滑脂。钠基脂耐水性差，易于乳化，不能选用。

　　b. 在低温或高温下工作的部位，所选用的润滑脂应满足其允许使用温度范围的要求。最高工作温度至少应比滴点低 20℃。温度较高的宜选用锥入度小、安定性好的润滑脂。

　　c. 受载较大的部位，宜选用锥入度较小的润滑脂。低速而又重载的部位，最好选用含有极压添加剂的润滑脂。

　　d. 在相对滑动速度较高的部位，宜选用锥入度大、机械安定性好的脂，否则增大阻力，发热过多，对润滑不利。

表 3-2　几种润滑脂的使用性能

润滑脂种类	锥入度[1]	滴点 /℃	使用温度 /℃	耐水性	寿命	机械安定性
钙基脂 GB 441—87	175～340	80～95	−10～60	优	中	优
钠基脂 GB 442—89	220～295	160	−10～120	劣	中～长	良
铝基脂 ZBE 36004—88	230～280	75	−10～80	良	短	中
锂基脂 GB 7323—87	265～385	170	−20～120	良	中～长	良
钡基脂 SY 1406—76	200～260	135	−10～130	良	中	良

① 每一种润滑脂按锥入度的不同分为若干号。例如钙基脂 1 号为 310～340，4 号为 175～205，表中数值范围为最小值至最大值，单位为 1/10mm。

第二节　传动的分类和功用

1. 传动的概念

传动是传递动力和运动的装置，也可用来分配能量、改变转速和运动形式。机器通常是通过它将原动机产生的动力和运动传递给机器的工作机。设置传动的原因主要有：

① 工作机所要求的速度和转矩与原动机的不一致；

② 有的工作机常需要改变速度；

③ 原动机的输出轴一般只做回转运动，而工作机有的需要其他运动形式，如直线运动、螺旋运动或间歇运动等；

④ 由一台原动机带动若干个工作机，或由几台原动机带动一个工作机。

2. 传动的功用及形式

传动的功用是传递运动和动力，同时还改变和调节转速，或者变换运动形式。传动可分为机械传动、流体传动和电力传动。机械传动和流体传动中，输入的是机械能，输出的仍是机械能；在电传动中，则把电能变为机械能或把机械能变为电能。

机械传动是利用机件直接实现传动，如图 3-5 所示，其中平带传动 [图 (a)] 和 V 带传动 [图 (b)] 属于摩擦传动；同步带传动 [图 (c)]、链传动 [图 (d)]、齿轮传动 [图 (e)]、和蜗杆传动 [图 (f)] 属于啮合传动。流体传动是以液体或气体为工作介质的传动，又可分为依靠液体静压力作用的液压传动、依靠液体动力作用的液力传动、依靠气体压力作用的气压传动。电力传动是利用电动机将电能变为机械能，以驱动机器工作部分的传动。

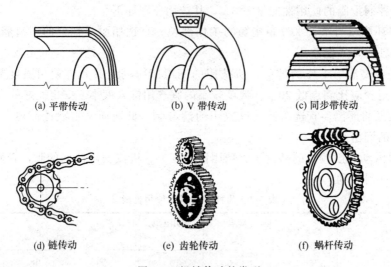

(a) 平带传动	(b) V 带传动	(c) 同步带传动
(d) 链传动	(e) 齿轮传动	(f) 蜗杆传动

图 3-5　机械传动的类型

机械传动能适应各种动力和运动的要求，应用极广。液压传动的尺寸小，动态性能较好，但传动距离较短。气压传动大多用于小功率传动和恶劣环境中。液压和气压传动还易于输出直线往复运动。液压传动具有特殊的输入和输出特性，因而能使原动力与机器工作部分良好匹配。电力传动的功率范围大，容易实现自动控制和遥控，能远距离传递动力。

3. 传动比和效率的概念

机械传动中输出运动和动力的轴（轮）称为主动轴（主动轮），接受运动和动力的轴

（轮）称为从动轴（从动轮）。

主动轮（轴）的角速度 ω_1（rad/s）或转速 n_1（r/min）与从动轮（轴）的角速度 ω_2 或转速 n_2 的比值，称为传动比，一般用 i 表示，即

$$i=\frac{\omega_1}{\omega_2}=\frac{n_1}{n_2} \tag{3-1}$$

在机械传动中，不可避免地会有摩擦等方面损失，使传动的输出功率 P_2 小于输入功率 P_1。输出功率 P_2 与输入功率 P_1 的比值，称为机械传动的效率，一般用 η 表示，即

$$\eta=\frac{P_2}{P_1}\times100\% \tag{3-2}$$

几种机械传动在一般加工精度和润滑保养条件下的传动比和效率见表 3-3。

表 3-3 机械传动的性能参数

参数	平带	V 带	圆柱齿轮	圆锥齿轮	蜗杆传动	链传动
传动比 i	≤5	≤7	≤6	≤3	8~100	≤8
效率 η/%	94~98	90~96	96~99	92~96	50~90	92~98
功率 P/kW	≤30	≤500	≤10000	≤500	≤50	≤100

传动首先应当满足工作机的要求，并使原动机在较佳工况下运转。小功率传动常选用简单的装置，以降低成本。大功率传动则优先考虑传动效率、节能和降低运转费用。当工作机要求调速时，如能与原动机的调速性能相适应可采用定传动比传动；原动机的调速如不能满足工艺和经济性要求，则应采用变传动比传动。

4. 带传动

带传动是两个或多个带轮之间用带作为挠性拉曳零件的传动，工作时借助零件之间的摩擦（或啮合）来传递运动或动力，在近代机械中被广泛应用。

（1）带传动的工作原理和类型

按工作原理的不同，如图 3-6 所示，带传动可分为摩擦带传动［图（a）］和啮合带传动［图（b）］。摩擦带传动是依靠带和带轮之间的摩擦力来传动的，啮合带传动是依靠带齿与带轮之间的啮合来实现传动的。

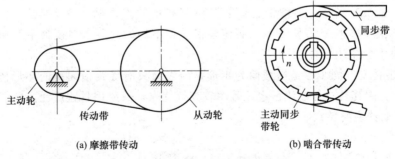

图 3-6 摩擦带传动和啮合带传动

带传动由主动轮 1、从动轮 2 和紧套在带轮上的传动带 3 组成，如图 3-7 所示。传动带 3 张紧在主动轮 1 和从动轮 2 上，使带与带轮之间在接触面上产生正压力，当主动轮 1 转动时，带与带轮接触面间产生摩擦力，则主动轮 1 靠摩擦力驱动传动带 3，传动带 3 又靠摩擦力驱动从动轮 2 转动。

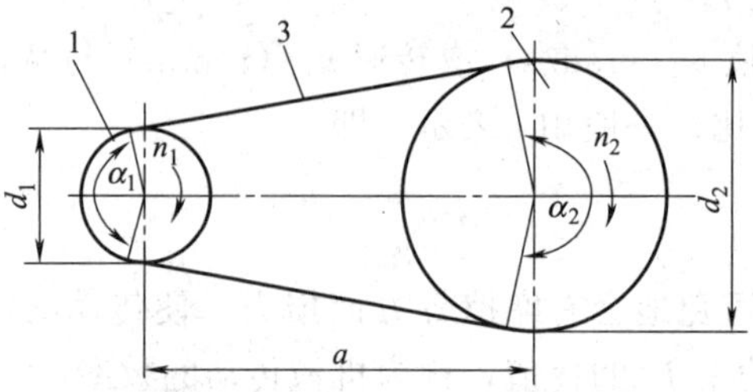

图 3-7　带传动

1—主动轮；2—从动轮；3—传动带

　　根据带的截面形状不同，可分为平带传动、V 带传动、圆带传动、多楔带传动、同步带传动等，如图 3-8 所示。

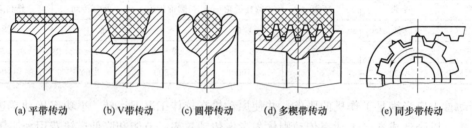

(a) 平带传动　　(b) V 带传动　　(c) 圆带传动　　(d) 多楔带传动　　(e) 同步带传动

图 3-8　带传动的类型

　　① 平带传动　平带的横截面为扁平矩形，内表面为工作面，如图 3-8（a）所示。平带传动结构最简单，带轮也容易制造，在传动中心距较大的情况下应用较多。

　　② V 带传动　V 带的横截面为梯形，带轮上也做出相应的轮槽，如图 3-8（b）所示。传动时，V 带只和轮槽的两个侧面接触，即以两侧面为工作面。在同样的张紧力下，V 带传动较平带传动能产生更大的摩擦力，能传递较大的功率。再加上 V 带传动允许的传动比较大，结构较紧凑，因而 V 带传动的应用比平带传动广泛得多。

　　③ 圆带传动　圆带的横截面为圆形，如图 3-8（c）所示。圆带传动只适用于低速、轻载的机械。

　　④ 多楔带传动　多楔带传动是在平带基体上有若干纵向楔的传动带，其工作面为楔的侧面，如图 3-8（d）所示。多楔带兼有平带和 V 带的特点，柔性好，摩擦力大，能传递的功率高，并解决了多根 V 带长短不一而使各带受力不均的问题。多楔带主要用于传递功率较大而结构要求紧凑的场合。

　　⑤ 同步带传动　同步带是横截面为矩形，内表面具有等距横向齿的环形传动带，如图 3-8（e）所示。因其具有传动比恒定、效率较高等优点，故应用日益广泛。

　　(2) 带传动的主要特点

　优点：

　　① 带是挠性体，能吸振缓冲，传动平稳，噪声小。

　　② 传动过载时，带在带轮上打滑，可防止重要零部件的损坏。

　　③ 可用于中心距较大的传动。

　　④ 结构简单，易于制造安装，成本低。

　缺点：

　　① 带与带轮间存在滑动，不能保证准确的传动比。

② 张紧力的存在使轴和轴承受到较大的压力。

③ 传动效率低，承载能力小。

（3）带的弹性滑动和打滑

带运行前张紧在带轮上的拉力称为初拉力，也叫预紧力，用 F_0 表示，此时带两边的拉力相等，如图 3-9 所示。工作时，由于带与带轮接触面间摩擦力的作用，带绕上主动轮的一边被拉紧，叫做紧边，紧边拉力由 F_0 增加到 F_1；带绕上从动轮的一边被放松，叫做松边，松边拉力由 F_0 减少到 F_2，如图 3-10 所示。

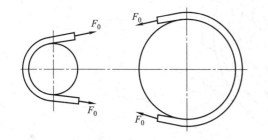

图 3-9 带的初拉力

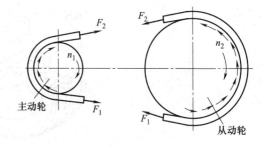

图 3-10 带工作时的拉力

由于紧边拉力 F_1 大于松边拉力 F_2 且带是弹性体，当带刚绕上主动轮时，带的速度和带轮表面的速度是相等的，但绕上后，带的拉力由 F_1 减小到 F_2，带的拉伸弹性变形也相应减小，即带在主动轮上逐渐缩短，因而带速小于轮速，带与带轮表面间必然发生相对滑动，这种由于带的弹性变形引起的滑动称为弹性滑动。该现象也发生在从动轮上，带速大于轮速，所以从动轮的圆周速度低于主动轮，带传动的传动比不是恒定的。

当带需传递的圆周力超过带与带轮表面之间的极限摩擦力时，带与带轮表面之间将发生全面的相对滑动，这种现象称为打滑。打滑将造成带的严重磨损并使带的运动处于不稳定状态。不能将弹性滑动和打滑混淆起来，打滑是由于过载所引起的带在带轮上的全面滑动。打滑可以避免，弹性滑动不能避免。

（4）普通 V 带和带轮

V 带有普通 V 带、窄 V 带等类型，一般多使用普通 V 带。普通 V 带由顶胶、抗拉体、底胶和包布组成。顶胶和底胶采用弹性好的胶料，易于产生弯曲变形。包布采用胶帆布，较耐磨，起保护作用。抗拉体有帘布芯和绳芯结构两种，用来承受带的拉力，如图 3-11 所示。帘布芯抗拉强度较高，制造方便；绳芯

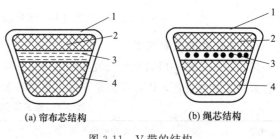

(a) 帘布芯结构　(b) 绳芯结构

图 3-11 V 带的结构

1—包布；2—顶胶；3—抗拉体；4—底胶

结构柔韧性好，适用于转速较高、带轮直径较小的场合。

普通 V 带根据截面尺寸由小到大的顺序排列，有 Y、Z、A、B、C、D、E 七种型号，承载能力也逐渐增大。普通 V 带的楔角为 40°，为保证带与带轮工作面接触良好，带轮轮槽角规定为 32°、34°、36°和 38°。

带轮的材料主要采用铸铁，常用材料的牌号为 HT150 或 HT200；转速较高时宜采用铸钢（或用钢板冲压后焊接而成）；小功率时可用铸铝或塑料。

带轮由三部分组成（图 3-12）：轮缘（用以安装传动带）、轮毂（用以安装轴）、轮辐或腹板（连接轮缘与轮毂）。带轮的直径较小时，可采用实心式，如图 3-13（a）所示；中等直径的带轮可采用辐板式 [图 3-13（b）] 或孔板式 [图 3-13（c）]；直径大于 350 mm 时，可采用轮辐式，如图 3-13（d）所示。

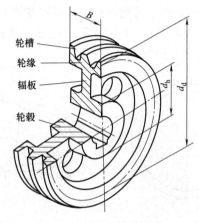

图 3-12 带轮的典型结构

(a)实心式　　(b)辐板式　　(c)孔板式　　(d)轮辐式

图 3-13 带轮的结构形式

（5）带传动的张紧装置

传动带在工作一段时间后会发生松弛现象，使张紧力降低，传动能力下降。因此带传动需要有重新张紧的装置，以保持正常工作。张紧装置分定期张紧和自动张紧两类，见表 3-4。

表 3-4 带传动的张紧方法

张紧	中心距可调		中心距不可调
定期张紧	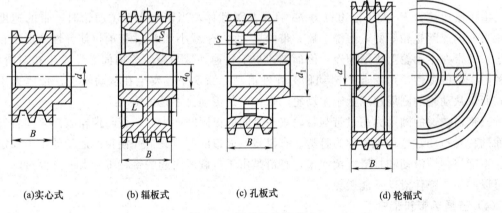 适用于两轴水平或倾斜不大的传动	适用于垂直或接近垂直的传动	张紧轮装于松边内侧以免反向弯曲降低带寿命

续表

张紧	中心距可调	中心距不可调
自动张紧	常用于中小功率传动	张紧轮装于松边外侧 靠近小轮，以增大包角

5. 链传动

链传动是在两个或多于两个链轮之间用链作为挠性拉拽元件的一种啮合传动，链轮上制有特殊齿形的齿，依靠链轮轮齿与链节的啮合来传递运动和动力。链传动经济、可靠，广泛应用于农业、采矿、冶金、起重、运输、石油、化工、纺织等各种机械的传动中。

（1）链传动的组成、分类和主要特点

链传动由主动链轮、从动链轮和链条组成，如图 3-14 所示。按用途不同，链可分为传动链、输送链和起重链。传动链主要用来传递动力，其工作速度通常都在 20m/s 以下。输送链主要用于在运输机械中移动重物，其工作速度不大于 2～4m/s。起重链主要用在起重机械中提升重物，其工作速度不大于 0.25m/s。在一般传动中，常用的是传动链。

链条是由刚性链节组成的，链条绕在链轮上形成多边形，当主动链轮匀速转动时，被拉紧的链节，其运动速度并

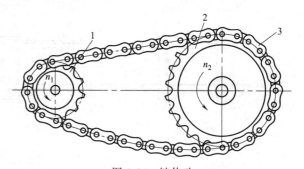

图 3-14　链传动
1—主动链轮；2—从动链轮；3—链条

不恰好等于链轮的圆周速度，使得拉紧的链节水平运动速度不能保持恒定，并且还有微小的铅垂方向运动，这种现象就是链传动运动的不均匀性。

和带传动相比较，链传动的主要优点是：没有滑动；工况相同时，传动尺寸比较紧凑；不需要很大的张紧力，作用在轴上的载荷较小；效率较高，约98%；能在温度较高、湿度较大的环境中使用等。因链传动具有中间元件（链），和齿轮、蜗杆传动比较，轴间距离可以很大。

链传动的缺点是：只能用于平行轴间的传动；瞬时速度不均匀，高速运转时不如带传动平稳；不宜在载荷变化很大和急促反向的传动中应用；工作时有噪声；制造费用比带传动高等。

（2）传动链

传动链中最常用的是套筒滚子链和齿形链。

① 套筒滚子链　套筒滚子链简称滚子链，由内链板、外链板、销轴、套筒、滚子等组成，如图 3-15 所示。销轴与外链板、套筒与内链板分别用过盈配合固定，滚子与套筒为间隙配合。滚子链上相邻两滚子中心之间的距离称为链的节距，用 P 表示。节距 P 越大，链

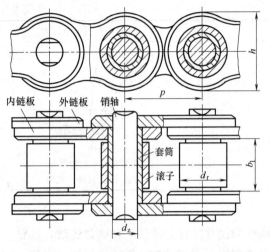

图 3-15 滚子链

条零件尺寸越大，承载能力越大。

链板一般制成"8"字形，以使它的各个横截面具有接近相等的抗拉强度，同时也减小了链的质量和运动时的惯性力。

滚子链的接头形式如图 3-16 所示。当链节数为偶数时，接头处可用开口销［图 3-16（a）］或弹簧卡片［图 3-16（b）］来固定，一般前者用于大节距，后者用于小节距；当链节数为奇数时，需采用过滤链节［图 3-16（c）］，由于过渡链节的链板要受附加弯矩的作用，所以在一般情况下最好不用奇数链节。

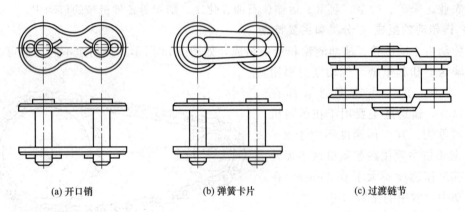

(a) 开口销　　　　　　(b) 弹簧卡片　　　　　　(c) 过渡链节

图 3-16　滚子链的接头形式

滚子链已标准化，分为 A、B 两个系列，A 系列主要供设计用，B 系列主要供维修用，常用的是 A 系列。滚子链的标记规定如下。

链号　　　排数　　　整链链节数　　标准编号

例如，"08A-1×87　GB/T 1243—2006"表示：A 系列、节距 12.7 mm、单排、87 节的滚子链。其中链号乘以 25.4/16 为节距 P 值，单位为 mm。

② 齿形链　齿形链又称无声链，由两个齿形链板铰接而成，链板两工作侧面夹角常为 60°。齿形链按铰链形式不同可分为三种，其主要结构和特点见表 3-5。

表 3-5　齿形链铰链形式

铰链形式	简　图	主　要　结　构	特　　点
圆销式		链板用圆柱销铰接,链板孔与销轴是间隙配合	铰链承压面积小,压力大,磨损严重,日益少用

续表

铰链形式	简　图	主　要　结　构	特　点
轴瓦式		链板销孔两侧有长短扇形槽各一条,相邻链板在同一销轴上左、右相间排列。销孔中装入销轴,并在销轴两侧的短槽中嵌入与之紧配的轴瓦。这样由两片轴瓦和一根销轴组成了一个铰链。两相邻链节做相对转动时,左右轴瓦将各在其长槽中摆动,两轴瓦内表面沿销轴表面滑动	轴瓦长等于链宽,承压面积大,压力小,轴瓦与销轴表面是滑动摩擦
滚柱式		没有销轴,铰链由两个曲面滚柱组成。曲面滚柱各自固定在相应的链板孔中。当两相邻链节相对转动时,两滚柱工作面做相对滚动	载荷沿全链宽均匀分布,为滚动摩擦

6. 齿轮传动

　　齿轮传动是机械传动中最主要的一类传动,类型很多,应用广泛。和其他机械传动比较,齿轮传动的主要优点是:工作可靠,使用寿命长;瞬时传动比为常数;传动效率高;结构紧凑;功率和速度适用范围很广等。缺点是齿轮制造需专用机床和设备,成本较高;精度低时,振动和噪声较大;不宜用于轴间距离大的传动等。

（1）齿轮传动的分类

　　齿轮传动的分类见表 3-6,常用齿轮传动类型见图 3-17。

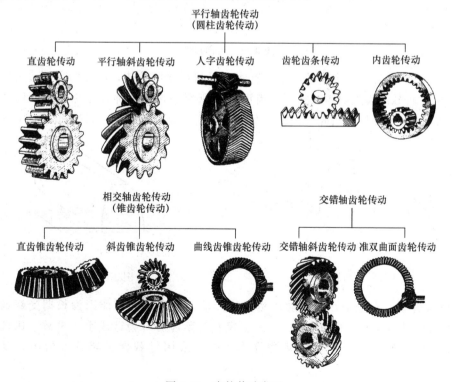

图 3-17　齿轮传动类型

表 3-6　齿轮传动分类

按轴的布置方式分	平行轴齿轮传动、相交轴齿轮传动、交错轴齿轮传动
按齿线相对于齿轮母线方向分	直齿、斜齿、人字齿、曲线齿
按齿轮传动工作条件分	闭式传动、开式传动、半开式传动
按齿廓曲线分	渐开线齿、摆线齿、圆弧齿
按齿面硬度分	软齿面(≤350HB)、硬齿面(>350HB)

(2) 齿轮传动的失效形式

齿轮在啮合过程中，由于载荷的作用，使轮齿发生折断、齿面损坏等现象，而使齿轮失去了正常工作的能力，这就称为失效。由于齿轮传动的工作条件和应用范围，以及使用保养情况各不相同，齿轮可能发生多种不同形式的失效。

① 齿面磨损　在开式齿轮传动中，由于润滑不良和轮齿齿面落上灰尘，会使齿面发生磨损，造成渐开线齿形被破坏，传动的平稳性和精度降低；且轮齿的整体强度下降，轮齿易折断。因此使用开式齿轮传动，要做好润滑、除尘工作。

② 齿面点蚀　在闭式齿轮传动中，当齿面较软，使用润滑油稀薄时，随着使用时间的增加，齿面上会产生细小的裂纹，齿啮合时润滑油挤入裂纹，使裂纹扩展，直至轮齿表面有小块材料剥落，形成小坑，这种现象称为点蚀（图 3-18）。齿面发生点蚀，会造成传动不平稳和噪声增大。因此，齿面材料要有足够的硬度，使用规定黏度的润滑油。

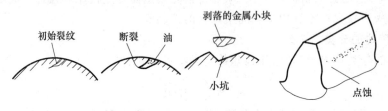

图 3-18　齿面点蚀

③ 齿面胶合　当承受重载时，由于齿面之间相互摩擦发热，而使两齿面接合时互相黏着，分开时，较软的齿面材料被撕下，齿面形成撕裂沟痕，这种现象称为齿面胶合（图 3-19）。因此，重载下使用的齿轮齿面要有足够的硬度，要选有抗胶合添加剂的润滑油。

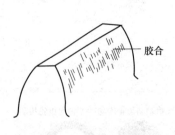

图 3-19　齿面胶合

图 3-20　轮齿折断

④ 轮齿折断　不论是开式传动还是闭式传动，轮齿都有可能因为长期受载或短期过载以及不正常操作而发生折断（图 3-20）。突然的断齿有时会造成重大事故。因此轮齿要有足够的强度，使用时要严格按规程操作，以及采用过载保护装置等措施，以防突然断齿。

⑤ 齿面塑性流动　采用较软材料制造的齿轮，在重载下可能产生局部的金属流动现象，

即齿面塑性流动（图 3-21）。由于摩擦力的作用，齿面塑性变形将沿着摩擦力的方向发生。最后在主动轮的齿面节线附近形成凹沟，在从动轮的齿面节线附近产生凸起的棱脊，此时破坏正确的齿形。适当提高齿面硬度，采用黏度较大的润滑油，可以减轻或防止齿面塑性流动。

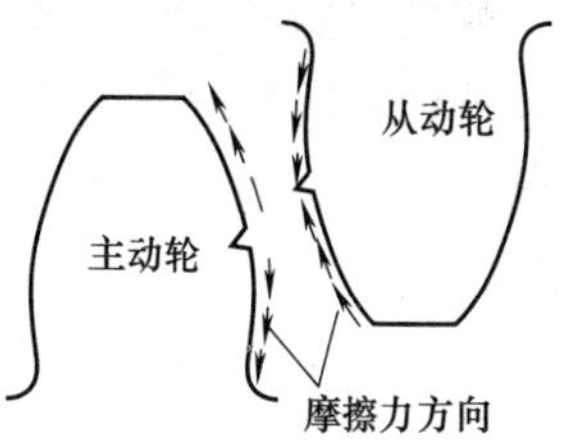

7. 蜗杆传动

蜗杆传动是在空间交错的两轴间传递运动和动力的一种传动机构，两轴线交错的夹角可为任意值，常用的为 90°。这种传动由于具有结构紧凑、传动比大、传动平稳以及在一定的条件下具有可靠的自锁性等优点，应用广泛；其不足之处是传动效率低、常需耗用有色金属等。蜗杆传动常用于减速装置。

（1）蜗杆传动的类型

根据蜗杆形状的不同，蜗杆传动可以分为圆柱蜗杆传动（图 3-22）、环面蜗杆传动（图 3-23）、锥蜗杆传动（图 3-24）等。

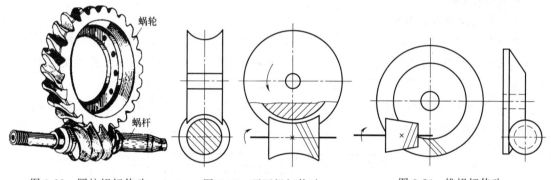

图 3-22　圆柱蜗杆传动　　　　图 3-23　环面蜗杆传动　　　　图 3-24　锥蜗杆传动

（2）蜗杆传动的失效形式

和齿轮传动一样，蜗杆传动的失效形式也有点蚀、齿根折断、齿面胶合、磨损等。由于材料和结构上的原因，蜗杆螺旋齿部分的强度总是高于蜗轮轮齿的强度，所以失效经常发生在蜗轮轮齿上。由于蜗杆与蜗轮齿面间有较大的相对滑动，从而增加了产生胶合和磨损失效的可能性。在开式传动中多发生齿面磨损和轮齿折断；在闭式传动中，蜗杆副多因齿面胶合或点蚀而失效。

（3）蜗杆和蜗轮的结构

蜗杆通常与轴制成整体，很少制成装配式的。常见的蜗杆结构如图 3-25 所示。图（a）的结构既可以车制，也可以铣制，图（b）结构只能铣制。

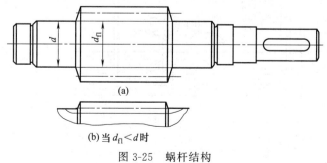

(a)

(b) 当 $d_{f1} < d$ 时

图 3-25　蜗杆结构

图 3-21　齿面塑性流动

蜗轮可制成整体的或组合的。组合蜗轮（图 3-26）的齿冠可以铸在或用过盈配合装在铸铁或铸钢的轮心上。为了增加过盈配合的可靠性，沿着接合缝还要拧上螺钉，螺钉孔中心线偏向轮毂一侧。当蜗轮直径较大时，可采用螺栓连接，最好采用受剪螺栓（铰制孔）连接。

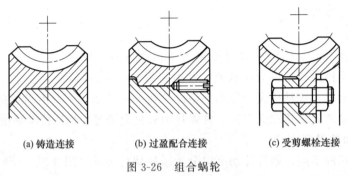

(a) 铸造连接   (b) 过盈配合连接   (c) 受剪螺栓连接

图 3-26　组合蜗轮

8. 液压传动

(1) 液压传动的工作原理

液压传动是以油液作为工作介质，依靠密封容积的变化来传递运动，依靠油液内部的压力来传递动力。液压传动装置实质上是一种能量转换装置，它先将机械能转换为便于输送的液压能，然后再将液压能转换为机械能。

图 3-27 所示为机床工作机构做直线往返运动的液压传动系统简图。电动机 3 带动液压

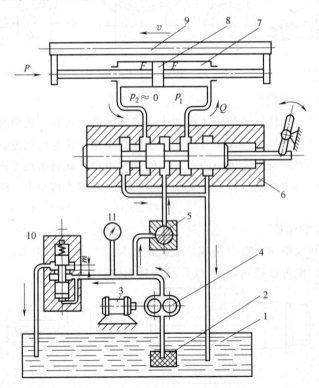

图 3-27　液压传动系统简图

1—油池；2—滤油器；3—电动机；4—液压泵；5—节流阀；6—换向阀；
7—液压缸；8—活塞；9—工作机构；10—溢流阀；11—压力表

泵 4 旋转，把油池 1 中的油经滤油器 2 吸入液压泵，并使之进入液压系统。液压泵输出的油经节流阀 5 和换向阀 6 进入液压缸 7 的右腔，推动活塞 8，并通过活塞杆推动工作机构 9 向左运动。此时，由液压缸左腔排出的油便经换向阀流回油池。

当行程终了时，用手（或用其他方法）改变换向阀的位置，使来自液压泵的油经换向阀进入液压缸的左腔，并使液压缸右腔的油能经换向阀流回油池，这样从液压泵输出的油就推动活塞并通过活塞杆带动工作机构向右运动。若在工作中反复改变换向阀的位置，就可以使工作机构获得直线往返运动。

节流阀 5 用来调节进入液压缸的流量，以调节工作机构的运动速度。如果液压泵提供的供油量是一定的，那么当调节节流阀 5 使工作机构低速运动时，进入液压缸的油量减少，液压泵输出的油有过剩，压力便升高。当压力升到大于溢流阀 10 的弹簧力后，溢流阀的开口增大，多余的油便经溢流阀流回油池，使压力保持在弹簧所调整的压力上。当调节节流阀 5 使工作机构以较快的速度运动时，进入液压缸油量增多，溢流阀的开口减小，溢油减少，使压力基本仍保持在一定数值上。当工作机构因过载而停止时，压力大大升高，使溢流阀 10 的开口完全打开，大量的油经溢流阀流回油池。

（2）液压传动系统的组成

① 动力元件——液压泵，其作用是将电动机输出的机械能转换为液压能，推动整个系统工作。

② 执行元件——液压缸、液压马达，其作用是将液压泵输入的液压能转换为工作部件运动的机械能，并分别输出直线运动或回转运动。

③ 控制元件——各种阀，其作用是调节和控制液体的压力、流量和流动方向。

④ 辅助元件——油箱、油管、压力表、过滤器等，其作用是创造必要条件，保证系统正常工作。

（3）液压传动的优缺点

与机械传动相比液压传动具有如下优点：

① 能在较大的范围内实现无级调速；

② 运动比较平稳；

③ 换向时没有撞击和震动；

④ 能自动防止过载；

⑤ 操纵简单方便，比较容易实现自动化；

⑥ 机件在液压缸内工作，寿命较长。

缺点是：液压元件制造精度高，加工和安装比较困难；漏油不易避免，影响工作效率、工作质量和使用范围；油液受温度变化影响，还会直接影响传动机构的工作性能；维修保养、故障分析与排除，都要求有较高的技术水平。

第三节　常用机械零件

机械零件是机器组成中不可拆分的基本单元，也是制造的基本单元。机械零件可分为通用零件和专用零件。通用零件是在各种机械中经常使用的零件，如键、螺钉、销等，专用零件是只出现在某些机械中的零件，如压缩机的曲轴等。为完成共同任务而结合起来的一组零件称为部件，是装配的基本单元，如轴承、联轴器等。本节主要介绍常用的通用零部件。

1. 螺纹连接

螺纹连接是利用螺纹零件工作的，要求保证连接强度，有时还要求紧密性。螺纹连接具有结构简单、装拆方便、工作可靠、成本低、类型多样、应用广等特点，绝大多数螺纹连接件已标准化，成批生产。

（1）连接用螺纹

将直角三角形缠绕到直径为 d 的圆柱上，其斜边在圆柱上形成螺旋线，如图 3-28（a）所示，在该圆柱面上，沿螺旋线所形成的、具有相同剖面的凸起和沟槽称为螺纹。按螺旋线绕行方向，螺纹分为左旋和右旋；按螺纹在圆柱外表面或内表面，分为外螺纹和内螺纹；按螺纹的牙型，可分为矩形螺纹、锯齿形螺纹、梯形螺纹和三角形螺纹，三角形螺纹常用于螺纹连接，其余三种螺纹常用于螺旋传动。三角形螺纹也称为普通螺纹，其基本尺寸参见 GB/T 196—2003。锯齿形螺纹、梯形螺纹和三角形螺纹的牙型角如图 3-28（b）所示。

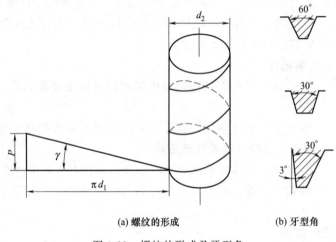

(a) 螺纹的形成   (b) 牙型角

图 3-28   螺纹的形成及牙型角

三角形螺纹分为米制（公制）和英制两类。我国除管螺纹保留英制外，都采用米制螺纹。

① 米制螺纹   米制螺纹的牙型角（牙型两侧边的夹角）为 $60°$，牙根较厚，牙根强度高。按螺距 P（相邻两螺纹牙对应点间的轴向距离）不同又分为粗牙螺纹和细牙螺纹。同一公称直径（螺纹大径 d）的螺纹可有多种螺矩，螺距最大的称为粗牙螺纹，其余称为细牙螺纹。

a. 粗牙螺纹。粗牙螺纹为基本螺纹，一般情况下用粗牙螺纹，如图 3-29（a）所示。

b. 细牙螺纹。与公称直径相同的粗牙螺纹相比，细牙螺纹的螺距小，牙细，小径大，故自锁性好，对螺纹件的强度削弱小，如图 3-29（b）所示。细牙螺纹因每圈接触面较小，不耐磨，磨损后易滑丝，常用于受冲击、振动、变载荷以及薄壁零件的连接和微调装置中。

② 管螺纹   管螺纹是专用于管件连接的特殊细牙三角形螺纹，其牙型角为 $55°$，公称直径为管子的内径。管螺纹分为圆柱管螺纹和圆锥管螺纹，圆柱管螺纹连接的

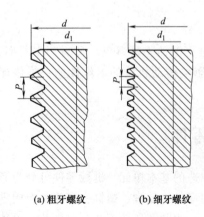

(a) 粗牙螺纹   (b) 细牙螺纹

图 3-29   粗牙螺纹和细牙螺纹

内、外螺纹间无径向间隙，连接密封性较好，常用于水、煤气和润滑油管道；圆锥管螺纹有1：16的锥度，主要依靠牙的变形来保证连接的密封性，常用于高温、高压等密封性要求较高的管道连接。

（2）螺纹连接的类型

螺纹连接是通过螺纹连接件或被连接件上的内、外螺纹来实现的，有螺栓连接、双头螺柱连接、螺钉连接和紧定螺钉连接等类型。

① 螺栓连接 螺栓连接结构简单、加工方便、成本低，一般用于被连接件不太厚、需经常装拆的场合。螺栓连接可分为普通螺栓连接和铰制孔用螺栓连接两类。

a. 普通螺栓连接。如图 3-30（a）所示，这种连接的结构特点是被连接件上的通孔和螺栓杆间留有间隙，通孔的加工精度要求低，结构简单，装拆方便，使用时不受被连接件材料的限制，因此应用极广。

b. 铰制孔用螺栓连接。如图 3-30（b）所示，孔和螺栓杆多采用基孔制过渡配合，这种连接能精确固定被连接件的相对位置，并能承受横向载荷，但孔的加工精度要求较高。

② 双头螺柱连接 双头螺柱连接，如图3-31所示，这种连接适用于结构上不能采用螺栓连接的场合，例如被连接件之一太厚，不宜制成通孔，材料又比较软，且需要经常拆装时，往往采用双头螺柱连接。

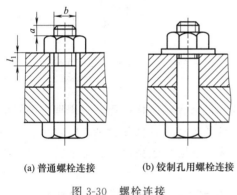

(a) 普通螺栓连接　　(b) 铰制孔用螺栓连接

图 3-30　螺栓连接

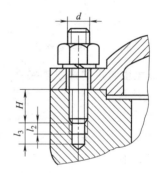

图 3-31　双头螺柱连接

③ 螺钉连接 如图 3-32 所示，这种连接的特点是螺钉直接拧入被连接件的螺纹孔中，不用螺母，在结构上比双头螺柱连接简单、紧凑。其用途和双头螺柱连接相似，但如经常拆装时，易使螺纹孔磨损，可能导致被连接件报废，故多用于受力不大或不需要经常拆装的场合。

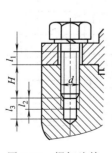

图 3-32　螺钉连接

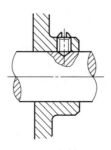

图 3-33　紧定螺钉连接

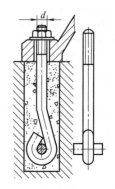

图 3-34　地脚螺栓连接

④ 紧定螺钉连接　如图 3-33 所示，这种连接是利用拧入零件螺纹孔中的螺钉末端顶住另一零件的表面或顶入相应的凹坑中，以固定两个零件的相对位置，并可传递不大的力或转矩。

除上述四种基本螺纹连接形式外，还有一些特殊结构的连接。例如专门用于将机座或机架固定在地基上的地脚螺栓连接，如图 3-34 所示；装在机器或大型零、部件的顶盖或外壳上便于起吊用的吊环螺栓连接，如图 3-35 所示；用于工装设备中的 T 形槽螺栓连接，如图图 3-36 所示。

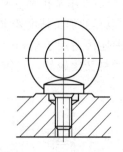

图 3-35　吊环螺栓连接

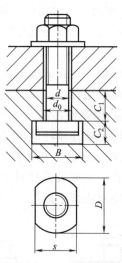

图 3-36　T 形槽螺栓连接

（3）工程上常用的螺纹连接件

螺纹连接件的类型很多，这类零件的结构形式和尺寸大都已标准化，可根据有关标准选用。国家标准规定，螺纹连接件的公称直径均为螺纹的大径，其精度分 A、B、C 三个等级，A 级精度最高，B 级精度次之，常用的标准螺纹连接件选用 C 级精度。工程上常用的螺纹连接件有主要有如下几种。

① 六角头螺栓　六角头螺栓的结构形式如图 3-37 所示，螺栓杆部可以全部制成螺纹或只有一段螺纹。六角头螺栓按头部大小分为标准六角头螺栓和小六角头螺栓两种。用冷镦法生产的小六角头螺栓，用材省、生产率高、力学性能好，但由于头部尺寸小，不宜用于被连接件抗压强度低和经常装拆的场合。螺栓还可分为普通螺栓和铰制孔用螺栓两类，以分别用于普通螺栓连接和铰制孔用螺栓连接。

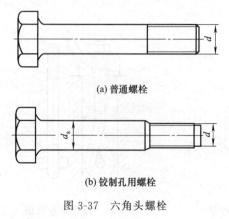

(a) 普通螺栓

(b) 铰制孔用螺栓

图 3-37　六角头螺栓

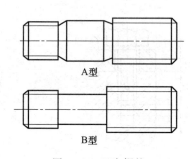

A型

B型

图 3-38　双头螺柱

② 双头螺柱　双头螺柱的结构如图 3-38 所示，其两端均制有螺纹。双头螺柱的一端旋入被连接件的螺纹孔，另一端用螺母拧紧，有 A 型、B 型两种结构。

③ 螺钉　螺钉的结构如图 3-39 所示，其头部形状较多，能适应不同的要求。内六角沉头螺钉用于拧紧力矩大、连接强度高、结构紧凑的场合；十字槽沉头螺钉拧紧时易对中、不易打滑，便于用机动工具装配；一字槽浅沉头螺钉结构简单，用于拧紧力矩小的场合。

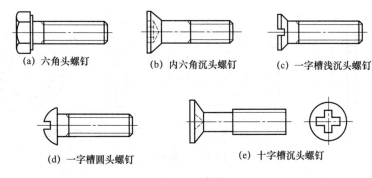

(a) 六角头螺钉　　　　(b) 内六角沉头螺钉　　　　(c) 一字槽浅沉头螺钉

(d) 一字槽圆头螺钉　　　　　　(e) 十字槽沉头螺钉

图 3-39　螺钉

④ 紧定螺钉　紧定螺钉用末端顶住被连接件，末端结构有多种形式，如图 3-40 所示，以适应不同的工作要求。锥端要求被顶面有凹坑，顶紧可靠，适用于被紧定零件硬度较低、不经常拆装的场合；倒角端适用于顶紧硬度较高的平面、经常装拆的场合；圆柱端不伤被顶表面，多用于需经常调节位置的场合。

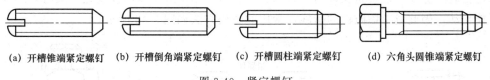

(a) 开槽锥端紧定螺钉　(b) 开槽倒角端紧定螺钉　(c) 开槽圆柱端紧定螺钉　(d) 六角头圆锥端紧定螺钉

图 3-40　紧定螺钉

⑤ 螺母　螺母形状有六角螺母、圆螺母、方螺母等，如图 3-41 所示。应用最普遍的为六角螺母，按螺母厚度不同，六角螺母分为普通螺母、薄螺母、厚螺母。薄螺母用于尺寸受空间限制的地方，厚螺母用于装拆频繁、易于磨损的地方。圆螺母的螺纹常为细牙螺纹，四

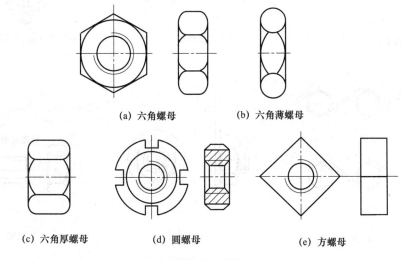

(a) 六角螺母　　　　　　(b) 六角薄螺母

(c) 六角厚螺母　　　(d) 圆螺母　　　　(e) 方螺母

图 3-41　螺母

个缺口供扳手拧螺母用,常与止动垫圈配合使用,形成机械防松,用来固定轴上零件。

⑥ 垫圈 在螺母与被连接件之间通常装有垫圈,以增大与被连接件的接触面,降低接触面的压强,保护被连接件表面在拧紧螺母时不致被擦伤。常用的垫圈有平垫圈、斜垫圈和弹簧垫圈,如图 3-42 所示。斜垫圈用于垫平倾斜的支承面,避免螺杆受到附加的偏心载荷。弹簧垫圈与螺母配合使用,可起摩擦防松作用。

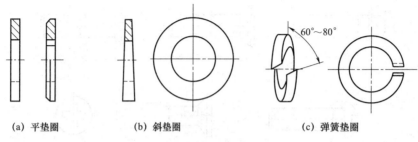

(a) 平垫圈　　　　　　(b) 斜垫圈　　　　　　(c) 弹簧垫圈

图 3-42　垫圈

(4) 螺纹连接的预紧与防松

通常螺纹连接在装配时都要拧紧,使螺栓与被连接件相互间产生足够的预紧力,称为预紧。预紧可提高螺纹连接的紧密性、紧固性和可靠性。预紧力一般由操作者的经验控制,重要连接可用测力矩扳手。

一般螺纹连接具有自锁性,在静载荷作用下,工作温度变化不大时,这种自锁性可以防止螺母松脱。但如果连接是在冲击、振动、变载荷作用下或工作温度变化很大时,螺纹连接则可能松动,因此应考虑防松的措施。常用的防松方法如图 3-43 所示。

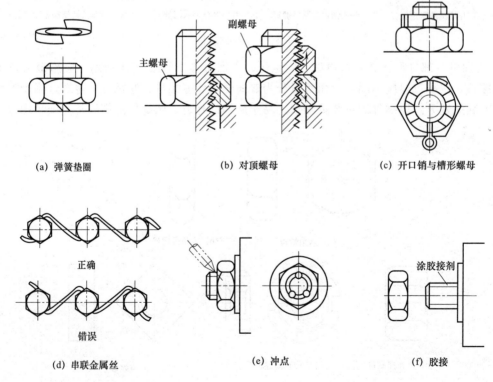

(a) 弹簧垫圈　　　　　(b) 对顶螺母　　　　　(c) 开口销与槽形螺母

(d) 串联金属丝　　　　(e) 冲点　　　　　　　(f) 胶接

图 3-43　螺纹连接的防松

2. 键与键连接

键是一种标准件，通常用来实现轴与轮毂之间的周向固定以传递转矩。有的还能实现轴上零件的轴向固定或轴向滑动的导向。键连接的主要类型有：平键连接、半圆键连接、楔键连接、切向键和花键连接等。

（1）平键连接

如图 3-44 （a）所示，键的两侧面是工作面，工作时，靠键同键槽侧面的挤压来传递转矩。键的上表面和轮毂的键槽底面间则留有间隙。平键连接具有结构简单、装拆方便、对中性较好等优点，因而得到广泛应用。这种键连接不能承受轴向力，因而对轴上的零件不能起到轴向固定的作用。

根据用途的不同，平键分为普通平键、薄型平键、导向平键和滑键四种。其中普通平键和薄型平键用于静连接，导向平键和滑键用于动连接。

普通平键按构造分，有圆头（A 型）、平头（B 型）及单圆头（C 型）三种。圆头平键 ［图 3-44 （b）］宜放在轴上用键槽铣刀铣出的键槽中，键在键槽里轴向固定良好。缺点是键的头部侧面与轮毂上的键槽并不接触，因而键的圆头部分不能充分利用，而且轴上键槽端部的应力集中较大。平头平键 ［图 3-44 （c）］是放在用盘铣刀铣出的键槽中，避免了上述缺点，但对于尺寸大的键，宜用紧定螺钉固定在轴上的键槽中，以防松动。单圆头平键 ［图 3-44 （c）］则常用于轴端与毂类零件的连接。

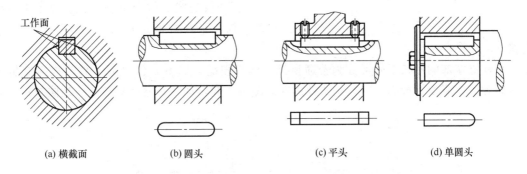

| (a) 横截面 | (b) 圆头 | (c) 平头 | (d) 单圆头 |

图 3-44　普通平键连接

薄型平键与普通平键的主要区别是键的高度约为普通平键的 $60\%\sim70\%$ ，也分圆头、平头和单圆头三种形式，但传递转矩的能力较低，常用于薄壁结构、空心轴及一些径向尺寸受限制的场合。

当被连接的毂类零件在工作过程中必须在轴上做轴向移动时，则须采用导向平键或滑键。导向平键（图 3-45）是一种较长的平键，用螺钉固定在轴上的键槽中，为了便于拆卸，键上制有起键螺孔，以便拧入螺钉使键退出键槽。轴上的传动零件则可沿键做轴向滑移。当零件滑移的距离较大时，因所需导向平键的长度过大，制造困难，故宜采用滑键（图3-46）。滑键固定在轮毂上，轮毂带动滑键在轴上的键槽中做轴向滑移。这样，只需在轴上铣出较长的键槽，而键可做得较短。

（2）半圆键连接

半圆键连接如图 3-47 所示。轴上键槽用尺寸与半圆键相同的半圆键槽铣刀铣出，因而键在槽中能绕其几何中心摆动以适应轮毂中键槽的斜度。半圆键工作时，靠其侧面来传递转矩。这种键连接的优点是工艺性较好，装配方便，尤其适用于锥形轴端与轮毂的连接。缺点

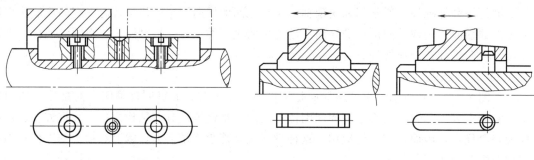

图 3-45　导向平键连接

图 3-46　滑键连接

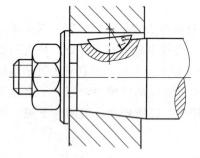

图 3-47　半圆键连接

是轴上键槽较深，对轴的强度削弱较大，故一般只用于轻载静连接中。

（3）楔键连接

楔键连接如图 3-48 所示。键的上下两面是工作面，上表面及毂槽底面均有 1：100 的斜度，主要靠键的上、下面之间的摩擦力矩传递运动和转矩。能承受单向轴向力，并起单向轴向固定作用，但拆卸不便，对中性不好，在冲击、振动或变载荷作用下易松脱。适用于对中性要求不高，载荷平稳的低速场合，多用于轴端部的连接。

按楔键端部的形状不同可分为普通楔键和钩头楔键，如图 3-48 所示。钩头楔键装拆方便，装配时，应留有拆卸空间，钩头裸露在外随轴一起转动，易发生事故，应加防护罩。

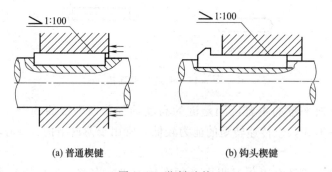

(a) 普通楔键　　　　　　　(b) 钩头楔键

图 3-48　楔键连接

（4）切向键连接

切向键连接如图 3-49 所示，切向键由两个普通楔键组成，两个相互平行的窄面是工作面，靠工作面与键槽和毂槽侧壁的挤压来传递转矩。单向切向键只能传递单向转矩，两个切向键互成 120°～135° 安装时，可双向传递转矩。适用于对中性要求不高、载荷很大的重型机械。

（5）花键连接

花键连接如图 3-50 所示，轴和轮毂孔沿圆周方

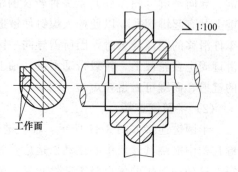

图 3-49　切向键连接

向均匀分布的多个键齿构成的连接称为花键连接。与平键连接相比，花键连接承载能力强，有良好的定心精度和导向性能，适用于定心精度要求高、载荷大的动连接。按齿形不同，花键分为渐开线花键（GB 3478.1—2008）和矩形花键（GB 1144—2001）。

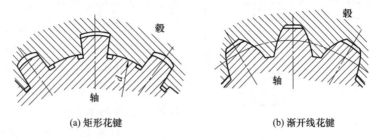

(a) 矩形花键　　　　　　　　　　(b) 渐开线花键

图 3-50　花键连接

　　矩形花键齿廓为直线，加工方便，应用广泛。其定心方式有外径定心、内径定心和齿侧定心三种，外径定心因加工方便，应用最广。渐开线花键采用齿侧定心，其齿根部厚，强度高，寿命长，且受载时键齿上有径向力，能起到自动定心的作用，适用于尺寸较大、载荷较大、定心精度要求高的场合。

3. 销与销连接

　　销是标准件，按用途可分为定位销［图 3-51（a）］、连接销［图 3-51（a）］、安全销［图 3-51（b）］。定位销用来固定零件之间的相互位置；连接销用于轴和轮毂或其他零件的连接，并传递不大的转矩；安全销用作安全装置中的过载剪断零件。

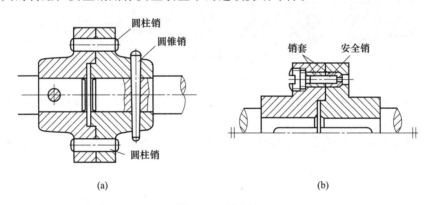

(a)　　　　　　　　　　　　　　　　(b)

图 3-51　销连接

4. 联轴器与离合器

　　联轴器和离合器是机械传动中常用的部件。它们主要用来连接轴与轴（或其他回转零件），以传递运动与转矩，有时也可用作安全装置。联轴器用来把两轴连接在一起，机器运转时两轴不能分离，只有在机器停车并将连接拆开后，两轴才能分离。离合器在机器运转过程中，可使两轴随时接合或分离，可用来操纵机器传动系统的断续，以便进行变速及换向等。

（1）联轴器

　　由于制造、安装、受载后的变形等因素，使连接的两轴产生一定的相对位移，按有无补偿两轴相对位移的能力，可分为刚性联轴器和挠性联轴器两大类。

　　① 刚性联轴器　刚性联轴器不能补偿两轴的相对位移，要求所连接两轴对中性要好，

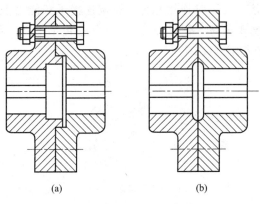

图 3-52　凸缘联轴器

对机器的安装精度要求高。凸缘联轴器结构如图 3-52 所示，图 3-52（a）所示用普通螺栓连接两半联轴器，依靠两半联轴器接合面上的摩擦力传递转矩，图 3-52（b）所示用铰制孔用螺栓连接两半联轴器，依靠螺栓杆产生剪切和挤压变形来传递转矩。

凸缘联轴器结构简单、使用方便、可传递的转矩较大，但不能缓冲减振，常用于载荷较平稳的两轴连接。

② 挠性联轴器　挠性联轴器能补偿两轴的相对位移，按是否具有弹性元件可分为无弹性元件的挠性联轴器和有弹性元件的挠性联轴器两类。

a. 无弹性元件的挠性联轴器。无弹性元件的挠性联轴器利用其内部工作元件间构成的动连接实现位移补偿。常用的有十字滑块联轴器、十字轴式万向联轴器、齿式联轴器等。

图 3-53 所示为十字滑块联轴器，结构简单、轴向尺寸小，制造方便，但工作时中间盘因偏心而产生较大的离心力，适用于低速、工作平稳的场合。

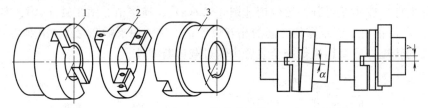

图 3-53　滑块联轴器

1—半联轴器；2—中间滑块；3—半联轴器

图 3-54 所示为十字轴式万向联轴器，结构紧凑，维护方便，能传递较大转矩，且能补偿较大的综合位移。

图 3-55 所示为齿式联轴器，能传递很大的转矩和补偿适量的综合位移，常用于重型机械中。

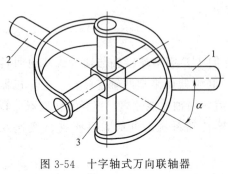

图 3-54　十字轴式万向联轴器

1,2—轴；3—十字轴

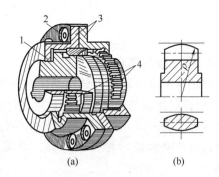

图 3-55　齿式联轴器

1—密封圈；2—螺栓；3—外壳；4—套筒

b. 有弹性元件的挠性联轴器。有弹性元件的挠性联轴器利用其内部弹性元件的弹性变形来补偿轴间相对位移，并能缓和冲击、吸收振动。

图 3-56 所示弹性套柱销联轴器，用 4～12 个带有橡胶（或皮革）套的柱销将两半联轴器连接起来，适用于载荷平衡、正反转变化频繁和传递中、小转矩的场合。

图 3-57 所示的弹性柱销联轴器与弹性套柱销联轴器很相似，只是用尼龙柱销代替弹性套柱销，但较弹性套柱销联轴器传递转矩的能力高，耐久性好，也有一定的缓冲和减振能力，允许被连接的两轴有一定的轴向位移。适用于轴向窜动较大、正反转变动频繁的场合。

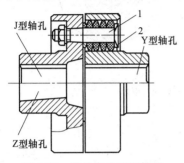

图 3-56　弹性套柱销联轴器
1—柱销；2—橡胶（或皮革）套

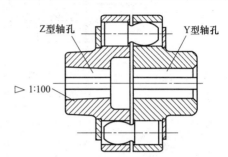

图 3-57　弹性柱销联轴器

图 3-58 所示为双膜片式联轴器，在两个半联轴器之间加入了膜片组件，膜片组件通过螺栓交错着与两个半联轴器相互连接，用膜片的弹性来补偿所连接的两轴之间的轴向、径向和角向偏移。这是一种较新型的联轴器，特点是补偿能力大，能吸振、隔震，无噪声，零间隙，不需润滑，使用寿命长，适用范围宽广。

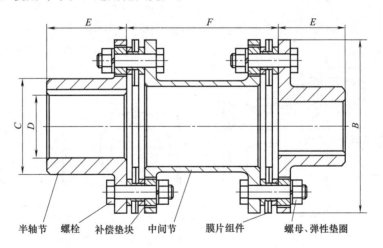

半轴节　螺栓　补偿垫块　中间节　膜片组件　螺母、弹性垫圈

图 3-58　双膜片式联轴器

（2）离合器

离合器按其接合方式不同，可分为牙嵌式离合器和摩擦式离合器两大类。

① 牙嵌式离合器　图 3-59 所示为牙嵌式离合器，尺寸小，工作时被连接的两轴无相对滑动而同速旋转，并能传递较大的转矩，但是在运转中接合时有冲击和噪声，接合时必须使主动轴慢速转动或停车。

② 摩擦式离合器　摩擦式离合器是靠摩擦力传递转矩，可在任何转速下实现两轴的离合，并具有操纵方便、接合平稳、分离迅速和过载保护等优点，但两轴不能精确同步运转，发热较高，磨损较大。图 3-60 为单盘式摩擦离合器，图 3-61 为多盘式摩擦离合器。

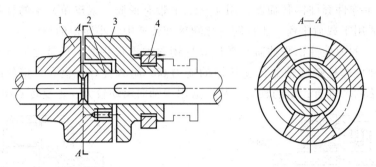

图 3-59　牙嵌式离合器

1—半离合器；2—对中环；3—半离合器；4—滑环

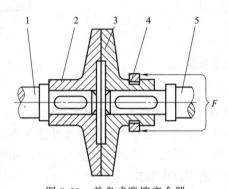

图 3-60　单盘式摩擦离合器

1—主动轴；2,3—摩擦盘；4—滑环；5—从动轴

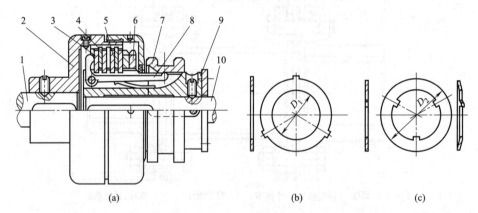

图 3-61　多盘式摩擦离合器

1—主动轴；2—外套筒；3～5—摩擦片；6—螺母；7—滑环；

8—曲柄压杆；9—内套筒；10—从动轴

5. 弹簧

弹簧是受外力后能产生较大弹性变形的一种常用弹性元件，其主要功用如下。

① 控制机械的运动，例如内燃机中的阀门弹簧、离合器中的控制弹簧；

② 吸收振动和冲击能量，例如车辆中的缓冲弹簧、联轴器中的吸振弹簧；

③ 储蓄能量，例如钟表弹簧；

④ 测量力的大小，例如测力器和弹簧秤中的弹簧等。

弹簧的基本类型见表 3-7。按照受力的性质，弹簧主要分为拉伸弹簧、压缩弹簧、扭转

表 3-7　弹簧的基本类型

按形状分	按 载 荷 分			
	拉伸	压缩	扭转	弯曲
螺旋形	圆柱螺旋拉伸弹簧 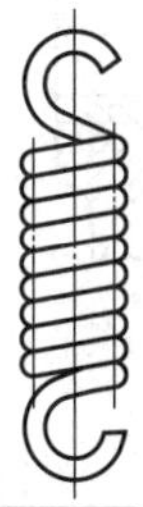 	圆柱螺旋压缩弹簧 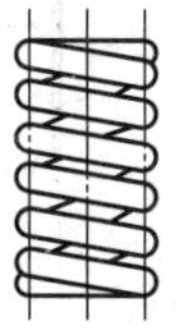 　圆锥螺旋压缩弹簧  	圆柱螺旋扭转弹簧 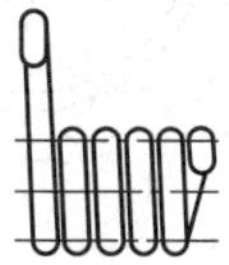 	
其他形	—	环形弹簧 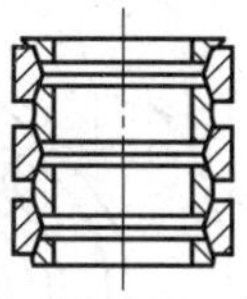 　碟形弹簧 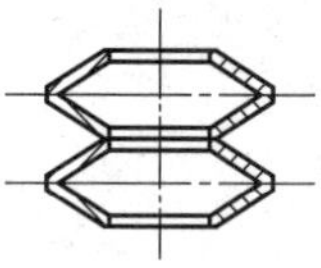 	蜗卷形盘簧 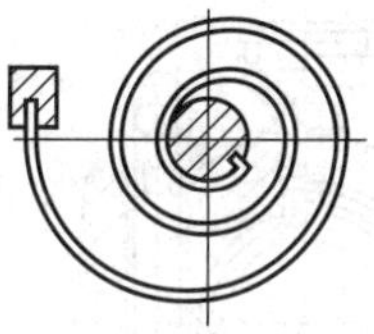 	板簧 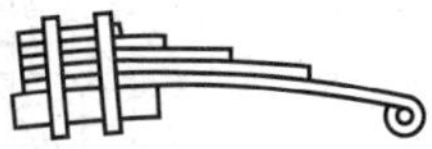

弹簧和弯曲弹簧四种。按照弹簧形状又可分为螺旋弹簧、碟形弹簧、环形弹簧、板弹簧、盘簧等。在一般机械中最常用的是圆柱螺旋弹簧。

螺旋弹簧是用弹簧丝卷绕制成的，由于制造简便，所以应用最广。碟形弹簧和环形弹簧能承受很大的冲击载荷，并具有良好的吸振能力，所以常用作缓冲弹簧。在载荷相当大和弹簧轴向尺寸受限制的地方，可以采用碟形弹簧。环形弹簧是目前最强力的缓冲弹簧，近代重型列车、锻压设备和飞机着陆装置中用它作为缓冲零件。螺旋扭转弹簧是扭转弹簧中最常用的一种。当受载不很大而轴向尺寸又很小时，可以采用盘簧。盘簧在各种仪器中广泛地用作储能装置。板簧主要受弯曲作用，它常用于受载方向尺寸有限制而变形量又较大的地方。由于板簧有较好的消振能力，所以在汽车、铁路客货车等车辆中应用很普遍。

6. 轴承

轴承的功用是支承轴及轴上零件，保持轴的旋转精度，减少轴与支承间的摩擦与磨损。按摩擦性质，轴承可分为滑动轴承和滚动轴承两大类。

(1) 滑动轴承

滑动轴承具有工作平稳、噪声小、耐冲击能力和承载能力大等优点，在高速、重载、高精度及结构要求剖分等场合下广泛应用滑动轴承。按轴承承载方向不同，滑动轴承可分为向心滑动轴承（承受径向载荷）和推力滑动轴承（承受轴向载荷）。

① 向心滑动轴承　向心滑动轴承主要有整体式、剖分式和自动调心式三种。

a. 整体式。图 3-62 所示为整体式向心滑动轴承，由轴承座 1 和轴套 2 组成，用骑缝螺钉 3 将轴套固定在轴承座上，顶部设有润滑油杯 4。这种轴承结构简单，易于制造。但要求轴颈沿轴向装入，轴套磨损后，轴承间隙无法调整，只有更换。整体式向心滑动轴承多用在间歇工作或低速轻载的简单机械上。

b. 剖分式。剖分式滑动轴承如图 3-63 所示，由轴承座 1、轴承盖 3、剖分的上下轴瓦 2 组成，上下两部分由螺栓 4 连接，轴承盖上装有润滑油杯 5。剖分面有水平和 45°斜开两种，

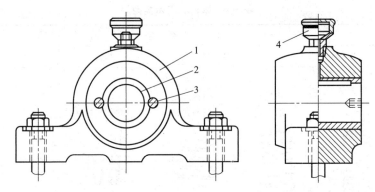

图 3-62　整体式向心滑动轴承

1—轴承座；2—轴套；3—骑缝螺钉；4—润滑油杯

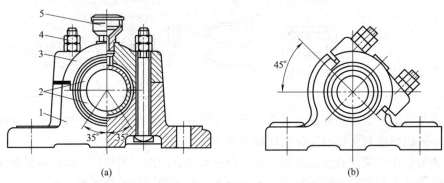

(a)　　　　　　　　　　　　　　(b)

图 3-63　剖分式滑动轴承

1—轴承座；2—轴瓦；3—轴承盖；4—螺栓；5—润滑油杯

使用时应保证径向载荷的实际作用线与剖分面的垂直中心线夹角在 35°以内。当轴瓦磨损

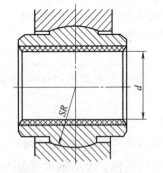

图 3-64　自动调心式轴承

后，可用更换剖分面垫片来调整轴承间隙。剖分式轴承装拆方便，应用较广。

c. 自动调心式。对于轴颈较长（$L/d > 1.5$）的滑动轴承，为避免因轴的挠曲或轴承孔的同轴度较低而造成轴与轴瓦端部边缘产生局部接触而磨损，可采用自动调心式滑动轴承，如图 3-64 所示，其轴瓦外表面制成球面，当轴颈倾斜时，轴瓦可自动调心。

② 推力滑动轴承　推力滑动轴承用来承受轴向载荷，且能防止轴的轴向移动，按支承面的结构可分为实心式、空心式、单环式和多环式四种，如图 3-65 所示。

实心式的端面边缘磨损很大，中心磨损很轻，使轴颈与轴瓦相互之间压力分布不均，很少用；空心式改善了受力状况，有利于润滑油由中心凹孔处导入并储存，应用较广；单环式只能承受较小的轴向载荷，但端面压力分布明显改善；多环式可用来承受较大的轴向载荷。

（2）滚动轴承

滚动轴承具有摩擦阻力小、效率高、润滑简单、互换性好和启动阻力小等优点，且已标准化、系列化，供应充足，应用十分广泛。

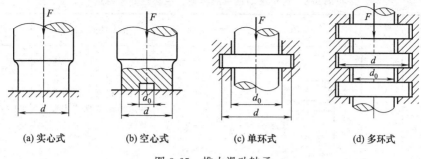

图 3-65　推力滑动轴承

① 滚动轴承的结构　滚动轴承一般由内圈 1、外圈 2、滚动体 3 和保持架 4 组成，如图 3-66 所示。

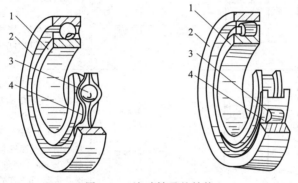

图 3-66　滚动轴承的结构
1—内圈；2—外圈；3—滚动体；4—保持架

根据滚动体形状，滚动轴承分为球轴承和滚子轴承两大类。常用滚动体形状如图 3-67 所示。

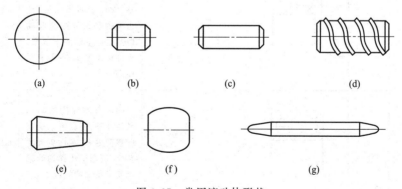

图 3-67　常用滚动体形状

② 滚动轴承的类型　按承载方向不同，滚动轴承可分为向心轴承和推力轴承两大类，公称接触角越大，轴承承受轴向载荷的能力就越大。

常用滚动轴承的类型、主要性能和特点见表 3-8。

③ 滚动轴承的代号　滚动轴承的代号一般印刻在轴承座圈的端面上，是表示轴承的结构、尺寸、公差等级和技术性能等特征的一种符号，由数字和字母组成。按照 GB/T 272—93 规定，滚动轴承代号由基本代号、前置代号和后置代号组成，见表 3-9。

表 3-8 常用滚动轴承的类型、主要性能和特点

轴承类型	类型代号	简图	承载方向	主要性能及应用	标准号
双列角接触球轴承	0			具有相当于一对角接触球轴承背靠背安装的特性	GB/T 296—1994
调心球轴承	1			主要承受径向载荷,也可以承受不大的轴向载荷;能自动调心,允许角偏差小于 2°～3°;适用于多支点传动轴、刚性较小的轴以及难以对中的轴	GB/T 281—1994
调心滚子轴承	2			与调心球轴承特性基本相同,允许角偏差小于 1°～2.5°,承载能力比调心球轴承大;常用于其他种类轴承不能胜任的重载情况,如轧钢机、大功率减速器、吊车车轮等	GB/T 288—1994
圆锥滚子轴承	3			可同时承受径向载荷和单向轴向载荷,承载能力高;内、外圆可以分离,轴向和径向间隙容易调整;常用于斜齿轮轴、锥齿轮轴和蜗杆减速器轴以及机床主轴的支承等;允许角偏差 2′,一般成对使用	GB/T 297—1994
双列深沟球轴承	4			除了具有深沟球轴承的特性外,还具有承受双向载荷更大、刚性更大的特性,可用于比深沟球轴承要求更高的场合	GB/T 296—1994
推力球轴承	5			只能承受轴向载荷,51000 用于承受单向轴向载荷,52000 用于承受双向轴向载荷;不宜在高速下工作。常用于起重机吊钩、蜗杆轴和立式车床主轴的支承等	GB/T 301—1995
双向推力球轴承	5				

续表

轴承类型	类型代号	简　图	承载方向	主要性能及应用	标准号
深沟球轴承	6		F_r / F_a F_a	主要承受径向载荷,也能承受一定的轴向载荷;极限转速较高,当量摩擦因数最小;高转速时可用来承受不大的纯轴向载荷;允许角偏差小于 $2'\sim10'$;承受冲击能力差;适用于刚性较大的轴,常用于机床齿轮箱、小功率电机等	GB/T 276—1994
角接触球轴承	7		F_r / F_a	可承受径向和单向轴向载荷;接触角 α 越大,承受轴向载荷的能力也越大,通常应成对使用;高速时它代替推力球轴承较好;适用于刚性较大、跨距较小的轴,如斜齿轮减速器和蜗杆减速器中轴的支承等;允许角偏差小于 $2'\sim10'$	GB/T 292—2007
推力圆柱滚子轴承	8		$\downarrow F_a$	只能承受单向轴向载荷,承载能力比推力球轴承大得多,不允许有角偏差,常用于承受轴向载荷大而又不需调心的场合	GB/T 4663—1994
圆柱滚子轴承（外圈无挡边）	N		F_a	内、外圈可以分离,内、外圈允许少量轴向移动,允许角偏差很小,$<2'\sim4'$;能承受较大的冲击载荷;承载能力比深沟球轴承大;适用于刚性较大、对中良好的轴,常用于大功率电机、人字齿轮减速器	GB/T 283—2007

表 3-9　滚动轴承代号的组成

前置代号	基本代号					后　置　代　号						
	五	四	三	二	一							
轴承分部件代号	类型代号	尺寸系列代号		内径代号		内部结构代号	密封与防尘结构代号	保持架及其材料代号	特殊轴承材料代号	游隙代号	多轴承配置代号	其他代号
		宽度系列代号	直径系列代号									

　　a. 基本代号。基本代号是轴承代号的基础,一般由数字或字母与数字组合来表示,最多五位。

ⓐ 内径代号表示轴承内径，对 $d=10\sim480\text{mm}$（d 为 22mm、28mm、32mm 的除外）的常用轴承，其内径代号的表示方法见表 3-10。

表 3-10　滚动轴承内径代号

内径代号	00	01	02	03	04~96
轴承内径/mm	10	12	15	17	代号×5

对 $d\geqslant500\text{mm}$ 以及 d 为 22mm、28mm、32mm 的轴承，其内径代号直接用公称直径的毫米数表示，但用 "/" 与尺寸系列代号分开，如深沟球轴承 62/22 的内径为 22mm。

ⓑ 直径系列代号表示同一内径但不同外径的系列，见表 3-11。

表 3-11　尺寸系列代号

项　　目			向心轴承								推力轴承			
			宽度系列								高度系列			
			宽度尺寸依次递增								高度尺寸依次递增			
			8	0	1	2	3	4	5	6	7	9	1	2
直径系列	外径尺寸依次递增	7	—	—	17	—	37								
		8	—	08	18	28	38	48	58	68	—	—	—	—
		9	—	09	19	29	39	49	59	69	—	—	—	—
		0	—	00	10	20	30	40	50	60	70	90	10	—
		1	—	01	11	21	31	41	51	61	71	91	11	—
		2	82	02	12	22	32	42	52	62	72	92	12	22
		3	83	03	13	23	33				73	93	13	23
		4	—	04		24					74	94	14	24
		5										95		

注：表中 "—" 表示不存在此种组合。

ⓒ 宽度系列代号表示内、外径相同，但宽（高）度不同的系列，见表 3-9。当宽度系列代号为 0 时多数可省略。

ⓓ 类型代号表示轴承类型的代号，见表 3-6。

b. 前置代号用字母表示成套轴承的分部件。

c. 后置代号用字母或数字表示，包含轴承的内部结构、材料、公差等级、游隙和其他特殊要求等内容，常用的几个后置代号如下。

ⓐ 内部结构代号表示不同的内部结构，用紧跟在基本代号后的字母表示，如接触角为 $\alpha=15°$ 的角接触轴承，用字母 C 表示。

ⓑ 公差等级代号。滚动轴承公差等级分为 0、6、6x、5、4、2 六级，依次由低级到高级，分别用 /P6、/P6x、/P5、/P4、/P2 标注，如 6208/P6。0 级为普通级，应用最广，不标注。

ⓒ 游隙代号。滚动轴承的游隙分为 1、2、0、3、4、5 六组，径向游隙依次增大，标注方法分别为 /C1、/C2、/C3、/C4、/C5。0 组游隙又称基本游隙，不标注。当公差等级代号与游隙代号需同时表示时，可简化标注，如 /P63 表示轴承公差等级为 6 级，径向游隙为 3 组。

知 识 要 点

① 摩擦：一物体相对于另一物体运动或有运动趋势时在摩擦表面上所产生的切向阻力现象称为摩擦，根据摩擦面间存在润滑剂的情况，滑动摩擦分为干摩擦、边界摩擦、流体摩擦、混合摩擦。干摩擦磨损严重、零件寿命短，应尽量避免；边界摩擦摩擦阻力和磨损都会大大降低；流体摩擦摩擦阻力最小，是理想的摩擦状态；混合摩擦摩擦阻力和磨损都介于边界摩擦和流体摩擦之间。

② 磨损：使摩擦表面的物质不断损失的现象称为磨损。按破坏机理来分主要有四种基本类型：黏着磨损、表面疲劳磨损、磨粒磨损和腐蚀磨损。磨损一般分为三个阶段：跑合磨损阶段、稳定磨损阶段和剧烈磨损阶段。

③ 润滑：为改善摩擦副的摩擦状态以降低摩擦阻力减缓磨损常采用润滑。润滑好坏常取决于采用的润滑剂，润滑剂有液体润滑剂（如石油润滑剂、合成润滑剂等）、半固体润滑剂（如润滑脂）、气体润滑剂（如空气、氢气、氦气等）和固体润滑剂（如石墨、二硫化钼等）四大类。

④ 常用机械传动

• 带传动，根据带的截面形状不同，可分为平带传动、V带传动、圆带传动、多楔带传动、同步带传动等，该传动的优点是能吸振缓冲，传动平稳，噪声小，可用于中心距较大的传动，但不能保证准确的传动比，效率低，承载能力小。

• 链传动，其优点是没有滑动，效率较高，能在温度较高、湿度较大的环境中长距离传动等，但其瞬时速度不均匀，工作时有噪声，制造费用比较高。

• 齿轮传动，按齿线相对于齿轮母线方向分直齿、斜齿、人字齿、曲线齿，该传动的优点是工作可靠，使用寿命长，瞬时传动比为常数，传动效率高等。缺点是齿轮制造成本较高，振动和噪声较大，不宜用于轴间距离大的传动等。

• 蜗杆传动，常用于在空间交错的两轴间传递运动和动力，具有结构紧凑、传动比大、传动平稳以及自锁性等优点，其不足之处是传动效率低。

⑤ 常用连接

• 螺纹连接，通过螺纹连接件或被连接件上的内、外螺纹来实现的，有螺栓连接、双头螺柱连接、螺钉连接和紧定螺钉连接等类型，该连接具有结构简单、装拆方便、成本低等特点。

• 键连接，主要类型有平键连接、半圆键连接、楔键连接、切向键和花键连接等，主要用来实现轴与轮毂之间的周向固定以传递转矩或轴向滑动的导向。

• 销连接，有定位销、连接销、安全销等，起到固定零件、传递不大的转矩以及安全装置中的过载部件。

• 联轴器（刚性和挠性）与离合器（牙嵌式和摩擦式），主要用来连接轴与轴，以传递运动与转矩，有时也可用作安全装置。

复 习 思 考 题

3-1　摩擦可分为几类？各有什么特点？

3-2　磨损过程分哪几个阶段？各有什么特点？

3-3　润滑油的一般选用原则是什么？

3-4 什么是带传动中带的弹性滑动现象？

3-5 什么是链传动的运动不均匀性？

3-6 齿轮传动的主要失效形式有哪些？

3-7 试述液压传动的工作原理。液压传动由哪几个部分组成？

3-8 普通螺栓连接和铰制孔用螺栓连接适用场合有什么不同？

3-9 螺纹连接的常见防松措施有哪些？

3-10 联轴器、离合器的作用是什么？

3-11 滚动轴承的主要类型有哪些？各有什么特点？

3-12 弹簧的主要功用是什么？

3-13 蜗杆传动的特点是什么？

3-14 键连接的主要类型有哪些？其工作面各是什么？

3-15 滑块联轴器的工作原理是什么？

第四章 化工机械基础

第一节 常用化工用泵

将液体物料沿着管道从一个设备输送到另一个设备，或从一个车间输送到另一个车间，是化工生产中经常要进行的操作。在输送液体时，经常需要将一定的外界机械能加给液体，泵就是输送液体并将外加能量加给液体的机械。利用泵可以将原动机（电动机、内燃机）的机械能转换成被输送液体的静压能和动能，使被输送液体获得能量后，输送至一定压力、高度或距离的场合。泵是一种通用机械，除化工厂外，泵还广泛应用于国民经济建设的各个领域中，如化工、石油、矿山、冶金、电力、国防、农业的灌溉和排涝、城市的供水和排水等。

化工生产的原料、半成品和成品大多是液体，在整套的化工连续化生产过程中，液体的输送和增压是必不可少的过程，要想完成这个过程就必须使用泵。有人把化工生产过程中的泵比喻为人的心脏，而化工管路如同人的血管。

1. 化工用泵分类、要求及性能参数

(1) 化工用泵的分类

化工生产中，被输送的液体是多种多样的。有的液体易燃、易爆、有毒性，有的具有高黏度、易腐蚀，有的是高温、高压，有的是低温、低压（高真空），有的含有固体悬浮物，有的是清洁液体等。为适应这些情况，这就要求采用不同结构、不同材质的泵。

要正确地选用、维护和运转泵，除了明确输送任务，掌握被输送液体的性质之外，还必须了解各类泵的结构、工作原理和性能。

泵的种类很多，分类方法也各不相同。按其作用原理可分为以下三类。

① 叶片式泵　依靠工作叶轮的高速旋转运动将能量传递给被输送液体，如离心泵、轴流泵、旋涡泵等。

② 容积式泵　依靠连续或间歇地改变工作容积来压送液体。使工作容积改变的方式有往复运动和旋转运动，如往复泵、计量泵、螺杆泵等。

③ 其他类型泵　如磁力泵、喷射泵、真空泵等，它们的作用原理各不相同。磁力泵是利用电磁力的作用来输送液体；喷射泵是依靠高速流体的动能转变为静压能的作用，达到输送流体的目的；真空泵是利用机械、物理、化学、物理化学等方法对容器进行抽气，以获得和维持真空的装置。

上述各种类型的泵的使用范围是不同的，如图 4-1 所示，叶片式泵应用范围较为广泛，其中离心泵应用最广，往复泵主要用于输送高压液体的场合。

(2) 化工用泵的要求

尽管泵的类型多种多样，各有其适用的场合，但都必须满足特定场合的工作要求，其基本要求如下。

① 应能适应化工工艺条件　化工用泵除起着输送物料的作用外，还要提供化学反应所

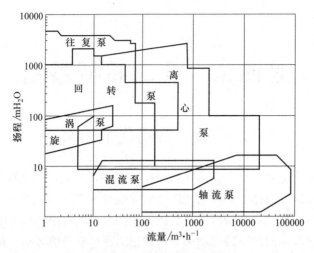

图 4-1 常用泵的使用范围

需的必要压力以及向系统提供一定的物料量，以取得物料化学反应的平衡。所以，要求泵的流量和扬程要相对稳定。

② 运行可靠 化工用泵的运行可靠性包括长周期运行不出故障和运行中各种参数平稳。

③ 无泄漏或少泄漏 化工用泵输送的液体介质多为易燃、易爆、有毒有害，甚至还有放射性，它们的渗漏不仅易造成火灾，而且影响环境，危害人体健康。

④ 耐蚀 化工用泵所输送的介质，多数具有腐蚀性，这就要求泵的材料要选择适当。

⑤ 耐磨损 化工用泵由于输送的高速液流中含有悬浮固体颗粒而受到磨损，这种磨损破坏又将使介质的腐蚀加速。

⑥ 耐高温或深冷 化工用泵所处理的高温介质，大体分为流程液（指化工产品加工过程和输送过程的液体）和载热液（指运载热量的媒介液体）。化工用泵处理的高温介质的温度可达 900℃，而输送的低温介质的温度可近 −200℃。作为输送高温与低温介质的化工用泵，其所用材料必须在正常室温、现场温度和输送温度条件下都具有足够的强度和稳定性，同时泵的所有零件都应能承受热冲击和由此产生的不同热膨胀或冷脆性的威胁。

⑦ 能输送临界状态的液体 处于临界状态的液体，当温度升高或压力降低时，往往会发生汽化。液体在泵内的汽化，极易产生汽蚀破坏，要求泵应具有较高的耐汽蚀性能；同时，液体的汽化还可引起泵内动、静部分的摩擦咬合，这就要求相关间隙要取大些。

（3）化工用泵的性能参数

泵的性能参数主要有流量和扬程，此外还有转速、汽蚀余量、功率和效率等。

① 流量 Q 流量是指单位时间内通过泵出口输出的液体量，分为体积流量 Q 和质量流量 Q_m，一般采用体积流量，单位是 m^3/s、m^3/h 或 L/s。流量包括最小流量、额定流量和最大流量。流量过小会导致泵过热，流量过大电动机会过载，额定流量是泵最佳工作点。

② 扬程 H 扬程是泵所输送的单位质量液体从泵进口处（泵进口法兰）到泵出口处的（泵出口法兰）能量的增值，又称泵的压头。也就是一牛顿液体通过泵获得的有效能量。一般用泵抽送液体的液柱高度表示，单位为 m。

③ 转速 n 转速是泵轴单位时间的转数，用符号 n 表示，单位是 r/min。

④ 汽蚀余量 NPSH 汽蚀余量又叫净正吸头，是表示汽蚀性能的主要参数。汽蚀余量曾用 Δh 表示。

⑤ 功率　泵的功率通常指输入功率，即原动机传到泵轴上的功率，故又称轴功率，用 P 表示，单位为 kW。

泵的有效功率又称输出功率，它是单位时间内通过泵的流体所获得的功率，用 P_e 表示，单位 kW。

⑥ 效率　液体在泵内流动的过程中，由于泵内有各种能量损失，泵轴从电动机得到的轴功率，没有全部为液体所获得。泵的效率就是反映这种能量损失的，即有效功率与轴功率的比值。对离心泵来说，效率一般为 0.6～0.85，大型泵可达 0.90。

泵的各个性能参数之间存在着一定的关系，可以通过对泵进行试验，分别测得和算出参数值，并画成曲线来表示，这些曲线称为泵的性能曲线，如图 4-2 所示。每一台泵都有特定的性能曲线，由泵制造厂提供。通常在工厂给出的性能曲线上还标明推荐使用的性能区段，称为该泵的工作范围。

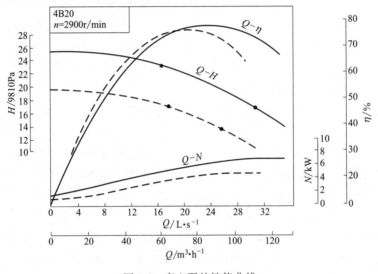

图 4-2　离心泵的性能曲线

2. 叶片式泵

(1) 离心泵

离心泵是依靠高速旋转的叶轮所产生的离心力对液体做功的流体输送机械，如图 4-3 所示。由于它具有结构简单、操作方便、性能适应范围广、体积小、流量均匀、故障少、寿命长等优点，在化工生产中应用十分广泛，化工生产所使用的泵大约有 80％为离心泵。

① 离心泵的工作原理　如图 4-4 所示，在蜗牛形泵壳内，装有一个叶轮，叶轮与泵轴连在一起，可以与轴一起旋转，泵壳上有两个接口，一个在轴向，接吸入管，一个在切向，接排出管。通常，在吸入管口装有一个单向底阀，在排出管口装有一调节阀，用来调节流量。离心泵工作前，先灌满被输送液体。当离心泵启动后，泵轴带动叶轮高速旋转，受叶轮上叶片的约束，泵内流体与叶轮一起旋转，在离心力的作用下，液体从叶轮中心向叶轮外缘运动，叶轮中心（吸入口）处因液体空出而呈负压状态，这样，在吸入管的两端就形成了一定的压差，即吸入液面压力与泵吸入口压力之差，只要这一压差足够大，液体就会被吸入泵体内，这就是离心泵的吸液原理。另一方面，被叶轮甩出的液体，在从中心向外缘运动的过程中，动能与静压能均增加了，流体进入泵壳后，由于泵壳内蜗形通道的面积是逐渐增大的，液体的动能将减少，静压能将增加，达到泵出口处时压力达到最大，于是液体被压出离

图 4-3　典型离心泵的外形结构

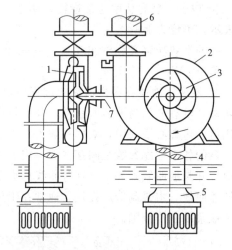

图 4-4　离心泵的工作原理

1—叶轮；2—泵壳；3—叶片；4—吸入导管；

5—底阀；6—压出导管；7—泵轴

心泵，这就是离心泵的排液原理。

　　② 离心泵的主要零部件　离心泵的主要构件有叶轮、泵壳、泵轴和轴封装置，有些还有导轮。

　　a. 叶轮。叶轮是离心泵的核心构件，是在一圆盘上设置 4～12 个叶片构成的，其主要功能是将原动机械的机械能传给液体，使液体的动能与静压能均有所增加。

　　根据叶轮是否有盖板，可以将叶轮分为三种形式，即开式、半开（闭）式和闭式，如图 4-5 所示，其中图 4-5 （a）为闭式叶轮，图 4-5 （b）为半开式叶轮，图 4-5 （c）为开式叶轮。通常，闭式叶轮的效率比开式高，而半开式叶轮的效率介于二者之间，因此应尽量选用闭式叶轮，但由于闭式叶轮在输送含有固体杂质的液体时，容易发生堵塞，故在输送含有固体杂质的液体时，多使用开式或半开式叶轮。对于闭式与半闭式叶轮，在输送液体时，由于叶轮的吸入口一侧是负压，而在另一侧则是高压，因此在叶轮两侧存在着压力差，从而存在对叶轮的轴向推力，将使叶轮沿轴向吸入口窜动，造成叶轮与泵壳的接触磨损，严重时还会造成泵的振动，为了避免这种现象，常常在叶轮的盖板上开若干个小孔，即平衡孔。但平衡孔的存在降低了泵的效率，其他消除轴向推力的方法是安装止推轴承或将单吸改为双吸。

(a) 闭式叶轮

(b) 半开式叶轮

(c) 开式叶轮

图 4-5　叶轮按是否有盖板来划分

　　根据叶轮的吸液方式可以将叶轮分为两种，即单吸式叶轮与双吸式叶轮，如图 4-6 所示。图 4-6 （a）是单吸式叶轮，图 4-6 （b）是双吸式叶轮。显然，双吸式叶轮完全消除了轴向推力，而且具有相对较大的吸液能力。叶轮上的叶片是多种多样的，有前弯叶片、径向

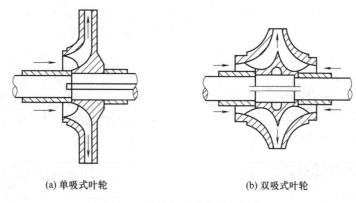

(a) 单吸式叶轮　　　　　　　　　(b) 双吸式叶轮

图 4-6　叶轮按吸液方式来划分

叶片和后弯叶片三种。但工业生产中主要为后弯叶片,因为后弯叶片相对于另外两种叶片的效率高,更有利于动能向静压能的转换。由于两叶片间的流动通道是逐渐扩大的,因此能使液体的部分动能转化为静压能。

　　b. 泵壳。由于泵壳的形状像蜗牛壳,因此又称为蜗壳。这种特殊的结构,使叶轮与泵壳之间的流动通道沿着叶轮旋转的方向逐渐增大并将液体导向排出管。因此,泵壳的作用就是汇集被叶轮甩出的液体,并在将液体导向排出口的过程中实现部分动能向静压能的转换。为了减少液体离开叶轮时直接冲击泵壳而造成的能量损失,常常在叶轮与泵壳之间安装一个固定不动的导轮,如图4-7所示。导轮带有前弯叶片,叶片间逐渐扩大的通道使进入泵壳的液体流动方向逐渐改变,从而减少了能量损失,使动能

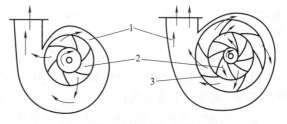

图 4-7　泵壳与导轮
1—泵壳；2—叶轮；3—导轮

向静压能的转换更加有效。导轮也是一个转能装置,通常,多级离心泵均安装导轮。

　　c. 泵轴。其作用是借联轴器和电动机相连接,将电动机的转矩传给叶轮,是传递机械能的主要部件。

　　d. 轴封装置。由于泵壳固定而泵轴是转动的,因此在泵轴与泵壳之间存在一定的空隙,为了防止泵内液体沿空隙漏出泵外或空气沿相反方向进入泵内,需要对空隙进行密封处理。用来实现泵轴与泵壳间密封的装置称为轴封装置。常用的密封方式有两种,即填料密封与机械密封。

　　填料密封装置其结构如图 4-8 所示,由填料箱、填料、水封环和填料压盖等组成。填料密封主要是靠轴的外表面与填料紧密接触来实现密封,用以阻止泵内液体向外泄漏。填料又称盘根,常用的填料是黄油浸透的棉织物或编织的石棉绳,有时还在其中加入石墨、二硫化钼等固体润滑剂。密封高温液体用的填料,常采用金属箔包扎石棉芯子等材料。密封的严密性可用增加填料厚度和拧紧填料压盖来保证。

　　机械密封是无填料的密封装置,其结构如图 4-9 所示,它由动环、静环、弹簧和密封圈等组成。动环随轴一起旋转,并能做轴向移动；静环装在泵体上静止不动。这种密封装置是动环靠密封腔中液体的压力和弹簧的压力,使其端面贴合在静环的端面上（又称端面密封）,形成微小的轴向间隙而达到密封的。为了保证动、静环的正常工作,轴向间隙的端面上需保

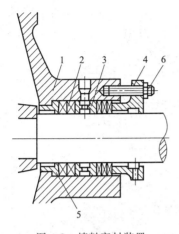

图 4-8 填料密封装置

1—填料箱；2—填料；3—水封环；

4—填料压盖；5—底衬套；6—螺栓

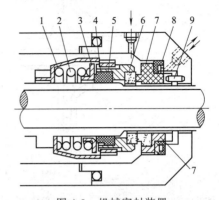

图 4-9 机械密封装置

1—传动座；2—弹簧；3—推环；4—密封垫圈；5—动环密

封圈；6—动环；7—静环；8—静环密封圈；9—防转销

持一层水膜，起冷却和润滑作用。这种密封的优点：转子转动或静止时，密封效果都好，安装正确后能自动调整；轴向尺寸较小，摩擦功耗较少；使用寿命长等。在高温、高压和高转速的给水泵上得到了广泛的应用。其缺点是：结构较复杂，制造精度要求高，价格较贵，安装技术要求高等。

两种方式相比较，前者结构简单，价格低，但密封效果差；后者结构复杂，精密，造价高，但密封效果好。因此，机械密封主要用在一些密封要求较高的场合，如输送酸、碱、易燃、易爆、有毒、有害等液体。

③ 离心泵的类型　离心泵的分类方法很多，常见的有以下几种。

a. 按叶轮吸入方式分：单吸式离心泵、双吸式离心泵；

b. 按叶轮数目分：单级离心泵、多级离心泵；

c. 按叶轮结构分：敞开式叶轮离心泵、半开式叶轮离心泵、封闭式叶轮离心泵；

d. 按工作压力分：低压离心泵、中压离心泵、高压离心泵；

e. 按泵轴位置分：卧式离心泵、立式离心泵。

用户可查阅泵产品目录。表 4-1 为离心泵的基本形式及其代号。

表 4-1　离心泵的基本形式及其代号

泵 的 形 式	形式代号	泵 的 形 式	形式代号
单级单吸离心泵	IS，IB	卧式凝结水泵	NB
单级双吸离心泵	S，Sh	立式凝结水泵	NL
分段式多级离心泵	D	立式筒袋形离心凝结水泵	LDTN
分段式多级离心泵(首级为双吸)	DS	卧式疏水泵	NW
分段式多级锅炉给水泵	DG	单级离心油泵	Y
卧式圆筒形双壳体多级离心泵	YG	筒式离心油泵	YT
中开式多级离心泵	DK	单级单吸卧式离心灰渣泵	PH
多级前置泵(离心泵)	DQ	长轴离心深井泵	JC
热水循环泵	R	单级单吸耐腐蚀离心泵	IH

清水泵是化工生产中普遍使用的一种离心泵，适用于输送水及性质与水相似的液体。包括 IS 型、IH 型、D 型和 S 型。

IS 型离心泵和 IH 型离心泵代表单级单吸离心泵，是应用最广的离心泵，用于输送温度不高于80℃的清水及与水相似的液体，其结构图如图4-10所示。

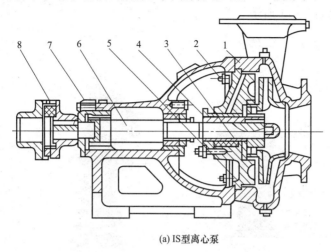

(a) IS型离心泵

1—泵壳；2—叶轮；3—密封圈；4—护轴套；5—后盖；6—轴；7—托架；8—联轴器部件

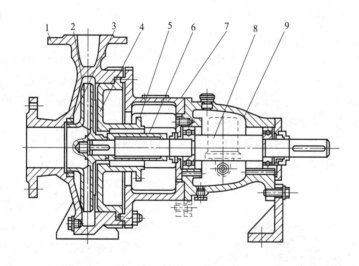

(b) IH型离心泵

1—泵壳；2—叶轮；3—密封环；4—叶轮螺母5—泵盖；
6—密封部件；7—中间支承；8—轴；9—悬架部件

图 4-10 典型离心泵的结构图

（2）轴流泵

轴流泵是利用叶轮在水中旋转时产生的推力将水提升的，这种泵由于水流进入叶轮和流出导叶都是沿轴向的，故称轴流泵。

① 轴流泵的工作原理 轴流泵的工作原理与离心泵有很大差别。轴流泵的叶轮剖面为机翼形状，工作时叶轮高速旋转，带动流体对其产生推力，使流体产生升力，从而将流体沿着管道方向推送。

轴流泵的工作原理决定了其在实际使用中需要注意不能任意减小泵内的流体流量，因为在流量较小的情况下，泵体内会产生旋涡而大幅影响泵的工作效率，出现性能不稳定的工作状态，产生噪声和振动，不利于生产的进行。

② 轴流泵的主要零部件 轴流泵的主要零部件包括喇叭管、叶轮、导叶体、出水弯管、轴和轴承、填料函等，如图 4-11 所示。

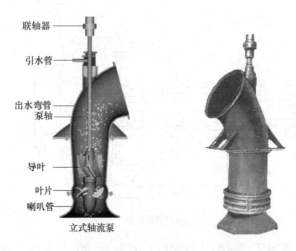

图 4-11 立式轴流泵

轴流泵与离心泵的构造相似，都拥有叶轮结构，属于叶片式泵的一种，轴流泵中流体的流动方向是沿轴向流出叶轮，轴流泵也是因此而得名。轴流泵的叶片一般是被放置在吸水源内，也就是被浸放在水下，这样在叶轮所施加的两个分力作用下，流体会源源不断地由轴流泵的吸入口进入，通过叶轮后由扩压管流出，最终导入管路形成连续的流体输送过程。

③ 轴流泵的类型 轴流泵按泵轴的安装方式分为立式、卧式和斜式三种，它们的结构基本相同，目前使用较多的是立式轴流泵。

轴流泵的扬程较低，一般仅在 1～13m 之间，同时轴流泵的流量较大，一般适用于农业生产领域，较适合在平原、湖区或河网等地点工作，多用来排水和灌溉。

(3) 旋涡泵

旋涡泵又叫涡流泵、再生泵，是一种小流量、高扬程叶片式泵，如图 4-12 所示。其比转速比较低（一般在 5～50 之间），其流量在 0.05～12.5L/s 的范围内。单级涡流泵扬程可达 250m（液柱），旋涡泵的效率比较低，一般为 20%～50%，因此限制了它的使用范围。旋涡泵的进口和出口都在泵体上部，和离心泵不一样。

图 4-12 旋涡泵

① 旋涡泵的工作原理 旋涡泵是通过动量交换进行能量传递的，在其工作过程中存在着两个环流。其一是纵向旋涡，由于在叶轮叶片间的液体以与叶轮近乎相等的圆周速度运动，此速度大大高于泵体流道中的液体圆周速度，因此作用在叶轮叶片间液体的离心力大于作用在泵体流道中液体的离心力，于是形成了如图 4-13 所示的纵向旋涡。此外，在这一流动上还叠加着由叶片工作面和背面的压力差所引起的环流。在这两种环流作用下，液体从吸入至排出的整个过程中多次进入叶轮和从叶轮中流出，即多次从叶轮中获得能量。每次从叶轮中流出的液体都与流道中运动的液体相混合并进行动量交换，使其能量增加。

② 旋涡泵的主要零部件　旋涡泵的主要工作部件是叶轮、泵体、泵盖，这三部分组成了流道（图 4-14）。液体由吸入管进入流道，并经过旋转叶轮获得能量，被输送至排出管。

③ 旋涡泵的类型　与离心泵相似，旋涡泵可以分为单级式和多级式。单级悬臂式旋涡泵与一般单级悬臂式离心泵的结构基本相同，区别在于旋涡泵的吸入口位置不同。另外，旋涡泵叶轮在轴上不锁紧，

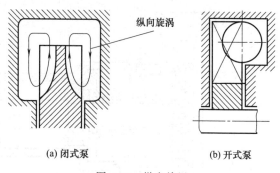

(a) 闭式泵　　(b) 开式泵

图 4-13　纵向旋涡

可以在体、盖端面的限位下在轴上浮动 [图 4-15（a）]。两级旋涡泵可制成悬臂式或两端支承式，前者宜将两级流道对称布置以减小径向力。多级旋涡泵为两端支承式，结构类似于多级离心泵，多为开式泵 [图 4-15（b）]。离心旋涡泵是在旋涡叶轮前串联离心叶轮，以改善闭式旋涡泵的汽蚀性能，一般为悬臂式 [图 4-15（c）]。

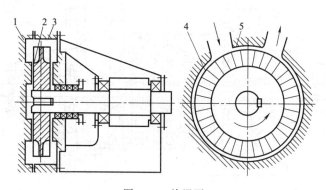

图 4-14　旋涡泵

1—泵盖；2—叶轮；3—泵体；4—流道；5—隔板

旋涡泵按叶轮的类型可分为开式泵和闭式泵两种，其特点见表 4-2。

表 4-2　旋涡泵特点

开　　式	闭　　式
①液体从吸入口进入叶轮，再进入流道	①液体从吸入口进入流道，再从叶轮外缘处进入叶轮
②汽蚀性能较闭式泵好，能自吸	②不能自吸，需加附加装置才能自吸
③可气液混输	③不能气液混输
④泵效率较低（20%～40%）	④泵效率较开式泵稍高（30%～50%）
	⑤相同的叶轮圆周速度下，扬程为开式泵的 1.5～3 倍

与离心泵相比，旋涡泵适用于流量小、扬程高的条件。在相同叶轮直径和转速下，旋涡泵的扬程比离心泵高 2～4 倍，比转速在 10～40 范围内时采用旋涡泵较为适宜，流量一般在 0.5～25m³/h 范围内。闭式泵单级扬程为 15～150m，当扬程超过 100m 时，为解决汽蚀问题，宜与离心轮串联使用，两级旋涡泵的扬程可达 180m。旋涡泵效率较低，只适用于容量小的使用条件，一般驱动功率在 20kW 以下。扬程-流量曲线陡降，系统中的压力波动对泵的流量影响小。

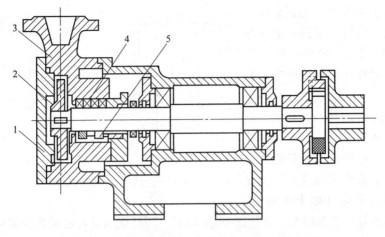

(a) 单级悬臂式旋涡泵

1—泵盖；2—旋涡叶轮；3—泵体；4—填料；5—机械密封

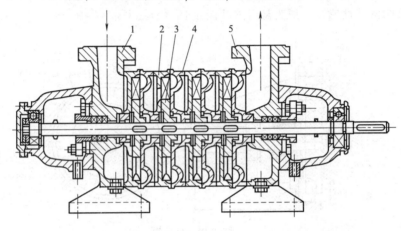

(b) 多级旋涡泵

1—吸入段；2—一级吸入室；3—旋涡叶轮；4——级压出室；5—压出段

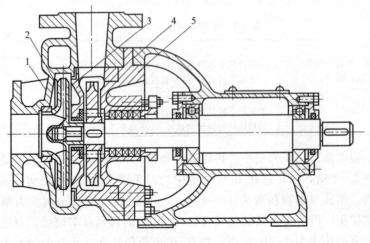

(c) 离心旋涡泵

1—泵体；2—离心叶轮；3—旋涡泵体；4—旋涡叶轮；5—泵盖

图 4-15　旋涡泵

开式旋涡泵有自吸能力，可以输送气液混合物和易挥发性液体。闭式旋涡泵本身无自吸能力，不能进行气液混输。若欲使闭式旋涡泵实现自吸，可采取适当增加结构的措施。自吸能力是指泵在从自由液面低于泵中心线的条件下吸液时，吸入管道不设底阀，仅在泵中灌满液体（泵的吸入、压出管的安装要保证灌入液体在泵中存留）即可启动泵，不断排除吸入管道和泵内的气体，达到正常工作。该泵结构较为简单，主要水力元件易于铸造和机械加工，利于采用塑料或不锈钢制造。

3. 容积式泵

（1）往复泵

往复泵是利用活塞的往复运动，将能量传递给液体，以完成液体输送任务。往复泵适用于高压头、小流量、高黏度液体的输送，但不宜于输送腐蚀性液体。有时由蒸汽机直接带动，输送易燃、易爆的液体。

① 往复泵的工作原理　活塞自左向右移动时，泵缸内形成负压，则储槽内液体经吸入阀进入泵缸内。当活塞自右向左移动时，缸内液体受挤压，压力增大，由排出阀排出。活塞往复一次，各吸入和排出一次液体，称为一个工作循环。这种泵称为单动泵。若活塞往返一次，各吸入和排出两次液体，称为双动泵。活塞由一端移至另一端，称为一个冲程。

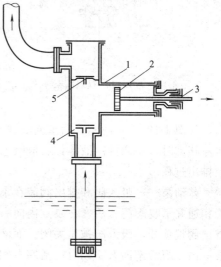

② 往复泵的主要零部件　往复泵的结构如图4-16所示，它由两部分组成：一端是泵体；另一端是带动泵运转的原动机。

如图 4-16 所示，往复泵由泵缸、活塞、活塞杆、吸入阀和排出阀组成。当活塞由活塞杆带动在缸内从左向右移动时，缸内的工作容积逐渐增大，

图 4-16　往复泵结构

1—泵缸；2—活塞；3—活塞杆；
4—吸入阀；5—排出阀

则压力降低至 P，排出阀因压差被关闭。而被吸入液体的液面压力为 P_a，泵缸和液面形成压差 P_a-P。液体则由吸入管道顶开吸入阀进入工作室。当活塞移至右死点时，工作室容积为最大值，泵缸内所吸入液体也达到了最大极限值。此时活塞在泵缸内开始从右向左移动，工作室容积变小，液体由于受到挤压骤然增压至排出压力 P_2，液体顶开排出阀进入排出管道，而吸入阀被压紧而关闭。整个排出过程压力基本不变，当活塞移至左死点时，将吸入的液体排尽，完成一个工作循环。此时活塞又向右移动进行下一个循环。如此周而复始地往复运动，不断地吸入和排出液体，使液体提高了压力而达到生产条件的要求。

活塞在泵缸内移动的左端顶点和右端顶点称为死点。两死点间的活塞行程称为冲程，一般以 S 表示。每一个工作循环有一个吸入

图 4-17　柱塞式往复泵

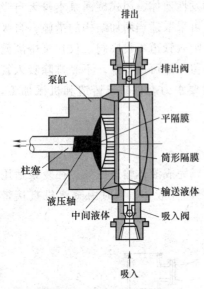

图 4-18 液压操作双隔膜泵

冲程和排出冲程。

③ 往复泵的类型

a. 按活塞的构造分类：

活塞式往复泵——活塞直径大、厚度较薄，呈圆盘形。这种活塞应用在泵液量大而压差小的条件下。

柱塞式往复泵——活塞直径小，呈圆柱形，如图 4-17 所示。这种活塞主要应用于流量不大而压差较大的条件下。

隔膜式往复泵——活塞用软隔膜与被输送液体隔开，如图 4-18 所示，主要用于输送腐蚀性液体，避免活塞和泵缸被液体腐蚀。

b. 按作用方式分类：

单作用往复泵——吸入阀门和排出阀门分别装在泵缸的一端，如图 4-16 所示，活塞往复运动一次只有一次吸入过程和排出过程。

双作用往复泵——泵缸两端均装有吸入阀和排出阀，如图 4-19 (a) 所示，活塞向右移动时，右侧泵缸排出液体，左侧泵缸吸入液体。活塞向左移动时，左侧排出液体，右侧吸入液体。因此，活塞往复运动一次有两个吸入过程和两个排出过程。

差动泵——吸入阀和排出阀装在泵缸的同一侧，如图 4-19 (b) 所示，泵缸右端与排出管相通并不装阀门。活塞在泵缸内向右移动时。吸入阀门打开吸入液体，活塞向左移动时，排出阀被顶开，吸入阀被压关闭。而液体排出时一部分进入管道，而另一部分进入活塞右侧泵缸内，当活塞向右移动时，活塞左侧吸入液体，右侧则排出液体。这种泵的活塞往复一次有一次吸入过程两次排出过程。通常差动泵活塞面积为活塞杆面积的 2 倍，这样可使两次排出液体量相等，使流量均衡。

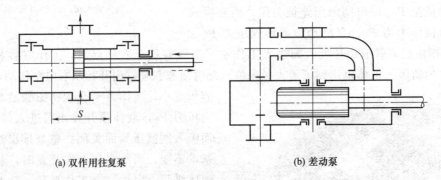

(a) 双作用往复泵   (b) 差动泵

图 4-19 双作用往复泵和差动泵

c. 按传动方式分类：

直接作用往复泵——用蒸汽或高压空气等为动力，直接带动泵往复作用。

动力往复泵——由电动机或内燃机等为原动机的往复泵，需要通过曲柄连杆机构将原动机的圆周运动改变为往复运动。

手动往复泵——这种泵是依靠人的臂力通过杠杆作用使活塞往复运动，如手摇式液压

泵，主要用于压力容器或设备的液压试验。手动往
复泵如图 4-20 所示。

（2）计量泵

随着化学工业的发展，输送定量液体的精确度
要求愈来愈高，有时还需要精确的配料比。为了完
成这类液体的输送任务，常采用计量泵。计量泵被
广泛应用于石化、化工、电力、水处理、制药等各
类工业过程中用于定量输送各类化学添加剂。

① 计量泵的工作原理　计量泵是通过偏心轮把
电动机的旋转运动变成活塞往复运动。调节偏心轮
的偏心距离，可改变活塞的冲程从而改变流量。

② 计量泵的主要零部件　计量泵除了装有一套

图 4-20　手动往复泵

可以准确地调节流量的机构外，其基本构造与往复泵相同。计量泵的结构如图 4-21 所示，
电动机带动蜗杆减速器，蜗轮使 N 形曲轴转动，N 形曲轴带动连杆往复运动，连杆则带动
柱塞往复运动。活塞的冲程可通过调节上端的调节螺杆来实现，从而改变计量泵的流量。

③ 计量泵的类型　计量泵是一种可以满足各种严格的工艺流程需要，流量可以在 0～
100％范围内无级调节，用来输送液体（特别是腐蚀性液体）的特殊容积泵。

根据过流部分不同分为：柱塞式，活塞式，机械隔膜式，液压隔膜式。

根据驱动方式不同分为：电动机驱动，电磁驱动，气动。

根据工作方式不同分为：往复式，回转式，齿轮式。

其他分类方式：电控型，气控型，保温型，加热型，高黏度型等。

（3）螺杆泵

螺杆泵是利用互相啮合的一根或数根螺杆来输送液体的容积泵。它依靠螺杆相互啮合空
间的容积变化来输送液体，具有结构简单、工作安全可靠、使用维修方便、出液连续均匀、
压力稳定等优点。

① 螺杆泵的工作原理　螺杆泵的工作原理如图 4-22 所示。壳体、齿条在螺杆上形成一
个一个的密封空间，这个密封的空间就是螺杆螺线之间的空隙，是螺杆泵的工作室。当螺杆
旋转时，靠吸入室一侧的啮合空间打开，使吸入室容积增大，压力降低，而将液体吸入。液
体进入泵后随螺杆旋转做轴向运动，最终从排出管排出。液体的运动相当于螺母在螺杆上的
轴向相对移动。齿条的作用是紧密地靠在螺纹内将液体挡住，防止充满螺杆齿槽的液体因旋
转而发生回流。

② 螺杆泵的主要零部件　图 4-23 所示为双螺杆泵，它是一种外啮合的螺杆泵，主要由
主动螺杆、从动螺杆、主动齿轮、从动齿轮、泵壳、填料函等组成。主动螺杆通过填料函伸
出泵壳，经联轴器由电动机驱动，并通过齿轮带动从动螺杆旋转。主动螺杆与从动螺杆具有
不同的螺纹，若主动螺杆为右旋螺纹，则从动螺杆为左旋螺纹。两个螺杆的齿形可以相同，
也可以不同。螺杆齿形相同的泵，其齿廓断面通常采用矩形或梯形，因此螺纹不完全是线接
触，不能保证吸入室和排出室完全分隔开，齿廓不符合啮合规律，所以从动螺杆要通过同步
齿轮与主动螺杆啮合，通过齿轮来输送动力。螺杆齿形不相同的泵，其齿形通常是渐开线、
摆线齿廓，吸入室与排出室可严密地隔开，螺杆本身既可保证密封，又可以传动，不需要再
设置传动齿轮。

(a) W-X柱塞式无线遥控计量泵外形

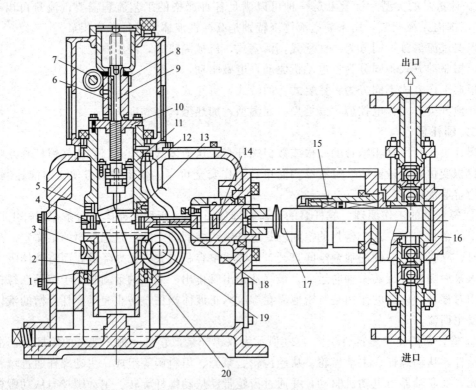

(b) N形曲轴调节机构计量泵主要零部件

图 4-21 计量泵

1—滑键 A；2—下套筒；3—蜗轮；4—滚针轴承；5—推力轴承；6—滑键 B；7—调节蜗杆；
8—调节蜗轮；9—调节螺杆；10—调节座；11—上套筒；12—N 形偏心滑块；13—偏心套；
14—十字头；15—填料箱；16—泵缸；17—柱塞；18—连杆；19—蜗杆；20—平键

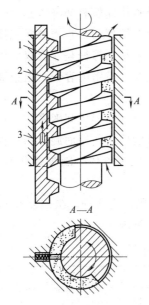

图 4-22　螺杆泵工作原理

1—螺杆；2—齿条；3—壳体

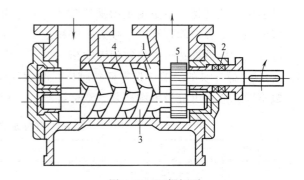

图 4-23　双螺杆泵

1—主动螺杆；2—填料函；3—从动螺杆；4—泵壳；5—齿轮

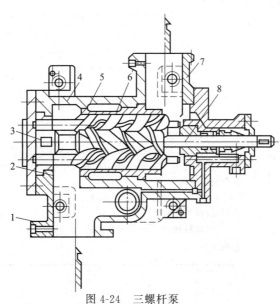

图 4-24　三螺杆泵

1—吸入管；2—吸入室；3—轴承座；4—泵壳；5—内衬套；

6—从动螺杆；7—排出管；8—主动螺杆

图 4-24 所示为三螺杆泵结构。主动螺杆与两个相同的从动螺杆置于泵壳内衬套之中，两端与吸入室和排出室衔接。主动螺杆是右旋双头等螺距的阳螺纹，它通过联轴器由电动机驱动，因为它在工作过程中承受主要负荷，所以较粗。两个从动螺杆是左旋双头等螺距的阴螺纹，与主动螺杆旋转方向相反。从动螺杆与主动螺杆啮合形成密闭容积，阻止液体从排液室漏回吸入室，将吸液室和排液室隔开。

工作时，三个螺杆在衬套内旋转，其螺杆外圆柱面与衬套间形成间隙密封。在正常工作过程中，从动螺杆不是由主动螺杆驱动，而是由输送液体的压力作用而旋转的。当靠近吸入室的螺杆啮合空间打开时，吸入室容积增大，压力降低，吸入液体。随着螺杆不断地旋转，液体沿轴向被推送至排出空间而输出。

③ 螺杆泵的类型　按螺杆的轴向位置又可分为卧式和立式两种。根据互相啮合的螺杆数不同，通常可分为单螺杆泵、双螺杆泵、三螺杆泵等，见表 4-3。

表 4-3　螺杆泵的类型及比较

类型	结　构	特　点	性能参数	应用场合
单螺杆泵	单头阳螺旋转子在特殊的双头阴螺旋定子内偏心地转动(定子是柔软的)，能沿泵中心线来回摆动，与定子始终保持啮合	(1)可输送含固体颗粒的液体 (2)几乎可用于任何黏度的流体，尤其适用于高黏性和非牛顿流体 (3)工作温度受定子材料限制	流量可达 150m3/h，压力可达 20MPa	用于糖蜜、果肉、淀粉糊、巧克力浆、油漆、柏油、石蜡、润滑脂、泥浆、黏土、陶土等
双螺杆泵	有两根同样大小的螺杆轴，一根为主动轴，一根为从动轴，通过齿轮传动达到同步旋转	(1)螺杆与泵体，以及螺杆之间保持 0.05～0.15mm 间隙，磨损小，寿命长 (2)填料箱只受吸入压力作用，泄漏量少 (3)与三螺杆泵相比，对杂质不敏感	压力一般约为 1.4MPa，对于黏性液最大为 7MPa，黏度不高的液体可达 3MPa，流量一般为 6～600m³/h，最大 1600m³/h，液体黏度不得大于 1500mm²/s	用于润滑油、润滑脂、原油、柏油、燃料油及其他高黏性油
三螺杆泵	由一根主动螺杆和两根与之相啮合的从动螺杆所构成	(1)主动螺杆直接驱动从动螺杆，不需齿轮传动，结构简单 (2)泵体本身即作为螺杆的轴承，不需再安装径向轴承 (3)螺杆不承受弯曲载荷，可以制得很长，因此可获得高压力 (4)不宜输送含 600μm 以上固体杂质的液体 (5)可高速运转，是一种小的大流量泵，容积效率高 (6)填料箱仅与吸入压力相通，泄漏量少	压力可达 70MPa，流量可达 2000m3/h。适用于黏度为 5～250mm²/s 的介质	适宜于输送润滑油、重油、轻油及原油等。也可用于甘油及黏胶等高黏性药液的输送和加压

4. 其他类型泵

(1) 磁力泵

① 磁力泵的工作原理　磁力泵是利用磁性联轴器的工作原理无接触地传递转矩的一种

新泵型，当电动机带动外磁转子旋转时，通过磁场的作用带动内磁转子与叶轮同步旋转，从而达到抽送液体之目的，由于液体被封闭在静止的隔离套内，所以它是一种全密封、无泄漏的泵型。

② 磁力泵的特点

a. 取消了泵的机械密封，完全消除了机械密封离心泵不可避免的跑、冒、滴、漏之弊病，是无泄漏工厂的最佳选择。

b. 由于泵的过流部件选用了不锈钢、工程塑料来制造，从而达到耐蚀之目的。

c. 泵的磁性联轴器和泵体结合为一体，所以结构紧凑，维修方便、安全节能。

d. 泵的磁性联轴器可以对传动电动机起到超载保护的作用。

③ 磁力泵（图 4-25）的用途　磁力泵以它全密封、无泄漏、耐蚀的优点，广泛用于石油、化工、制药、电镀、环保、水处理、影视洗印、国防等部门，用来抽送易燃、易爆、有毒和贵重液体，是创建无泄漏、无污染文明车间、文明工厂的理想用泵。

图 4-25　磁力泵

④ 磁力泵（图 4-25）的主要零部件　磁力泵由泵、磁力传动器、电动机三部分组成。关键部件磁力传动器由外磁转子、内磁转子及不导磁的隔离套组成。当电动机带动外磁转子旋转时，磁场能穿透空气隙和非磁性物质，带动与叶轮相连的内磁转子做同步旋转，实现动力的无接触传递，将动密封转化为静密封。由于泵轴、内磁转子被泵体、隔离套完全封闭，从而彻底解决了跑、冒、滴、漏等问题，消除了炼油化工行业易燃、易爆、有毒、有害介质通过泵密封泄漏的安全隐患，有力地保证了职工的身心健康和安全生产。

（2）喷射泵

喷射泵是利用流体流动产生能量的转变来达到输送的目的。利用它可输送液体，也可输送气体。在化工生产中，常将蒸汽作为喷射泵的工作流体，利用它来抽真空，使设备中产生负压。因此常将它称为蒸汽喷射泵。

① 喷射泵的工作原理　工作时水蒸气在高压下以很高的流速从喷嘴中喷出，使周围的空间形成一定的负压，将低压气体或蒸汽带入高速的流体中，吸入的气体与水蒸气混合后进入扩大管，速率逐渐降低，静压力因而升高，最后经排出口排出。

② 喷射泵的主要零部件　喷射泵主要由喷嘴、混合室和扩大管等构成。工作流体在高压下经过喷嘴以高速度射出时，混合室内产生低压，被输送的流体被吸入混合室，与工作流体相混，一同进入扩大管。在经过扩大管时，流体的压力又逐渐上升，然后排出管外。喷射泵结构如图 4-26 所示。

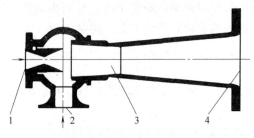

图 4-26 喷射泵结构

1—射流入口；2—被输送流体入口；
3—混合室（喉管）；4—出口

③ 喷射泵的类型　根据所用的工作流体，一般分为蒸汽喷射泵和水喷射泵两类。其构造简单、使用方便，但产生压头小，效率低，且被输送的流体因与工作流体相混而被稀释，使其应用范围受到限制。

喷射泵常用于井中提水，船舶舱底排水，河道及港口等疏浚、清淤，泵站泵房排水，矿井泵水，油田采油，以及飞机上的燃油输送等。喷射泵利用流体抽送流体，可兼作混合器、反应器，混合性能很好。

（3）真空泵

真空泵是利用机械、物理、化学、物理化学等方法对容器进行抽气，从而使设备内的压力低于 1atm❶ 的机器。实际上，真空泵是一种气体输送机械，它把气体从低于 1atm 的环境中输送到大气中或与大气压力相同的环境中。

化工生产中，常常使用真空泵来造成某种程度的真空，来实现工艺操作过程。例如，在真空泵的抽吸作用下，溶液的过滤速度加快；分离液体混合物时，可使蒸馏温度下降，避免高温蒸馏中可能出现的焦化及分解现象；干燥固体物料的温度降低，速度加快；热管式换热器的热管抽成真空后注入蒸馏水，使传热速率大大加快。真空泵和其他设备（如真空容器、真空阀、真空测量仪表、连接管路等）组成真空系统，广泛应用于电子、冶金、化工、食品、机械、医药、航天等部门。

① 真空泵的工作原理　真空泵的工作原理是叶轮与泵体呈偏心配置，两端由侧盖封住，在泵内注入适量的液体。当叶轮旋转时，沿泵体内壁形成旋转的液环，液环内表面与叶轮轮毂表面及侧盖端面构成月牙形的工作腔，并被叶轮叶片分割成大小不等的空腔。前半转空腔容积逐渐扩大，此时从吸入口吸气；后半转空腔容积逐渐缩小，气体被压缩，通过排出口排出，从而完成吸气、压缩、排气三个工作阶段。

② 真空泵的主要零部件　真空泵是一种输送气体的流体机械。它通过叶轮把机械能传给工作液体（旋转水环），又通过旋转水环把能量传给气体，从而达到抽吸真空或压缩空气的目的。

③ 真空泵的类型　按其工作原理不同，分为气体输送泵和气体捕集泵。气体输送泵包括

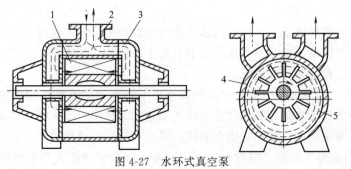

图 4-27 水环式真空泵

1—叶轮；2—泵体；3—侧盖；4—排出口；5—吸入口

---

❶ 1atm＝101325Pa。

水环式真空泵（图 4-27）、往复式真空泵、旋片式真空泵等。气体捕集泵包括吸附泵和低温泵等。目前工业中应用最多的是水环式真空泵和旋片式真空泵。水环式真空泵的特点如下。

a. 泵内没有互相摩擦的金属表面，因此适合输送易燃、易爆或遇温升易分解的气体。

b. 可以采用不同的工作液体，使输送的气体不受污染。

c. 可以输送含有蒸汽、水分或固体微粒的气体。

d. 结构简单，不需吸、排气阀，工作平稳可靠，气量均匀。

第二节 风 机

1. 风机工作原理及分类

风机是压缩和输送气体的机器。风机的排气压力 p_2（绝对）与吸气压力 p_1（绝对）的比值 ε（即 $\varepsilon = p_2/p_1$），通常称为压力比。ε 值的大小反映了压气机器所产生的压力大小，根据 ε 值的大小，通常将风机分为通风机和鼓风机两类。

在设计条件下，一般将全压 $p < 15\text{kPa}$ 或 $\varepsilon < 1.15$ 的风机称为通风机（若没有特殊规定，设计条件就是标准空气）。因通风机的风压较低，通常可近似地认为气体通过它时所输送的是不可压缩的流体，即气体的密度可视为常数。

按产生的风压大小，可将通风机分为低压通风机（$p < 1\text{kPa}$）、中压通风机（$1\text{kPa} \leqslant p \leqslant 3\text{kPa}$）、高压通风机（$3\text{kPa} < p < 15\text{kPa}$）。若按结构形式的不同，可将其分为离心式、混流式、轴流式通风机。若按用途的不同，又可将其分为压气式和排气式。压气式通风机，是从大气中吸气，提高气体压力后送到需要的地方，即通常所说的通风机（或送风机）；排气式通风机，是从稍低于大气的空间吸气，提高气体风力后，排入大气中去，即通常所说的排风机（或引风机）。

当排气压力 p_d 大于 14710Pa 而又小于或等于 $19.9 \times 10^4\text{Pa}$（或 $1.15 < \varepsilon \leqslant 3$）时，称为鼓风机。鼓风机按其工作原理和结构可分成回转式和透平式两大类，回转式有滑片式、转子式（罗茨式）等，透平式有离心式、轴流式和混流式几种。

在石油化工生产中，风机常常根据它在生产工艺中的位置和作用或输送不同的介质而加以命名，如锅炉用的送风机、引风机；在循环冷却水系统中，用于排出凉水塔空气的风机称凉水塔轴流风机。

2. 离心式风机

(1) 工作原理

离心式风机的工作原理与单级离心泵相似，是依靠高速旋转的叶轮，使机壳内的气体受到叶片的作用而产生离心力，从而增加气体的动能（速度）和压力。

(2) 主要参数

① 风量 风量 Q 是指单位时间的出气量（标准条件下的体积，即压力为 101.3kPa、温度为 20℃、相对湿度为 50% 时的空气体积），通常用 m^3/s（或 m^3/h）来表示。

② 风压 风压 p 是指单位体积的气体通过风机后所获得的能量，通常用 p_a 来表示。它分为全风压和静风压，若不特别说明时，风压通常指的是全风压。

③ 转速 转速 n 是指叶轮每分钟的转数，通常用 r/min 来表示。

④ 功率与效率 风机的功率分为有效功率（指单位时间内通过风机的气体所获得的有效能量，用符号 N_e 表示，单位为 kW）、轴功率（原动机传到风机轴上的功率，也叫风机的

输入功率，用符号 N 表示）。

效率为有效功率与轴功率之比，其表达式为

$$\eta(\%) = \frac{N_e}{N} = \frac{pQ}{1000N}$$

（3）结构形式

如图 4-28 所示，离心式风机主要由叶轮、机壳、导流器、集流器、进气箱和扩散器等组成。叶轮是风机的最主要工作部件，其前后盘之间有许多较短的叶片，叶片的形式一般有前弯式、径向式和后弯式三种。叶轮的前盘有锥形和平面两种，叶片由冲压制成后铆接或焊接在后盘上。机壳的断面有方形和圆形两种，低压和中压离心式风机多为方形（钢板焊成）、高压多为圆形（铸造而成）。

① 不同旋转方向的结构形式　离心式风机，有右旋和左旋两种旋转方式。由驱动机一端看，叶轮为顺时针方向旋转的称为右旋转，用"右"表示；叶轮为逆时针方向旋转的称为左旋转，用"左"表示。旋向是指叶轮顺着蜗壳螺旋线的展开方向旋转。

② 不同进气方式的结构形式　离心式风机的进气方式，有单侧进气（单吸）和双侧进气（双吸）两种。单吸风机，还有单侧单级叶轮和单侧双级叶轮两种，在同样条件下，双级叶轮产生的风压为单级叶轮的 2 倍。双吸单级风机，是双侧进气、单级叶轮的结构，相当于两个同样的叶轮背对背，在同样条件下，这种风机产生的流量是单吸的 2 倍。

如图 4-29 所示，为满足使用需要，离心式通风机的进气口设有进气室，并按叶轮"左"或"右"的回转方向，各有 5 种不同角度的进口位置。

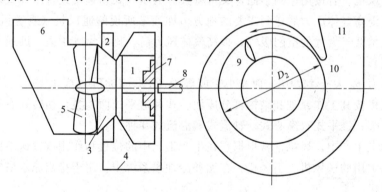

图 4-28　离心式风机结构

1—叶轮；2—稳压器；3—集流器；4—机壳；5—导流器；6—进气箱；

7—轮毂；8—主轴；9—叶片；10—蜗舌；11—扩散器

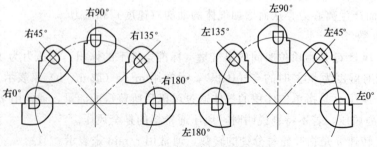

图 4-29　进气室角度位置示意

③ 不同出风口角度位置的结构形式　如图 4-30 所示，为满足各种不同场合的使用要

求，离心式风机的蜗壳还规定了 8 个基本出风口角度位置；当基本角度还不能满足要求时，可采用下列补充角度：15°、30°、60°、75°、105°、120°、150°、165°、195°、210°等。

④ 不同传动方式的结构形式　如图 4-31 所示，国产离心式风机的支承及传动方式共分为 A、B、C、D、E、F 六种。各种代号的含义见表 4-4，其中，A 型风机的叶轮直接安装在风机轴上，B、C、E 型均为带传动，D、F 型为联轴器传动，E 和 F 型的轴承分布在叶轮两侧。

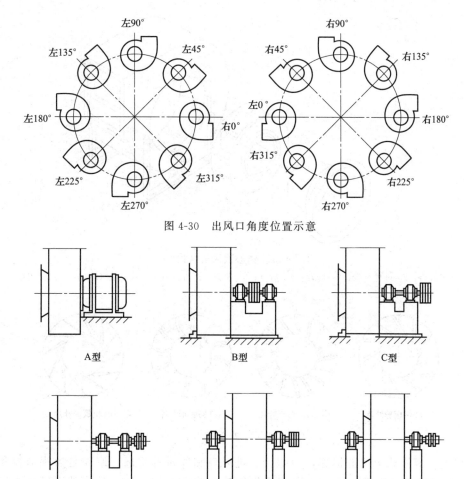

图 4-30　出风口角度位置示意

图 4-31　离心式风机传动方式

一般情况下，若离心式风机的转速与电动机相同时，则较大型风机可采用联轴器与电动机直联，这样可减小机体，使结构得以简化和紧凑；较小型风机可将叶轮直接装在电动机轴上，使结构更紧凑。若离心式风机的转速与电动机不相同时，则可采用带轮变速的传动方式，这样有利于调节和改变风机的转速。

表 4-4　离心式风机传动方式及字母代号

项　目	A 型	B 型	C 型	D 型	E 型	F 型
传　动方式	无轴承，电动机直接传动	悬臂支承，带轮在轴承中间	悬臂支承，带轮在轴承外侧	悬臂支承，联轴器传动	双支承，带轮在外侧	双支承，联轴器传动

悬臂式离心风机，通常将叶轮装在主轴的一端，其优点是拆装方便。双吸或较大型的单吸离心风机，通常将叶轮置于两个轴承中间，此种结构叫做双支承式，其优点是转动较平稳，适用于较大型风机。

(4) 主要零部件（图 4-32）

① 叶轮　它由前盘、后盘和叶片等组成，是用钢板焊接或铆接而成的。叶片的形状有平板形、圆弧形和机翼形等，如图 4-33 所示。

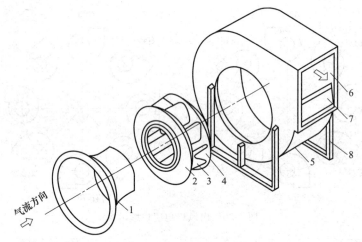

图 4-32　离心式风机结构

1—吸入口；2—叶轮前盘；3—叶片；4—后盘；5—机壳；6—出口；7—截流板（即风舌）；8—支架

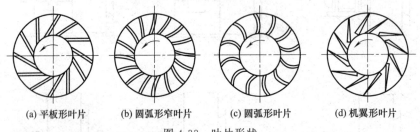

(a) 平板形叶片　　(b) 圆弧形窄叶片　　(c) 圆弧形叶片　　(d) 机翼形叶片

图 4-33　叶片形状

② 机壳　离心式风机的机壳，由蜗壳、进风口和风舌等组成。蜗壳是由蜗形板和左右两块侧板焊接或咬口而成；蜗壳的作用是收集从叶轮甩出的气体，并将其引导到蜗壳的出口。进风口又称集流器，它将气体均匀地充满叶轮进口，使气流的阻力损失减小；离心式风机的进风口，有筒形、锥形、弧形、筒锥形、筒弧形和弧锥形等。

大型风机还装有进风箱、前导器、扩压器等，它们的作用都是减小气流阻力损失或增大静压能。

③ 风机轴　离心式风机的主轴在运转中，承受着弯矩和转矩的作用，因其支承方式各有不同，故其受力也不尽相同。

3. 轴流式风机

如图 4-34 所示，较小型轴流式风机主要由外壳、叶轮（焊在轴壳上的叶片）及支架等组成。其外壳的进风口侧为喇叭形，而出口侧为渐扩圆锥形。叶轮由叶片和轴壳组成，叶片则焊在轴壳上。一组叶片通常有 2～4 片等多种，在同样转速下，叶片越多，所产生的风量和风压就越大。通常叶轮直接装在电动机轴上，而电动机则由支架固定在外壳上。与离心式

风机相比，轴流式风机的主要特点是风量大、风压小、结构紧凑、占地少、与风管的连接简单，但其效率较低、噪声较大。

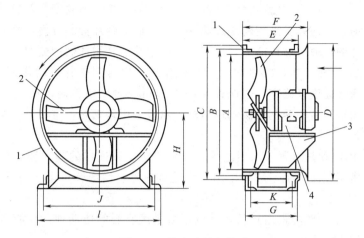

图 4-34　轴流式风机构造
1—机壳；2—叶轮；3—支架；4—电动机

凉水塔用轴流风机，属于较大型专用风机类，主要用于凉水塔循环冷却水系统中用以排送湿热空气。它的特点是风量大、风压低（通常均低于 200Pa），能适应潮湿环境下的连续运行，且通过叶片角度的调整可在一定范围内改变风量和风压，以满足不同需要。

如图 4-35 所示，大型凉水塔用轴流风机主要由风筒、叶片、轮毂、减速器、传动轴、联轴器部件、电动机和其他附件等组成。

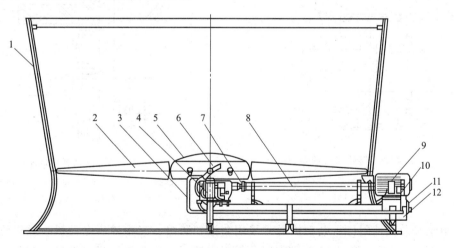

图 4-35　大型凉水塔用轴流风机结构
1—风筒；2—叶片；3—加油管；4—减速器；5—风罩；6—轮毂；7—联轴器；
8—传动轴；9—电动机；10—油位计；11—排油管；12—支架

① 风筒　它的作用是创造良好的空气动力条件，减少通风阻力，将凉水塔的湿热空气排出，减少湿空气的回流。风筒的形状多为圆锥形、抛物线形或双曲线形，有时为了使凉水塔上部的结构稍微简化，也采用近似直筒形结构（如抽风式轴流风机）。风筒的材料为钢筋混凝土、木材、工程塑料或钢板等，我国多采用钢筋混凝土或木材。

② 叶片　叶片的形状有扭曲形和非扭曲形两种，一般多为内设钢架结构，而外包铝合金皮。钢架结构的用材，多采用碳钢或不锈钢。当叶尖的圆周速度不超过 80m/s 时，可采用铸铝合金叶片。叶片可采用铆接结构，铆接叶片一般适于普通碳钢、普通低合金钢或硬铝合金等材质。目前，国内外常采用的是玻璃钢叶片，此类叶片拆装方便，既能保证叶片的刚度，又可提高叶片的抗疲劳破坏能力，还有较好的耐蚀性和耐冲刷的能力。

③ 轮毂　轮毂与轴相连，既可起支承叶片作用，也可起气封罩的作用。轮毂的用材，一般是根据其外缘线速度来确定，当线速度小于 30m/s 时采用普通铸铁，当大于 35m/s 时采用高级铸铁、铸钢、铸不锈钢或碳钢；当整个轮毂采用碳钢时，应将轮毂和附件做热浸镀锌等防腐蚀处理。

④ 减速器　因电动机多置于风筒之外，这就决定了减速器的输入轴与输出轴须相互垂直。因此，凉水塔用轴流风机一般采用圆锥齿轮减速器、两级圆锥-圆柱齿轮减速器或蜗杆减速器等。

⑤ 传动轴　由于传动的距离较长，所以通常采用空心的传动轴，一般多采用优质碳素钢制造，也有采用不锈钢的。

⑥ 联轴器　一般采用弹性联轴器，如链轮式联轴器（图 4-36）、调心滚珠弹性联轴器（图 4-37）、浮轴联轴器（图 4-38）、半浮轴联轴器或万向联轴器等，多用灰铸铁或碳素钢制作而成。

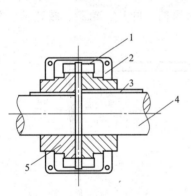

图 4-36　链轮式联轴器

1—链条；2—盖子；3—键；
4—轴；5—链齿盘

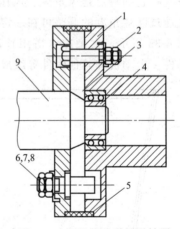

图 4-37　调心滚珠弹性联轴器

1—半联轴器；2,7—螺母；3—弹性体；4—滚珠轴承；
5—橡胶圈；6—螺柱；8—销钉；9—传动轴

⑦ 电动机及其他附件　电动机通常采用防潮、防爆、三相异步电动机。风机轮毂的上部装有气封罩（风帽、轮壳盖），其作用是限制空气回流以改善风机的性能；它的外形有平板形和圆弧形两种，圆弧形比较好，它可使气流流线趋于圆滑，阻力较小，但制造较复杂；气封罩一般采用经热浸镀锌处理的碳钢材料制成，也有采用不饱和聚酯玻璃钢制作。减速器需连接加油管和排油管，它们由减速器接至风筒之外，其材料为碳钢或不锈钢管。

4. 罗茨鼓风机

(1) 工作原理

罗茨鼓风机的工作原理与齿轮泵相似，依靠两个渐开线腰形转子的不断旋转，使机壳内形成两个空间，即低压区和高压区；气体由低压区进入，从高压区被排出。腰形转子的转动是依靠主动轴上的齿轮带动从动轴上的齿轮，使两转子做等速、同步、相对旋转，其中一个转子若做顺时针转动，另一个转子则做逆时针转动。若改变转子的旋转方向，则吸入口与压出口互换，因此正式开车前必须详细检查风机是否倒转。两转子不管处于何种位置，均始终啮合得很严密，当吸入端的气体被腰形凹面与机壳内表面形成的空间充满后，随着腰形转子的转动而被带入排出端。

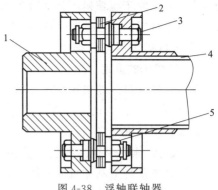

图 4-38 浮轴联轴器
1—半联轴器；2—叠片环；3—螺栓；
4—中间轴组件；5—厚斜垫图

罗茨鼓风机产生的风压约为 3.5～70kPa，但一般适用范围约在 15～40kPa 之间，其输送的风量为 2～800m³/min。由于风量与转速成正比，而且几乎不受出口压强变化的影响，即当转速一定时，其输出风量不变，因此罗茨鼓风机亦称为定容式鼓风机。它的缺点是，转子制造及装配质量的要求较高。

罗茨鼓风机的出口，应安装稳压气柜与安全阀；流量是用支路回流法进行调节；出口阀不能完全关闭。该种鼓风机操作时的温度，不能超过 85℃，否则，转子受热膨胀而造成相互碰撞，甚至咬死。

（2）结构

如图 4-39 所示，罗茨鼓风机有 A 型和 B 型两种。A 型为两转子上下排列，其进气口和出气口分别在机壳的两侧；B 型为两转子左右排列，其出气口和进气口分别布置在机壳的上下部。对于 B 型风机来说，为了充分利用下面压力较高的气体来抵消一部分转子的重力对轴承产生的压力影响，应用时最好使气体从上面进入而从下面排出，即让左边的转子做逆时针方向回转，而让右边的转子做顺时针方向回转。

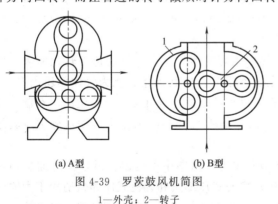

(a) A型　　　(b) B型
图 4-39 罗茨鼓风机简图
1—外壳；2—转子

罗茨鼓风机主要由机壳、轴、传动齿轮、同步齿轮及一对"8"字形转子等组成。

① 机壳　由铸铁或铸钢制成后，经压力试验合格后使用。

② 转子　大型鼓风机的转子是由铸铁或铸钢制成空心状，以适当减轻重力，便于加工和运转；小型鼓风机的转子，可铸成实心。

③ 传动齿轮和同步齿轮　两个齿轮的齿数和模数完全相同，主动轮由驱动机带动旋转，而从动轮则随主动轮同步转动。

④ 轴封装置　常采用的是填料密封、迷宫密封等。

第三节　压　缩　机

压缩机是通过压缩气体用以提高气体压力的机械。也有把压缩机称为"压气机"和"气泵"的。在整个生产装置中，压缩机是最为重要的生产设备之一。它把气体从低压状态压缩至高压状态，由于压缩机不断地吸入和排出气体，使整个生产工艺得以周而复始地进行，因此它有整个装置的"心脏"之称。

1. 压缩机应用与分类

（1）压缩机的应用

各种气体通过压缩机提高压力后，大致有如下的用途。

① 压缩气体作为动力　空气经过压缩后可以作为动力，以驱动各种风动机械与风动工具，以及控制仪表与自动化装置等。

② 压缩气体用于制冷和气体分离　气体经压缩、冷却、膨胀而液化，用于人工制冷，这类压缩机通常称为制冰机或冰机。若液化气体为混合气时，可在分离装置中将各组分分离出来，得到合格纯度的各种气体。如石油裂解气的分离，先是经压缩，然后在不同的温度下将各组分分离出来。

③ 压缩气体用于合成及聚合　在化学工业中，某些气体经压缩机提高压力后有利于合成及聚合，如氮与氢合成氨、氢与二氧化碳合成甲醇、二氧化碳与氨合成尿素及高压下生产聚乙烯。

④ 气体输送　压缩机还用于气体的管道输送和装瓶等。如远程煤气和天然气的输送、氯气和二氧化碳的装瓶等。

（2）压缩机的分类

压缩机的种类很多，如果按其工作原理，可分为容积型和速度型两大类。

① 容积型压缩机　在容积型压缩机中，一定容积的气体先被吸入汽缸里，继而在汽缸中其容积被强制缩小，气体分子彼此接近，单位体积内气体的密度增加，压力升高，当达到一定压力时气体便被强制地从汽缸排出。可见，容积型压缩机的吸排气过程是间歇进行，其流动并非连续稳定的。

容积型压缩机按其压缩部件的运动特点可分为两种形式：往复活塞式（简称往复式）和回转式。而后者又可根据其压缩机的结构特点分为滚动转子式（简称转子式）、滑片式、螺杆式（又称双螺杆式）、单螺杆式、涡旋式等。

② 速度型压缩机　在速度型压缩机中，气体压力的增长是由气体的速度转化而来，即先使吸入的气流获得一定的高速，然后再使之缓慢下来，让其动量转化为气体的压力升高，而后排出。可见，速度型压缩机中的压缩流程可以连续地进行，其流动是稳定的。在制冷和热泵系统中应用的速度型压缩机几乎都是离心式压缩机。图 4-40 所示为压缩机分类及其结构示意简图。

图 4-41 为压缩机的应用范围，供初步选型时参考。从图中可看出：活塞式压缩机适用于中小输气量，排气压力可以由低压至超高压；离心式压缩机和轴流式压缩机适用于大输气量中低压的情况；回转式压缩机适用于中小输气量中低压的情况，其中螺杆式压缩机输气量较大。

2. 离心式压缩机的结构及工作原理

离心式压缩机是依靠叶轮对气体做功使气体的压力和速度增加，而后又在扩压器中将速度能转变为压力能，气体沿径向流过叶轮的压缩机。与离心泵的不同之处主要是离心泵是对液体进行输送和加压的旋转机械，离心式压缩机是对气体进行输送和加压的旋转机械。它是一种叶片旋转式压缩机（即透平式压缩机）。在离心式压缩机中，高速旋转的叶轮给予气体离心力作用，又在扩压通道中给予气体扩压作用，使气体压力得到提高。20 世纪 60 年代出

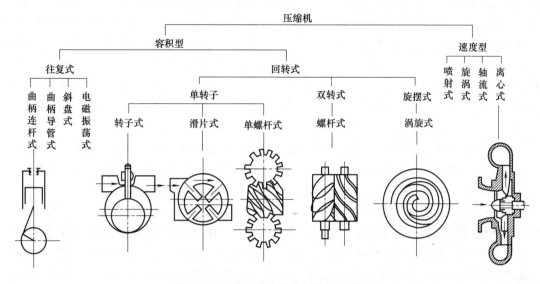

图 4-40　压缩机分类及其结构示意简图

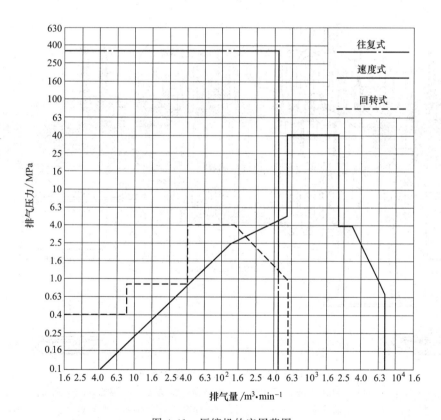

图 4-41　压缩机的应用范围

现离心式压缩机，当时这种压缩机只适于低中压力、大流量的场合，为提高合成氨、乙烯等基础化工产品的单体装置的生产能力起到了重要作用。后来，由于化学工业的发展，各种大型化工厂、炼油厂的建立，离心式压缩机就成为压缩和输送化工生产中各种气体的关键机器，而占有极其重要的地位。而随着气体动力学研究的成就使离心压缩机的效率不断提高，又由于高压密封、小流量窄叶轮的加工，多油楔轴承等技术关键的研制成功，解决了离心压缩机向高压力、宽流量范围发展的一系列问题，使离心式压缩机的应用范围大为扩展，以致在很多场合可取代往复式压缩机，而大大地扩大了其应用范围。离心式压缩机的转速一般在 10000r/min 以上，这样高转速重要设备的长周期正常运转课题又促进了在线监测与诊断技术的发展和应用。工业用高压离心压缩机的压力为 $(150\sim350)\times10^5 Pa$，海上油田注气用的离心压缩机压力高达 $700\times10^5 Pa$。作为高炉鼓风用的离心式鼓风机的流量可大至 $7000m^3/min$，功率大的有 $52900kW$。

化工基础原料，如丙烯、乙烯、丁二烯、苯等，可加工成塑料、纤维、橡胶等重要化工产品。在生产这种基础原料的石油化工厂中，离心式压缩机占有重要地位，是关键设备之一。其他如石油精炼、制冷等行业中，离心式压缩机也是极为关键的设备。

离心式压缩机典型结构如图 4-42 所示。由图可看出，该机由一个带有 6 个叶轮的转子及与其相配合的固定元件所组成。压缩机的主轴带动工作叶轮旋转时，气体自轴向进入，并以很高的速度被离心力甩出叶轮，进入具有扩压作用的固定导叶中，在这里其速度降低而压力提高。接着又被第二级吸入，通过第二级进一步提高压力，依此类推，一直达到额定压力。

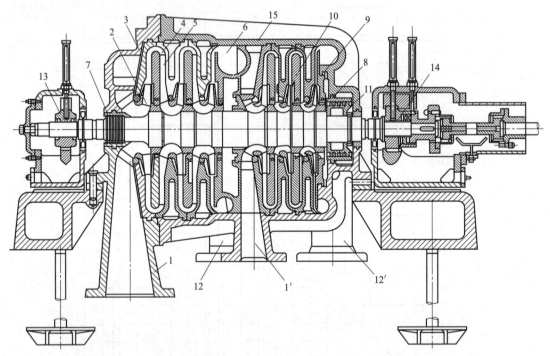

图 4-42　离心式压缩机典型结构

1,1'——一段、二段吸气室；2—叶轮；3—扩压器；4—弯道；5—回流器；6—蜗壳；
7,8—前后轴封；9—级间密封；10—叶轮进口密封；11—平衡盘；
12,12'——一段、二段排出管；13—径向轴承；14—径向推力轴承；15—机壳

在离心式压缩机中，习惯上将叶轮与轴的组件称为转子；将扩压器、弯道、回流器、吸气室和蜗壳等称为固定元件。每一级叶轮和与之相应配合的固定元件（如扩压器、弯道、回流器）构成一个基本单元，常称为一个级。

① 叶轮　离心式压缩机中唯一的做功部件。叶轮通常分为前弯叶片型叶轮、径向叶片

型叶轮和后弯叶片型叶轮，如图 4-43 所示。径向叶片型叶轮又分两种形式：一种是气体径向进入叶道，具有弯曲叶片的径向（出口）叶片型叶轮；另一种是径向直叶片型叶轮，在叶轮入口处设有一个导风轮，气体是轴向进入叶轮的。后弯叶片型叶轮中，通常将叶片出口角为 $30°\sim60°$ 的叶轮称为压缩机型叶轮，将叶片出口角为 $15°\sim30°$ 的叶轮称为水泵型叶轮。它们的叶片形状不同，因而就有不同的性能。由于叶轮对气体做功，增加了气体的能量，因此气体流出叶轮时的压力和速度都有明显增加。

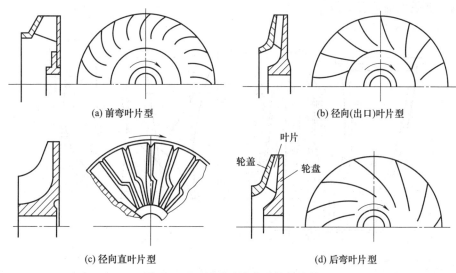

(a) 前弯叶片型   (b) 径向(出口)叶片型

(c) 径向直叶片型   (d) 后弯叶片型

图 4-43 不同叶片弯曲形式的叶轮

② 扩压器 是离心式压缩机中的转能装置。气体从叶轮流出时速度很大，为了将速度能有效地转变为压力能，在叶轮出口后设置了流通截面逐渐扩大的扩压器。

③ 弯道 设置于扩压器后的气流通道。它的作用是将扩压后的气体由离心方向改变为向心方向，以便引入下一级叶轮中继续进行压缩。

④ 回流器 它的作用是使气流以一定方向均匀地进入下一级叶轮入口，在回流器中一般都装有导向叶片。

⑤ 吸气室 它的作用是将进气管（或中间冷却器出口）中的气体均匀地导入叶轮。

⑥ 蜗壳 它的主要作用是将从扩压器（或直接从叶轮）出来的气体收集起来，并引出机器，在蜗壳收集气体的过程中，由于蜗壳外径及流通截面的逐渐扩大，它也起着降速扩压的作用。

除了上述组件外，为减少气体向外泄漏，在机壳两端还装有轴封；为减少内部泄漏，在隔板内孔和叶轮轮盖进口外圆面上还分别装有密封装置；为了平衡轴向力，在机器的一端装有平衡盘等。

离心式压缩机的基本工作原理与离心泵有许多相似之处。但与液体不同，气体是可压缩的。气体由吸气室吸入，通过叶轮对气体做功后，使气体的压力、速度、温度都得到提高，然后再进入扩压器，将气体的速度能转变为压力能。当通过一个叶轮对气体做功、扩压后不能满足输送要求时，就必须把气体引入下一级继续进行压缩。为此，在扩压器后设置了弯道和回流器，使气体由离心方向变为向心方向，均匀地进入下一级叶轮进口。至此，气体流过了一个"级"，再继续进入第二、第三级压缩后，经蜗壳及排出管引出至中间冷却器。冷却后的气体再经吸气室 $1'$ 进入第四级及以后各级继续压缩，最后由排出管 $12'$ 输出。气体在离心式压缩机中是沿着与压缩机轴线垂直的半径方向流动的。

由图 4-42 还可看出，该机的六个级都装在一个机壳中，这就构成一个"缸"。中间冷却器把"缸"中全部级分成两个"段"。故图 4-42 所示离心式压缩机是一台"一缸、两段、六级"的压缩机。一至三级为第一段，四至六级为第二段。当所要求的气体压力较高，需用叶轮数目较多时，往往制成多缸压缩机。各缸的转速可以相同，也可以不同。

一台离心式压缩机总是由一个或几个级组成的，所以"级"是离心式压缩机的基本单元。级的关键截面的位置如图 4-44 所示。

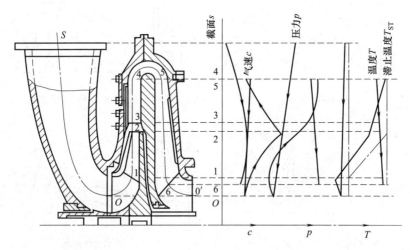

图 4-44　级的关键截面位置

S—吸气室进口法兰截面；O—叶轮进口截面；1—叶轮叶道进口截面；2—叶轮出口截面；
3—扩压器进口截面；4—扩压器出口截面；5—回流器进口截面；6—回流器出口截面（即级的出口截面）

离心式压缩机之所以能得到越来越广泛的应用，主要是由于它具有以下优点。

① 排量大　如某油田输气离心式压缩机的排气量为 510m³/min；年产 30 万吨合成氨厂中，合成气压缩机的排气量达 2000～3000m³/h。目前，在产量大于 600t/d 的合成氨厂中，主要的工艺用压缩机几乎都采用了离心式压缩机。

② 结构紧凑、尺寸小　机组占地面积及质量都比同一气量的活塞压缩机小得多。

③ 运转可靠　机组连续运转时间在 1 年以上，运转平稳，操作可靠，因此它的运转率高，而且易损件少，维修方便。目前长距离输气、大型石油化工厂用的离心压缩机多为单机运行。

④ 气体不与机器润滑系统的油接触　在压缩气体过程中，可以做到绝对不带油，有利于防止气体发生化学反应。

⑤ 转速较高　适宜用工业汽轮机或燃气轮机直接驱动，可以合理而又充分地利用石油化工的热能，节约能源。

当然，离心式压缩机还存在以下缺点。

① 不适用于气量太小及压力比过高的场合。

② 离心式压缩机的效率一般仍低于活塞式压缩机。

③ 离心式压缩机的稳定工况区较窄。

3. 活塞式压缩机的结构及工作原理

活塞式压缩机的种类繁多，结构复杂，外形、辅助设备、使用场合等不尽相同，但其基本结构和组成的主要零部件大体是相同的，即包括机体、曲轴、连杆组件、活塞组件、吸排汽组件、汽缸套组件等。对于有的活塞式压缩机，除具有上述零件外，还有十字头、十字滑道、活塞杆及填料函等。

图 4-45 所示为一台往复压缩机的结构示意图。机器结构为 L 型，两级压缩。图中垂直列为一级汽缸，水平列为二级汽缸。可以把图中零件分为四个部分。

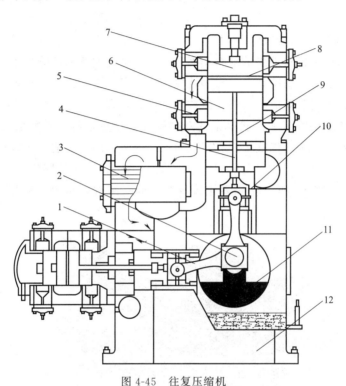

图 4-45　往复压缩机

1—连杆；2—曲轴；3—中间冷却器；4—活塞杆；5—气阀；6—汽缸；7—活塞；
8—活塞环；9—填料；10—十字头；11—平衡重；12—机身

工作腔容积部分是直接处理气体的部分，以一级缸为例，它包括：气阀 5、汽缸 6、活塞 7 等。气体从一级汽缸上方的进气管进入汽缸吸气腔，然后通过吸气阀进入汽缸工作腔容积，经压缩提高压力后再通过排气阀到排气腔中，最后通过排气管流出一级汽缸。活塞通过活塞杆 4 由传动部分驱动，活塞上设有活塞环 8 以密封活塞与汽缸的间隙，填料 9 用来密封活塞杆通过汽缸的部位。

传动部分是把电动机的旋转运动转化为活塞往复运动的一组驱动机构，包括连杆 1、曲轴 2 和十字头 10 等。曲柄销与连杆大头相连，连杆小头通过十字头销与十字头相连，最后由十字头与活塞杆相连接。

机身部分用来支承（或连接）汽缸部分与传动部分的零部件，此外还可能安装有其他辅助设备。

辅助设备系指除上述主要的零部件外，为使机器正常工作而设的相应设备。如向运动机构和汽缸的摩擦部位提供润滑油的油泵和注油器；中间冷却系统；当需求的气量小于压缩机正常供给的气量时，以使供给的气量降低的调节系统。此外，在气体管路系统中还有安全阀、滤清器、缓冲容器等。

（1）汽缸的基本结构形式

汽缸的结构主要取决于气体的工作压力、排气量、材料、冷却方式以及制造厂的技术条件等。汽缸形式很多，按冷却方式分，有风冷和水冷两种；按缸内压缩气体的作用方式分，有单作用、双作用和级差式汽缸；按汽缸所用材料分，有铸铁、稀土球墨铸铁、钢等。

① 铸铁汽缸　汽缸因工作压力不同而选用不同强度的材料。一般工作压力低于6.0MPa的汽缸用铸铁制造；工作压力低于20MPa的汽缸用铸钢或稀土球墨铸铁制造；工作压力更高的汽缸则用碳钢或合金钢制造。

铸铁是制造低压汽缸较理想的材料，因为它具有良好的铸造性能，不但易于制造出各种复杂的形状，而且还易于切削加工，耐磨性也较好，有一定的强度，特别是铸铁对应力集中敏感性很小，因此承受变载荷能力强。铸铁汽缸形式较多，小型压缩机多为风冷式单层壁汽缸，中型和大型压缩机则多为形状复杂的双层壁或三层壁汽缸。双层壁汽缸具有凸起的阀室，其余部分有水套包围着汽缸工作容积，而三层壁汽缸除了构成工作容积的一层壁外，还有形成水套和阀室的第二层壁以及形成连通阀室的气体通道的三层壁。

图4-46所示为4M12-45/210二氧化碳压缩机的一级缸，是水冷双作用组合铸铁汽缸。

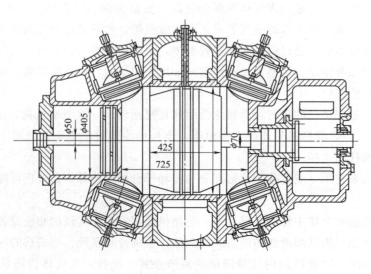

图4-46　水冷双作用组合铸铁汽缸

组合结构由环形缸体、锥形前缸盖、锥形后缸盖以及汽缸套四部分组成。因这种结构的缸体和缸盖是分段的，所以铸铁应力降低，铸造和机加工都比较方便，但密封比较难且汽缸的同轴度较差。汽缸盖与缸体是用长螺栓连接在一起的，结合处加有衬垫以防漏气。缸套可用质量高、耐磨性好的铸铁制造，延长寿命，并可通过更换不同内径的缸套，得到不同的吸入容积，因而更能满足汽缸系列化的要求。为了冷却汽缸壁，缸套与外面一层壁构成的空间通以冷却水，称为水套。进、排气阀配置在前、后缸盖上。在左侧前缸盖上设有调节排气量的辅助余隙容积即补助容积，在右侧的后缸盖上因有活塞杆通过，故设有密封用填料函。

图 4-47 所示为 L3.3-17/320 氮氢气压缩机的一级缸，它为水冷双作用组合式铸铁三层壁汽缸。三层壁汽缸是指除构成工作容积的内缸壁外，还设有一层为了将水道和气道隔开的中间壁。内层空腔为水冷夹套，水夹套包在整个缸体和气阀的周围，外层空腔即为气道，气道又分隔成吸入通道和排气通道，分别与吸气阀和排气阀相通。平缸盖上设有轴向布置的进、排气阀各 2 个，锥形缸座上设置有倾斜布置（气阀中心线与汽缸轴线成 60°）的进、排气阀各 2 个。

② 铸钢汽缸 铸钢的浇铸性较铸铁差，不允许做复杂形状的汽缸，还要求汽缸的各部位便于检查和焊补存在的缺陷，因此铸钢汽缸的形状只能设计得比铸铁汽缸简单。铸钢汽缸有时采用分段焊接的方法制成，这样容易保证形状较为复杂的双作用汽缸的铸造质量。图 4-48 所示为内径 185mm、工作压力 13MPa 的单作用铸钢汽缸。

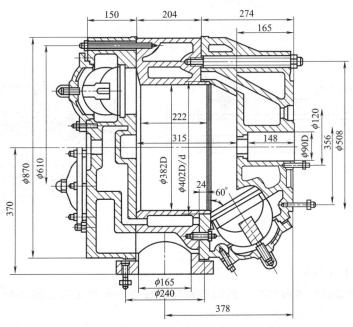

图 4-47 水冷双作用组合式铸铁三层壁汽缸

③ 锻制汽缸 锻制汽缸，缸体结构亦应简单。因不可能锻制出缸体所需的一切通道，有些通道只能依靠机械加工来获得。图 4-49 所示为内径 ϕ80mm、工作压力为 32MPa 整体锻制汽缸。

为保证工作的可靠，压缩机列中的所有汽缸以及汽缸与十字头的中心线都要有较高的同心性，为此，汽缸上一般设有定位凸肩。定位凸肩导向面应与汽缸工作表面同心，而其结合面要与中心线垂直。

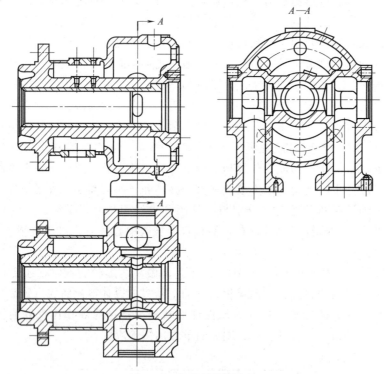

图 4-48　单作用铸钢汽缸

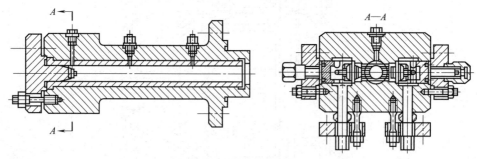

图 4-49　整体锻制汽缸

(2) 汽缸套

采用汽缸套的原因如下。

① 高压级的锻钢或铸钢汽缸，因钢的耐磨性较差，易产生将活塞环咬死的现象，为此应镶入摩擦性能好的铸铁缸套。

② 高速或高压汽缸以及压缩较脏气体的汽缸，其磨损相当强烈。工作一段时间以后汽缸便要修理，修理时，可重新镗缸壁，然后压入一个缸套。

③ 便于实现汽缸尺寸系列化。

汽缸套有干式和湿式两种。湿式汽缸套，就是汽缸套外表面直接与冷却水接触，一般用于低压级。采用湿式缸套，不仅有利于传热和便于汽缸铸造，而且有利于汽缸系列化。干式缸套，指汽缸套外表面不与冷却水接触，它只是汽缸内表面附加的一个衬套。采用干式汽缸套，既增加了汽缸加工工时，又恶化了工作表面的冷却条件。因干式汽缸套与缸体的配合要求较高,除压缩脏的气体或腐蚀性强的气体采用以外,一般低压级汽缸不采用,但高压级钢质汽缸中,均采用干式汽缸套。

缸套材料应具有较好的耐磨性,所以常采用高质量的珠光体铸铁,如压力在(30～40)×100kPa 以下时采用 HT20-40;压力较高时采用 HT30-54。为了改善传热条件,缸套的壁厚应尽量薄一些,一般中等直径的缸套,壁厚为 35～40mm。

干式汽缸套应与缸体贴合为一体,一般采用过盈配合。为了安装时压入方便,将汽缸套外侧及汽缸内表面做成对应的阶梯形式,可分为二段或三段(图 4-50)。高压、单作用汽缸,考虑到气体压力沿汽缸轴线方向是变化的,故建议只在接近气阀的 1/3 的缸套长度上采用过盈配合。因为注油点通常都在中间位置,为了防止漏气,所以靠定位凸肩一侧的两端都采用过盈配合,只有离定位凸肩最远的一段取间隙配合(图 4-50)。但是在单作用汽缸中,这种结构常常在气阀通道处断裂,以致掉入低压缸。为了避免造成这类情况,将汽缸套的定位面移至气阀通道的内侧(图 4-50)。

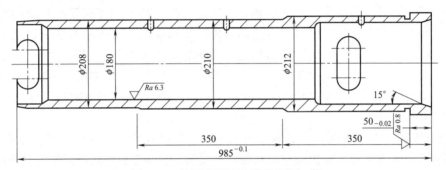

图 4-50 外圆表面呈阶梯形的汽缸套

为了简化汽缸和汽缸套的加工,除定位凸肩以外,其余部分圆表面不加工成阶梯形,只把靠近定位凸肩的一半汽缸按过盈配合加工,离定位凸肩较远的另一半汽缸按间隙配合加工,如图 4-51 所示。

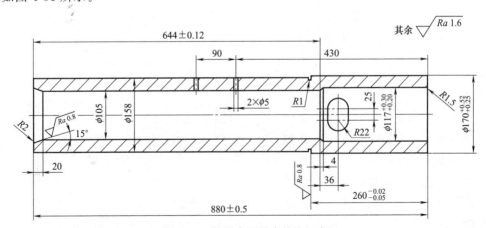

图 4-51 外圆表面平直的汽缸套

(3) 活塞组件

活塞组件是活塞、活塞销、活塞环等的总称。活塞组件在连杆的带动下,在汽缸内做往复运动,形成不断变化的汽缸容积,在气阀等部件的配合下,实现汽缸中工质的吸入、压缩、排出和膨胀过程。

往复式压缩机中，活塞的基本结构形式有筒形、盘形、级差式等。

① 活塞

a. 筒形活塞用于无十字头的单作用压缩机中，如图 4-52 所示。它通过活塞销与连杆小头连接，故压缩机工作时，筒形活塞除起压缩作用外，还起十字头的导向作用。筒形活塞分

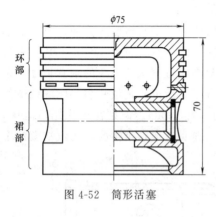

图 4-52　筒形活塞

为裙部和环部。压缩机工作时，侧向力将活塞压向汽缸表面，裙部承受侧向力。在侧向力的作用下，活塞销座附近的裙部壁面发生局部扩张，可能磨坏。为避免发生这一情况，在活塞销座上加筋，同时使销座附近的裙部略向内凹。装有活塞环和刮油环的部分称为环部，一般靠近压缩容积一侧装密封环，靠近曲轴箱一侧的一道或两道装的是刮油环。刮油环通常有两种布置方法，一种是将两道刮油环分别布置在活塞销孔两侧，一种是将两道刮油环都布置在活塞销孔与密封环之间。使用结果表明，后一种布置方法能使支承面得到更好的润滑，刮油效果也较好。

筒形活塞一般采用铸铁或铝制造，主要用于低压、中压汽缸，多用于小型空气压缩机或制冷机。在石油化工厂中，常采用中型、大型压缩机，因此经常遇到的是盘形活塞、级差式活塞、组合式活塞等。

b. 盘形活塞。图 4-53 所示为铸铁盘形活塞。为了减小质量，一般活塞都做成空心的。为增加其刚度和减小壁厚，其内部空间均带有加强筋。加强筋的数目由活塞的直径而定，一般为 3～8 条。为避免铸造应力和缩孔，以及防止工作中因受热而造成的不规则变形，铸铁活塞的筋不能与壳部和外壁相连。

为了支承型芯和清除活塞内部空间的型砂，在活塞端面每两筋之间开有清砂孔，清砂后用螺塞堵死。

直径较大的活塞常采用焊接结构，为了提高刚度和强度，除布置数目较多的加强筋以外，还需合理选择筋的形状与连接方式。筋不仅与端面焊接，也与毂部焊接。加强筋采用的形式应能保证负荷最大的端面与壳部过渡处具有足够强度；所有焊接处在焊接时都能方便焊接操作，以保证焊接质量。

在锥形汽缸中，活塞相应地也制成锥形。由于锥形壁的刚度较大，可以减薄端壁的厚度从而减小活塞质量。

除立式压缩机外，其余各种压缩机的盘形活塞大多支承在汽缸工作表面上，直径较大的活塞专门以耐磨材料制成承压面，一般都设在活塞中间，也有布置在活塞两端的。为了避免活塞因热

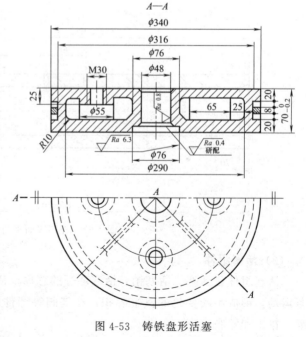

图 4-53　铸铁盘形活塞

膨胀而卡住，承压表面在圆周上只占 90°或 120°的范围，并将这部分按汽缸尺寸加工。活塞的其余部分与汽缸有 1～2mm 的半径间隙。承压面两边 10°～20°的部分略锉去一点，而前后两端做成 2°～3°的斜角，以形成楔形润滑油层。

c. 级差式活塞用于串联两个以上压缩机级的级差式汽缸中。图 4-54 所示为大型氮氢混合气压缩机的具有两个压缩级的级差活塞，低压级为铸铁活塞。

级差式活塞大多制成滑动式。为了易于磨合和减小汽缸镜面的磨损，一般都在活塞的支承面上铸有轴承合金。为使距曲轴较远的活塞能够沿汽缸表面自动定位，末级活塞与前一级活塞可以采取滑动连接。在串联三级以上的级差式活塞中，采用球形关节连接，末级活塞相对于前一级活塞既能做径向移动，又能转动。高压活塞有可能发生弯曲，为了避免活塞与汽缸摩擦，高压级活塞的直径应比汽缸直径小 0.8～1.2mm。

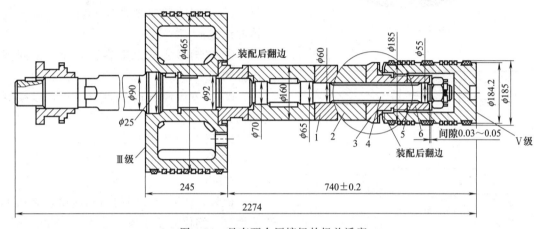

图 4-54　具有两个压缩级的级差活塞
1,6—球面座零件；2,5—球面零件；3,4—连接零件

② 活塞环　活塞环分气环和油环两种，如图 4-55 所示。气环的作用是保持活塞与汽缸壁的气密性；而油环的作用是刮去附着于汽缸内壁上的多余的润滑油，并使缸壁上油膜分布均匀。

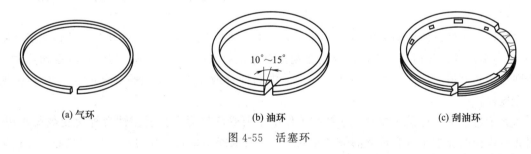

(a) 气环　　　　　　　　(b) 油环　　　　　　　　(c) 刮油环
图 4-55　活塞环

活塞环的材料要有足够的强度、耐磨性、耐热性和良好的初期磨合性等。目前最常用的材料是 Cr、Mo、Cu、Mn 等元素的合金铸铁。在小型活塞式压缩机中，近年来出现使用聚四氟乙烯加玻璃纤维或石墨等填充剂制成的活塞环。其特点是密封性好，寿命长，对汽缸镜面几乎无磨损，虽然线胀系数较大，易泡胀，但仍然是一种很有前途的材料。

③ 活塞销　活塞销的外形呈简单圆柱体，采用空心结构，用以连接活塞和连杆小头。活塞销可以周向固定在活塞销座上，也允许其在活塞销座上转动，使之磨损均匀，延长使用寿命。通常销与座之间是利用飞溅式或油环刮油式供油润滑的。

活塞销主要承受交变的弯、剪冲击载荷，而且润滑条件较差，因而须采用耐磨、抗疲劳和抗冲击的材料。一般常用 20 低碳钢或 20Cr、15CrMn 等低碳合金钢或进行表面渗碳淬火处理，使之表面硬度达 55~62HRC。

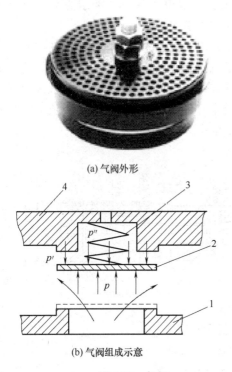

(a) 气阀外形

(b) 气阀组成示意

图 4-56　气阀

1—阀座；2—阀片；3—弹簧；4—升程限位器

(4) 气阀

气阀是活塞式压缩缩机中的重要部件之一，其外形如图 4-56 (a) 所示。它的作用是控制压缩机的吸气、压缩、排气和膨胀等过程。气阀性能的优劣直接影响到压缩机的排气量、功率消耗及其运转可靠性。为此，对气阀有以下基本要求。

① 气阀关闭时要严密不漏，以减少气体的泄漏；

② 气阀形成的余隙容积要小，以提高汽缸利用率；

③ 气体流经气阀的阻力要小，以减少功耗；

④ 气阀的使用寿命尽量要长，而气阀实际寿命在 4000h 左右（压缩机转速在 1500r/min）。

此外，还要求气阀的结构简单、制造工艺性好、维修方便，各零件的标准化、通用化程度高。现代活塞式压缩机所用的气阀均为自动式气阀，即气阀中的阀片是受阀片两侧气体压力差控制而自行启闭的。自动式气阀主要由阀座 1、阀片 2、弹簧 3 和升程限制器 4 四个主要零件组成，如图 4-56 (b) 所示。气阀的启闭是依靠阀叶的两侧压力差实现的。

现代活塞式压缩机使用的气阀结构很多，其中最常见的是刚性环片和簧片阀两种。

(5) 连杆

连杆是曲柄滑块机构中传递动力的重要组件，它的作用是将曲轴的旋转运动转变成活塞（或十字头）的往复运动。连杆本身的运动是复杂的，其大头与曲轴一起做旋转运动，而小头则与活塞（或十字头）相连做往复运动，中间杆身做往复与摆动的复合运动。图 4-57 所示为连杆。

无论是发动机还是压缩机，连杆在工作中主要受气体力、往复惯性力等交变载荷作用，因此对连杆的要求是具有足够的强度和刚度；连杆大小头轴瓦工作可靠，耐磨性好；连杆螺栓疲劳强度高，连接可靠；连杆易于制造，成本低等。

连杆分为开式和闭式两种。闭式连杆 [图 4-58 (a)] 的大头与曲柄轴相连，这种连杆无连杆螺栓，便于制造，工作可靠，容易保证其加工精度，由于整体式连杆大头用于偏心轮时其尺寸显得过大，因此，这类连杆只应用在缸径 70mm 以下的小型活塞

图 4-57　连杆

式压缩机中。这种连杆应用较少。

现在普遍应用的是开式连杆，如图 4-58（b）所示。开式连杆包括杆体、大头、小头三

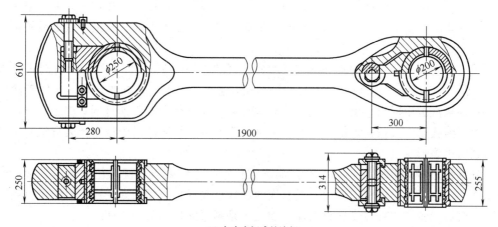

(a) 大头为闭式的连杆

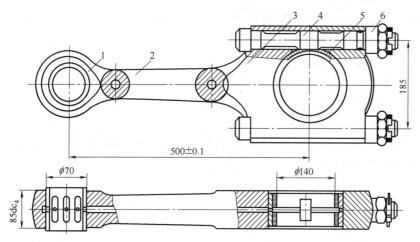

(b) 大头为开式的连杆

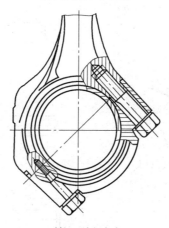

(c) 斜切口连杆大头

图 4-58　连杆结构

1—小头；2—杆体；3—大头座；4—连杆螺栓；5—大头盖；6—连杆螺母

部分。大头分为与杆体连在一起的大头座和大头盖两部分，大头盖与大头座用连杆螺栓连接，螺栓上加有防松装置，以防止螺母松动。在大头盖和大头座之间加有垫片，以便调整大头瓦与主轴的间隙。杆体截面有圆形、矩形、工字形等。圆形截面杆体加工方便，但在同样强度下，其运动质量最大。工字形的运动质量最小，但加工不方便，只适于模锻或铸造成形的大批生产中应用。

开式连杆大头又分为直剖式和斜剖式两种。直剖式如图 4-58（b）所示，斜剖式如图 4-58（c）所示。连杆大头斜剖的目的是使连杆的外缘尺寸减小，既方便装拆，又便于活塞连杆组件直接从汽缸中取出，由于斜剖式连杆大头加工较复杂，故不如直剖式应用广泛，剖分式连杆大头内孔与大头盖是单配加工的，不具备互换性，靠固定搭配由定位装置记号来确保大头内圆的正确形状。

连杆材料通常采用 35、40、45 优质碳素结构钢，近年来也广泛采用球墨铸铁和可锻铸铁制造连杆。为了减小连杆惯性力，低密度的铝合金连杆在小型活塞式压缩机中也得到广泛的应用。模锻和铸造连杆体既省材又简化加工，是制造连杆的常用方法。

（6）曲轴

曲轴是活塞式压缩机中重要的运动部件之一，它将原动机输入的圆周运动，通过连杆、活塞转变成往复运动，将原动机输入的功率通过往复作用力压缩气体而做功。由于曲轴承受很大且复杂的活塞力，因而产生交变的弯扭组合应力，同时轴颈还受到严重的摩擦和磨损。为此，要求曲轴有足够的疲劳强度和刚度、良好的耐磨性和制造工艺性。

图 4-59 是活塞式制冷压缩机剖切立体图。

活塞式压缩机曲轴的基本结构形式有以下三种。

① 曲柄轴　曲柄销一端与曲柄相连，单个主轴承呈悬壁支承，如图 4-60（a）所示。它主要用于滑管式全封闭压缩机中。

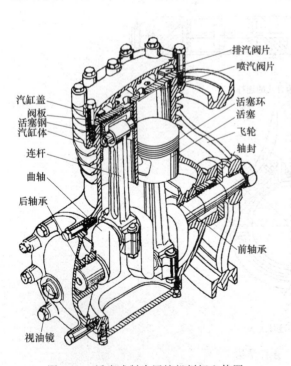

图 4-59　活塞式制冷压缩机剖切立体图

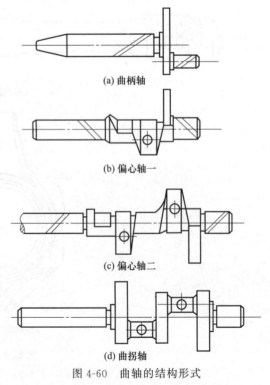

图 4-60　曲轴的结构形式

② 偏心轴　在小型、短行程（曲柄半径小）封闭式压缩机中，为简化结构，方便装拆，大头整体式连杆其主轴采用偏心轴的结构，偏心轴颈数一般为 1～2 个，如图 4-60（b）、（c）所示。

③ 曲拐轴或简称曲轴　由一个或几个以一定错角排列的曲拐所组成，每个曲拐由主轴颈、曲柄和曲柄销三部分组成，如图 4-60（d）所示。用此曲轴的连杆大头必须是剖分式，每个曲柄销上可并列安装 1～4 个连杆。行程较大时常用这类轴。

一般曲轴有锻造和铸造两种。锻造曲轴常用材料是 40、45 优质碳素钢。铸造曲轴常用稀土-镁球墨铸铁材料。由于铸造曲轴具有良好的铸造性和加工性能，可铸出较复杂的结构形状，吸振性好，耐磨性高，制造成本低，对应力集中敏感性小，因而得到广泛的应用。

（7）轴封装置

轴封装置是往复式压缩机的重要部件之一，它的作用是防止曲轴箱内的介质经曲轴外伸端间隙漏出，或者压缩机真空下运行时，防止外界空气经曲轴外伸端间隙漏入。对轴封装置要求结构简单，密封可靠，使用寿命长，维修方便。目前最常用的轴封装置是端面摩擦式。端面摩擦式轴封装置形式也很多，图 4-61 所示的是较为常见的一种，其结构简单，运行可靠，使用寿命长。径向动摩擦密封端面 A 是由动摩擦环 2 和静止环 3 相互压紧磨合而组成的，弹簧 6 的弹力和曲轴箱内气体压力构成对密封端面的压紧力。密封橡胶圈 5 与动摩擦环 2 和主轴构成静密封面 B 及 C，它们随主轴一起旋转。

径向动摩擦密封端面 A 是轴封装置的主端面，主轴旋转时，该端面会产生大量摩擦热和磨损，为此必须考虑密封端面 A 的润滑和冷却，使其形成致密的油膜，减少摩擦和磨损，增强密封效果。因而安装轴封的空间要有润滑油的循环并设置进、出油道，以保证端面润滑和冷却。通常，为延长这种端面摩擦式轴封的使用寿命，允许端面 A 有少量的油滴泄漏，但需要设置回收油滴的装置。

轴封装置中最重要的零件是摩擦副的动、静环。合理选配动、静环的材料是确保轴封密封质量和使用寿命的关键。常用组合材料有磷青铜-不锈钢 15Cr（或 20Cr）；磷青铜-铸铁 HT200；浸渍石墨-铸铁 HT200。轴封的橡胶密封圈常选用耐油及耐氟利昂的丁腈橡胶和氯乙醇橡胶制作。

4. 螺杆式压缩机的结构及工作原理

图 4-62（a）所示的是组装为箱体的螺杆式压缩机组，图 4-62（b）所示为螺杆式压缩机，是以电动机驱动的典型电动压缩机机组，其主机是双回转轴容积式压缩机，转子为一对互相啮合的螺杆，螺杆具有非对称啮合型面。通常，主动转子为阳螺杆，从动转子为阴螺杆。常用的主副螺杆齿数比，根据压缩机容量而有所不同，为 4∶5、4∶6 或 5∶6。两个互相啮合的转子在一个只留有进气口和排气口的铸铁壳体里旋转，螺杆的

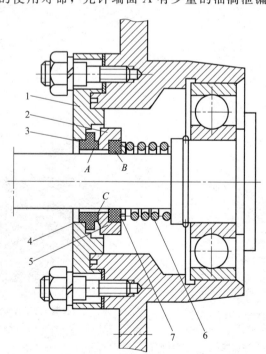

图 4-61　端面摩擦式轴封结构

1—端盖；2—动摩擦环；3—静止环；4—垫片；

5—密封橡胶圈；6—弹簧；7—弹簧座圈

(a) 组装为箱体的螺杆式压缩机组

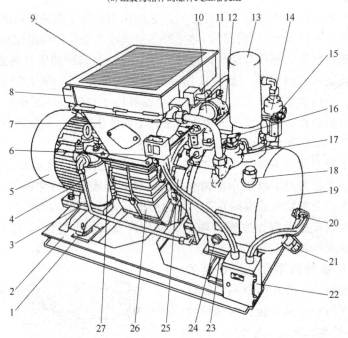

(b) 螺杆式压缩机外形部件

(c) 螺杆式压缩机内部结构

图 4-62 螺杆式压缩机

1—减振器；2—共用底座；3—电动机底座；4—油过滤器；5—电动机；6—压力开关；7—扩压器；8—压缩空气出口；
9—空-油冷却器；10—进气阀；11—真空指示器；12—空气滤清器；13—油细分离器；14—温度控制阀；15—安全阀；
16—逆止阀；17—最小压力维持阀；18—加油口；19—机体油气筒组成；20—温度开关；21—泄油口；
22—电控箱；23—压缩机底座；24—视油镜；25—风机后盖；26—蜗壳；27—中托架

啮合和螺杆与壳体之间的间隙通过精密加工严格控制,并在工作时向螺杆腔内喷压缩机油,使间隙被密封,并将两转子的啮合面隔离。另外,不断喷入的机油与压缩空气混合,用来带走压缩过程所产生的热量,维持螺杆副长期可靠地运转。当螺杆副啮合旋转时,它从进气口吸气,经过压缩从排气口排出,供出达到要求压力的压缩空气。图 4-62(c)所示的是螺杆式压缩机的内部结构,为了能比较直观地了解其工作原理,可用透视图的方式演示它的各个工作过程。

演示用的螺杆副见图 4-63,是一对齿数比为 4∶6 以特定螺旋角互相啮合的螺杆。其中阳螺杆(通常作驱动螺杆)为凸型不对称齿;而阴螺杆(常用作从动螺杆)为瘦齿型弯曲齿。两螺杆的齿断面型线是专门设计并经过精密磨削加工的,在啮合过程中两齿间始终保持几乎"零"间隙密贴,形成空气的挤压空腔。

螺杆副安装在专门设计加工的壳体里,螺杆式压缩机的壳体装容主、从螺杆的两个圆柱形内腔和它的前后端面,与螺杆副只留有保持无摩擦运转所必要的很小的间隙。当压缩机工作时,又在螺杆副和壳体之间喷润滑油,在机件的表面形成油膜填充了这些间隙,可以认为没有压缩空气通过密封的接触面,在各个空腔间流窜。为了表达方便,将螺杆式压缩机壳体画成透明的,见图 4-64,并用粗实线表示了开在螺杆机壳体前上壁和后壁上的进、排气口及常见的开口形状。

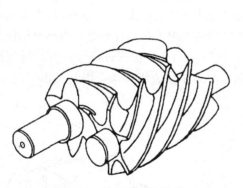

图 4-63 演示用的螺杆副

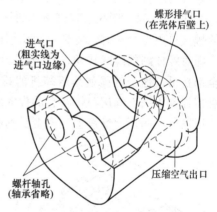

图 4-64 螺杆式压缩机壳体

螺杆式压缩机的工作过程大致可以分为吸气过程、压缩过程和排气过程 3 个阶段。

① 吸气过程 螺杆安装在壳体内,在自然状态下就有一部分螺杆的沟槽与壳体上的进气口相通。也就是说,在任何时候,无论螺杆式压缩机的螺杆旋转到什么位置,总有空气通过进气口充满与进气口相通的沟槽。这就是压缩机的吸气过程,见图 4-65。为了能清楚地看到与进气口相通的螺杆沟槽充气的情况,图中将进气口用粗实线表示。并且,所有与进气口不相通的沟槽均按未充气状态空置处理。

主、副两转子在吸气终了时,已经充盈空气的螺杆沟槽的齿顶与机壳腔壁贴合,此时,在齿沟内的空气即被隔离,不再与外界相通并失去相对流动的自由,即被"封闭"。当吸气过程结束后,两个螺杆在吸气口的反面开始进入啮合,并使得封闭在螺杆齿沟里的空气的体积逐渐减小,压力上升,压缩随之开始,如图 4-66 所示。为便于清楚表达,所有封闭的沟槽里作了有气体充盈的表示,而其他沟槽均按未充气状态空置处理。

② 压缩过程 随着压缩机两转子继续转动,封闭有空气的螺杆沟槽与相对的螺杆的齿

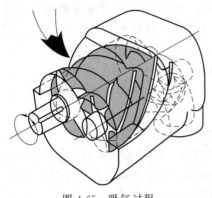

图 4-65 吸气过程

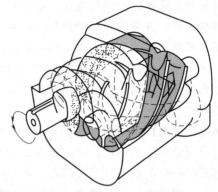

图 4-66 吸气结束压缩开始

的啮合从吸气端不断地向排气端发展，啮合的齿占据了原来已经充气的沟槽的空间，将在这个沟槽里的空气挤压，体积渐渐变小，而压力则随着体积变小而逐渐升高。空气是被裹带着一边转动，一边被继续压缩的，从吸气结束开始，一直延续到排气口打开之前。当前一个螺杆齿端面转过被它遮挡的机壳端面上的排气口时，在齿沟内的空气即与排气腔的空气相连通，受挤压的空气开始进入排气腔，至此在压缩机内的压缩过程即结束了。这个体积减小、压力渐升的过程就是压缩机的压缩过程，见图 4-67。

③ 排气过程　压缩过程结束，封闭有压缩空气的螺杆沟槽的端部边缘与螺杆壳体端壁上的排气口边缘相通时，受到挤压压缩的空气被迅速从排气口推出，进入螺杆压缩机的排气腔。随着螺杆副的继续转动，螺杆啮合继续向排气端的方向推移，逐渐将在沟槽里的压缩空气全部挤出。这个过程就是压缩机的排气过程，见图 4-68。在排气过程中，由于排气腔并不直接连着压缩空气用户，在它的排气腔出口设置的最小压力维持阀，限制自由空气外流，会使压缩空气的压力继续上升或者受到制约。

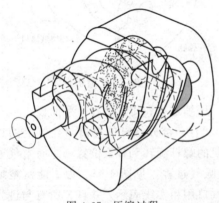

图 4-67 压缩过程

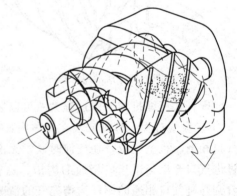

图 4-68 排气过程

螺杆式压缩机壳体的进气口开口的大小及边缘曲线的形状，是与螺杆的齿数及螺旋角相关的。而压缩机后端壁上的排气口开口形状（呈现为蝶形）及尺寸也是由压缩机的压缩特性及螺杆的端面齿形所决定的。

这里所讲的螺杆式压缩机工作原理，是以螺杆的一个沟槽为实例展开的，并且把它的工作过程分成为吸气、压缩和排气 3 个阶段。实际上压缩机螺杆的工作转速很快，而且主动螺杆和从动螺杆的每一个沟槽，在运转过程中承担着相同的任务，将它的空腔在进气侧打开吸进空气，然后再将其带到排气侧压缩后排出。这种高速的、周而复始的工作，而且螺旋状的前一个沟槽和后面相邻沟槽的同一个工作阶段尽管有先有后，但实际上是重叠发生的。这形成了螺杆式压缩机工作的连续性和供气的平稳性，形成了它的低振动和高效率。

螺杆式压缩机的工作循环，是在啮合的螺杆齿和齿沟间，一个接一个、周而复始、连续不断地进行的。而且它的压缩过程只是当齿沟里的空气被挤进排气腔的过程中才完成的，所以没有像活塞式压缩机那样的振动和排气阀启闭形成的冲击噪声。

第四节 汽 轮 机

1. 汽轮机应用与分类

汽轮机是以水蒸气为工质，将水蒸气的热能转变为转子旋转的机械能的动力机械。它与其他动力机械相比具有单机功率大，转速高，转速可变，效率较高，运转安全平稳，可利用煤、燃油和天然气等多种燃料，燃料利用率高，使用寿命长，尺寸小，重量轻等优点，广泛用于工业各部门。可用于中心热力发电厂驱动发电机，船舶运输驱动螺旋桨，工矿企业驱动泵、风机、压缩机和工厂的自备发电站。其中用于后两者的汽轮机统称为工业汽轮机。

汽轮机的类型很多，分类方法也不相同，可按热力特性、工作原理、结构形式、蒸汽参数、气流方向和用途的不同来进行分类。

（1）按热力特性分

① 凝汽式汽轮机　凝汽式汽轮机简图如图 4-69 所示，蒸汽在汽轮机中做功后，全部排入冷凝器。排汽在低于大气压力的真空状态下凝结成水。这类汽轮机在电力、化工等部门获得广泛的应用，常称为纯凝汽式汽轮机。近代汽轮机为了提高效率，多采用回热循环，即进入汽轮机的蒸汽，除大部分排入冷凝器之外，还有少部分蒸汽从汽轮机中分批抽出，用来加热锅炉给水，这种汽轮机称为有回热抽汽的凝汽式汽轮机，简称为凝汽式汽轮机。

② 抽汽凝汽式汽轮机　如图 4-70 所示，蒸汽在抽汽凝汽式汽轮机中膨胀做功时，将其中的一部分蒸汽从汽轮机中间抽出，供工业使用或用户使用，也可供其他压力较低的汽轮机使用，其余大部分蒸汽在后面几级做功后排入冷凝器。若抽汽压力可以在某一范围内调节，叫调节抽汽式汽轮机，这类汽轮机在化工部门获得了广泛的应用。

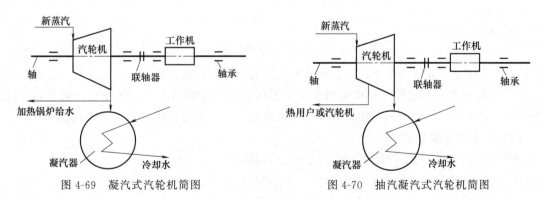

图 4-69　凝汽式汽轮机简图　　　　　图 4-70　抽汽凝汽式汽轮机简图

③ 背压式汽轮机　如图 4-71 所示，蒸汽进入汽轮机膨胀做功后，在大于 1atm 的压力下排出汽缸。其排汽可供工业或其他生活用汽以及供压力较低的汽轮机用汽。若排汽供给其他中、低汽轮机使用，则称其为前置式汽轮机。

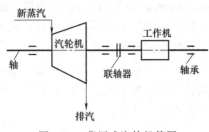

图 4-71 背压式汽轮机简图

④ 多压式汽轮机 若生产工艺过程中有某一个压力的蒸汽用不完，可将这一股多余的蒸汽用管路注入汽轮机中的某个中间级内，与原来的蒸汽一起工作。这样可以从多余的工艺蒸汽中获得能量，得到一部分有用功，实现蒸汽热量的综合利用，这种汽轮机称为注入式汽轮机，也叫多压式或混压式汽轮机，图4-72所示汽轮机属于多压式汽轮机，图4-72（b）同时有抽汽和注入汽。这种汽轮机也广泛用于化工企业。

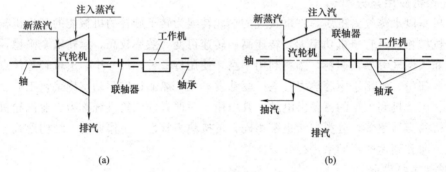

图 4-72 多压式汽轮机简图

（2）按工作原理分类

① 冲动式汽轮机 按冲动作用原理工作的汽轮机称为冲动式汽轮机，蒸汽主要在喷嘴叶栅内膨胀。在近代冲动式汽轮机中，蒸汽在各级的动叶片中都有一定程度的膨胀，但习惯上还是称为冲动式汽轮机。

② 反动式汽轮机 按反动作用原理工作的汽轮机称为反动式汽轮机，近代反动式汽轮机常采用冲动级或速度级作为第一级，但习惯上仍称为反动式汽轮机。蒸汽在静叶栅与动叶栅内膨胀。

③ 冲动反动组合式汽轮机 由冲动级和反动级组合而成的汽轮机称为冲动反动组合式汽轮机或称混合式汽轮机。

（3）按结构形式分类

① 单级汽轮机 这种汽轮机只有一个级（单列、双列或三列），一般为背压式，因为其功率小、效率低，但结构简单，一般用来驱动泵和风机等辅助设备，广泛用于化工企业。

② 多级汽轮机 这种汽轮机有两个以上的级，因为它的功率大，转速高，效率高，广泛用于各工业部门，可为凝汽式、背压式、抽汽凝汽式、抽汽背压式和多压式汽轮机。

（4）按蒸汽参数分类

① 低压汽轮机 主蒸汽压力为 $1.18\sim1.47MPa$。

② 中压汽轮机 主蒸汽压力为 $1.96\sim3.92MPa$。

③ 高压汽轮机 主蒸汽压力为 $5.88\sim9.8MPa$。

④ 超高压汽轮机 主蒸汽压力为 $11.77\sim13.73MPa$。

⑤ 亚临界压力汽轮机 主蒸汽压力为 $15.69\sim17.65MPa$。

⑥ 超临界压力汽轮机 主蒸汽压力超过 $22.16MPa$。

⑦ 超超临界压力汽轮机 主蒸汽压力超过 32MPa。

（5）按用途分类

① 电站用汽轮机 电站用汽轮机在火力发电厂中用以驱动发电机组，绝大部分采用抽汽凝汽式、抽汽背压式。同时供电供热的汽轮机常称热电式汽轮机。这类汽轮机还可分为固定式电站汽轮机和移动式电站（列车电站、船舶电站等）汽轮机。

② 船（舰）用汽轮机 用于船（舰）推进动力装置，驱动螺旋桨。

③ 工业汽轮机 用于工业企业中的固定式汽轮机统称为工业汽轮机，其中包括：单纯发电用汽轮机，用于工业企业的自备动力电站，用来驱动发电机，不向外供热，为凝汽式汽轮机；发电并供热用汽轮机，通常为抽汽凝汽式、抽汽背压式或背压式，用于工业企业自备动力电站；单纯驱动用汽轮机，仅用来驱动工作机械（泵、风机和压缩机等），不向外供热，为凝汽式，可以变转速运行，可用于化工、炼油、冶炼和电站给水泵等处；驱动并供热用汽轮机，用于驱动各种工作机械，并向外供热蒸汽，为抽汽凝汽式、抽汽背压式或背压式汽轮机，可以变转速运行，可用于化工、炼油和冶炼等部门。

除上述分类外，汽轮机还有一些分类法，例如可以按汽轮机的轴数分为单轴、双轴和多轴汽轮机；按汽缸的数目可分为单缸、双缸和多缸汽轮机等。

2. 汽轮机工作原理

汽轮机是利用蒸汽来做功的旋转式驱动机，来自锅炉或其他汽源的蒸汽，经主汽阀和调节阀进入汽轮机，依次高速流过一系列环形配置的喷嘴（或静叶栅）和动叶栅而膨胀做功，推动汽轮机转子旋转，将蒸汽的动能转换成机械能，这便是汽轮机的工作原理。

3. 汽轮机结构及系统组成

汽轮机是电站最重要的主力设备之一。汽轮机的作用就是将水蒸气的热能转变为机械能。汽轮机从结构上可分为单级汽轮机和多级汽轮机。

图 4-73 是汽轮机结构简图。动叶按一定距离和一定角度安装在叶轮上形成动叶栅，并

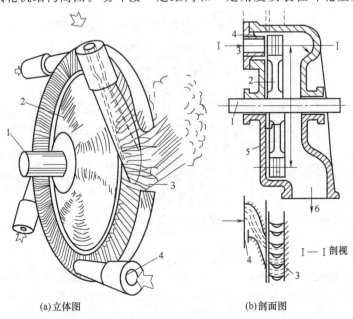

(a)立体图 (b)剖面图

图 4-73 汽轮机结构简图

1—主轴；2—叶轮；3—动叶；4—喷嘴；5—汽缸；6—排汽口

构成许多相同的蒸汽通道。动叶栅与叶轮以及叶轮轴组成汽轮机的转动部分称为转子。静叶按一定距离和一定角度排列形成静叶栅，静叶栅是固定不动的，静叶栅构成的蒸汽通道称为喷嘴，转子以及静叶都装在汽缸内。具有一定的压力和温度的蒸汽先在固定不动的喷嘴中膨胀，膨胀时，蒸汽压力、温度降低而速度增加，在喷嘴出口形成高速汽流。从喷嘴出来的高速汽流，以一定的方向进入动叶通道，在动叶通道中，汽流改变速度，对动叶产生一个作用力，推动转子转动做功。喷嘴的作用是将蒸汽的热能转换成动能。动叶栅的作用是将来自喷嘴高速汽流的动能转换为机械能。一列静叶栅和一列动叶栅组成了从热能到机械能转换的基本单元，称为级。

由于单级汽轮机容量有限，故现代汽轮机均为多级汽轮机，它是由按工作压力高低顺序排列的若干个级组合而成。图 4-74 为反动式汽轮机组的纵剖面图。虽然汽轮机由很多零部件组成，但概括地看，可分为转动部分（转子）和静止部分（静子）。转子主要由主轴、叶轮（反动式汽轮机为转鼓）以及叶轮上嵌有的动叶片等构成。静止部分主要是汽缸、隔板

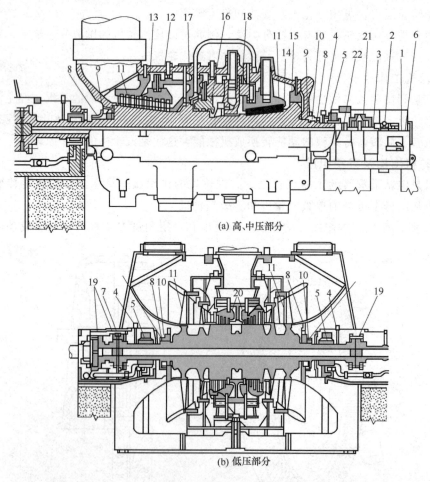

(a) 高、中压部分

(b) 低压部分

图 4-74 反动式汽轮机的纵剖面图

1—超速脱扣装置；2—主轴泵；3—转速传感器＋零转速检测；4—振动检测器；5—轴承；
6—偏心＋鉴相器；7—差胀检测器；8—外袖封；9—内袖封；10—汽封；11—叶片；
12—中压 1# 持环；13—中压 2# 持环；14—高压 1# 持环；15—低压平衡持环；
16—高压平衡持环；17—中压平衡持环；18—内上缸；19—联轴器；20—推力轴承；
21—轴向位移＋推力轴承脱扣检测器；22—测速装置（危急脱扣系统）

（反动式汽轮机为静叶环）、静叶以及轴承等。汽缸的作用是将汽轮机中的蒸汽和大气隔开，形成蒸汽能量转换的密闭空间，并对汽缸内的其他部分起支承定位作用。根据机组容量的不同，汽缸可以是一个，也可以是多个。隔板装在汽缸内，隔板上装有喷嘴（静叶）。轴承分支持轴承和推力轴承。支持轴承用于保证静子对转子的支承作用，并且确定转子与静子的相对径向位置。推力轴承用于保证转子在轴向推力的作用之下仍然能够维持相对于静子的正确轴向位置。

转子和静子之间的密封是用汽封来实现的。在汽轮机内部，凡是有压力差存在而又不希望有大量工质流过的地方都装有汽封。在汽缸的两端装有轴封，在多级汽轮机的级与级之间装有隔板汽封，在动叶顶部装有叶顶汽封。

汽轮机除以上介绍的本体结构外，还有附属于本体的各种系统，如滑销系统、调节保护系统、供油系统、汽水系统等，只有各系统有机协同工作，汽轮机才能很好地完成将水蒸气的热能转变为机械能的任务。

第五节　燃气轮机

1. 燃气轮机的应用

燃气轮机综合了内燃机（包含柴油机）和汽轮机双方的优点且避免了两者的缺点，是一种新型的动力机械。

内燃机和柴油机是内燃式的动力机械，但它是往复式的，所以运行时振动很大。尽管内燃机和柴油机的热效率较高，但单机功率较小，且极难实现大型化，运行时价格昂贵的润滑油的消耗量较大，维修费用又较高且维修后的出力总比新机时低，单位功率的金属消耗量也较大，所以只能应用在对功率要求较小的汽车及中小型船舶等运输工具上。

汽轮机是外燃的旋转式动力机械，运行平稳且振动较小，也可以较容易地大型化。但由于是外燃式的，运行时必须配备体积庞大的冷凝器、锅炉本体及煤处理等附属设备，所以占地面积大且排烟造成的污染严重，运行时锅炉给水和冷却水的消耗量很大，单位功率金属的消耗量也很大。

燃气轮机是内燃的旋转式动力机械，运行平稳且振动较小，不需要体积庞大的冷凝器、锅炉本体及煤处理等附属设备，占地较小，水的消耗量也很少，而且排气造成的污染轻，较容易实现大型化，单位功率的金属消耗量是三种动力设备中最少的，所以发展极其迅速，应用的场合也越来越广。

2. 燃气轮机的工作原理

燃气轮机的工作原理见图 4-75。

由图 4-75 可知，空气由压气机的入口处进入压气机 1，经过压缩提高压力后排入燃烧室 2，与进入燃烧室的燃料混合燃烧，提高燃烧所产生燃气的温度后进入透平 3，高温、高压的燃气在透平里膨胀，将燃气的热能和压力能先转变成燃气高速运动的动能，随后再进一步转变成机械功。大约 2/3 的机械功用来拖动压气机，以提高空气的压

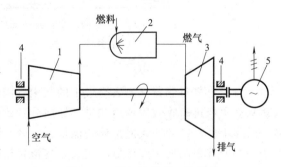

图 4-75　燃气轮机的工作原理

1—压气机；2—燃烧室；3—透平；4—轴承；5—负荷

力，维持燃气轮机的运行，另外所剩的约 1/3 的机械功对外输出，以驱动其他的机械或驱动发电机产生电力。对航空燃气轮机来说，高温、高压的燃气在透平里膨胀所产生的机械功仅够用来驱动压气机，以提供维持机组运行所需的高压空气；燃气中没有转变成机械功的那部分热能和压力能转变成燃气高速运动的动能，从透平的尾喷管向外高速喷出，以产生推动飞机或其他飞行器向前飞行的推力。从严格的意义上来说，图 4-75 仅是发电用或机械拖动用燃气轮机的工作原理图，如果是航空燃气轮机，图 4-75 中的负荷 5 就不存在了。

3. 燃气轮机的结构及系统组成

从上述可知，燃气轮机的主机部分是由压气机、燃烧室和透平三大部件构成的，现分别介绍如下。

(1) 压气机

压气机是燃气轮机的主要组成部件之一，它是由固定在基础上不动的汽缸和在汽缸内旋转的转子两大部件组成，其作用是为燃气轮机的运行提供高压力的空气。由此可知，压气机是一个耗功的部件，由透平为压气机提供对空气进行压缩增压所需的能量。压气机有离心式压气机与轴流式压气机之分。离心式压气机结构与离心式压缩机结构相同，这种压气机的单级压比较大，在总压比一定的条件下，所需压气机的级数较少，流量比较小且效率也较低，仅能用在小型的燃气轮机上。

轴流式压气机是叶片式机械，气流在其中是轴向流动的。这种压气机的单级压比较小，在总压比一定的情况下，所需压气机的级数比离心式压气机要多，但这种压气机的流量比相同直径下离心式压气机的流量要大，效率也较高，并且可以大型化，所以在大型燃气轮机上毫无例外地采用了轴流式压气机。为了减轻转子的重量，目前轴流式压气机多采用拉杆式转子。转子由若干个大叶轮组成，在每个叶轮上安装有一级动叶片，这些叶轮组装好后，由若干根拉杆按一定的紧力拉紧而组成一个完整的转子。这种结构的转子在更换动叶片时必须将拉杆拆下，将转子拆成一个一个的叶轮，更换好动叶片后再用新的拉杆重新拉紧。轴流式压气机的示意图见图 4-76。

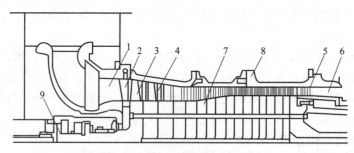

图 4-76　轴流式压气机示意图

1—进口收敛器；2—进口导向叶片；3—动叶片；4—静叶片；
5—出口导向叶片；6—出口扩压器；7—转子；8—汽缸；9—轴承

空气经进气过滤器室滤去空气中的灰尘等固体颗粒进入进气道，经进气消声器降低进气噪声后，再经进口收敛器加速和进气导向叶片改变进气方向，进入压气机的第一级，通过安装在转子上的动叶片输入能量使气流加速，随后进入安装在汽缸上的扩压式通道的静叶片，气流在静叶片里降低速度而提高压力，气流再依次通过后面的诸级，重复第一级里的过程，由最后一级排出的气流再经过出口导向叶片改变方向后，进入排气扩压器进一步降速增压，最后进入燃烧室，与进入燃烧室的燃料混合、燃烧，提高温度，经过渡段引入透平里膨胀做功。空气在压气机里的增压主要是在静叶片里实现的，动叶片主要是向气流提供能量、增加气流的速度，在某些压气机里，气流在动叶片里加速的同时，压力也略有增加。

前面已提到过，为了提高压气机的排气压力，大型燃气轮机的压气机都是由若干个级组成的多级压气机。每个级都是由位于前面（顺气流方向看）、安装在转子上的动叶片和位于动叶片之后、安装在汽缸上的静叶片组成的。动叶片随转子一起旋转，并通过动叶片向气流提供能量使其加速，从动叶片出来的气流立即进入静叶片，并在静叶片通道里减速增压。

为了提高压气机运行的安全性，压气机第一级之前的进口导向叶片设计成可以转动的，称为进口可转导叶。在一些高性能的燃气轮机上，除了压气机的进口导向叶片可以转动之外，其第一级静叶片，甚至第二级静叶片也设计成可以转动的，这无疑增加了压气机结构的复杂性，增加了生产成本。但可以根据运行的需要改变其安装角，从而确保压气机运行的安全可靠性和部分负荷下较高的效率，提高了部分负荷下燃气轮机的热效率。

为了保证机组在启动和停机时的安全性，在多级压气机里除设计有进口可转导叶之外，还在压气机的某中间级后设有防喘放气阀，在机组启动或停机时防喘放气阀打开，而在正常运行时防喘放气阀处于关闭状态。图 4-77 所示为防喘放气阀的结构示意图。

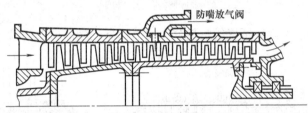

图 4-77　多级轴流式压气机上的防喘放气阀

（2）燃烧室

燃烧室是燃气轮机的另一个主要组成部件，它的作用是通过向燃烧室加入燃料进行燃烧，将燃料的化学能转变成热能，此热能把进入燃烧室的高压空气加热成高温、高压的燃气。然后这种高温、高压的燃气进入透平并膨胀做功，燃气中所含的热能和压力能转变成机械功。这些机械功的一部分用来带动压气机对空气进行压缩，以提供维持机组运行所需的高压空气；而另一部分则对外输出，或用来带动发电机而提供电能，或直接驱动其他动力机械，如水泵、船舶螺旋桨等。从这个意义上来说，燃烧室就是一个加热器，为高压空气的加热提供热能。

在组成燃气轮机的三大部件中，燃烧室结构形式的变化是最大的。有逆流分管式燃烧室、立式圆筒形燃烧室、卧式圆筒形燃烧室、环形燃烧室和二次燃烧的燃烧室等。

（3）透平

透平是燃气轮机的另一个主要组成部件。它是燃气轮机的做功部分，它由固定在底盘上不动的汽缸和在汽缸里旋转的转子两部分组成。透平有径流式与轴流式之分。图 4-78 是径流式透平的示意图，这种透平的热效率较低且极难实现大型化，只适用于小功率的燃气轮机。通常大多数燃气轮机都是轴流式的，因为轴流式透平的热效率较高且容易实现大型化。轴流式透平的转子多采用拉杆式转子，以减轻转子的重量，便于快速启动和带负荷。

图 4-79 是燃气轮机转子的示意图。从该图上可以看出透平转子的结构。为了提高燃气轮机的热效率，透平的动叶片和静叶片（亦称喷嘴叶片）均采用了空气动力性能良好的扭转叶片。为减少透平的级数，均采用了大焓降的叶片，从而使燃气轮机的轴向长度缩短，提高

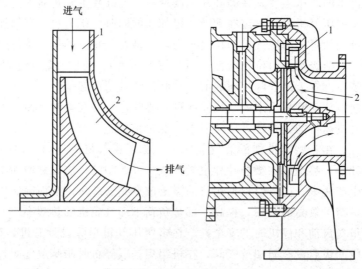

图 4-78　径流式透平示意图

1—静叶环；2—工作转子

了转子的刚度，并降低了价格昂贵的耐热合金的消耗量，降低了生产成本。

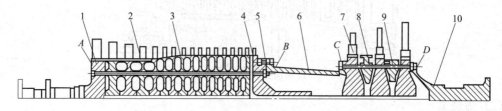

图 4-79　燃气轮机转子

1—压气机第一级叶轮与前半轴；2—压气机中间叶轮；3—压气机拉杆；4—压气机末级叶轮与后半轴；

5—连接螺栓；6—定距轴；7—透平叶轮；8—透平级间轮盘；9—透平拉杆；10—透平后半轴；

A～D—动平衡加配重处

　　要使燃气轮机能够正常地运行起来，仅有上述三大部件是远远不够的，还需要很多与之配套的重要的辅助设备和辅助系统。

（4）与燃气轮机本体配套的主要辅助设备

　　① 辅助齿轮箱　辅助齿轮箱在启动和正常运行时所起的作用是不同的。在启动时，它起主动轴传动作用，启动设备通过启动离合器将动力传递到辅助齿轮箱，再由辅助齿轮箱经辅助联轴器带动燃气轮机的转子旋转。在正常运行时，由燃气轮机的转子通过辅助联轴器带动辅助齿轮箱运行，进一步使所驱动的各种泵，如燃料泵、主滑油泵、主液压泵、主雾化空气泵、冷却水泵等运行起来，为机组运行提供燃油、润滑油、液压油、雾化空气和冷却水。图 4-80 是辅助齿轮箱结构的示意图，从图上可以看出由辅助齿轮箱所驱动的各种泵和启动离合器。

　　② 辅助联轴器　辅助联轴器是将辅助齿轮箱和燃气轮机转子连接起来的设备，如图 4-81所示。该联轴器的一端与辅助齿轮箱的轴相连接，另一端与燃气轮机转子的前端相连接。它是一种半挠性的联轴器，由两端的外齿套分别与辅助齿轮箱的轴和燃气轮机的转子相连接，而联轴器两端的齿轮再与外齿套连接。这种结构可以降低对中的要求，便于机组的安装。

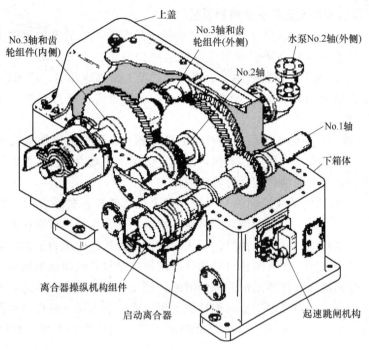

图 4-80 辅助齿轮箱

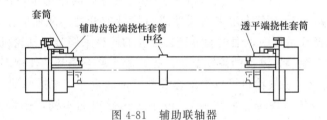

图 4-81 辅助联轴器

③ 负荷联轴器和负荷齿轮箱 在某些型号的燃气轮机上,由于燃气轮机的转速高于发电机的转速,必须增加一减速设备才可以将两者连接起来运行。若燃气轮机是用来驱动水泵或船舶螺旋桨等其他机械设备,只有当驱动者和被驱动者的转速一致时,才可以直接驱动。如果两者的转速不一致,必须在两者之间加一个变速设备。负荷齿轮箱就是一个变速设备,如图 4-82 所示。该联轴器在结构上与辅助联轴器一样,也是半挠性联轴器。该联轴器与燃气轮机的输出轴和负荷齿轮箱输入轴的连接与辅助联轴器一样,其作用也是降低对中时的要求,便于机组安装。

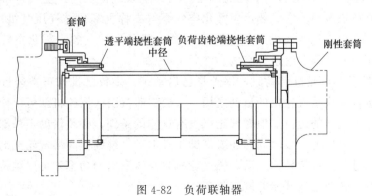

图 4-82 负荷联轴器

(5) 与燃气轮机本体配套的主要辅助系统

① 润滑油系统　润滑油系统的作用是在机组运行时为机组的各轴承提供润滑油和为液压油系统与跳闸油系统提供油源。润滑油系统主要由油箱、主滑油泵、辅助滑油泵、事故（应急）滑油泵、密封油泵、滑油过滤器、滑油加热器、滑油冷却器、滑油母管压力调节阀、滑油管道、抽油雾机及油箱和管道上的各类仪表，如压力表、压力开关、温度计、温度开关、液位指示器等组成。

② 液压油系统　液压油系统用来向机组的液体燃料系统中的燃油旁通阀、燃油截止阀和进口可转导叶的控制器等液压机构提供液压油。该系统主要由主液压泵、辅助液压泵、液压油过滤器、蓄能器及液压油供应母管等组成。

③ 跳闸油（亦称遮断油或控制油）系统　这是燃气轮机保护系统的一个执行机构，主要由节流孔板、压力开关、电磁泄油阀和管路等组成。其作用是当机组接到正常停机或紧急停机的指令时，泄油阀立即泄掉，使燃油截止阀维持开启状态的压力油卸压，燃油截止阀在弹簧力的作用下立即关闭，停止向机组的燃烧系统供应燃料，从而使机组停止运转。

从润滑油系统的滑油过滤器后油管来的滑油，经过一个节流孔板后进入跳闸油系统的油管道，然后分成两路：一路经过一个电磁控制的阀门后，进入压气机进口可转导叶的控制系统；另一路经过三个压力开关和一个电磁泄油阀后进入液体燃料系统，控制燃油截止阀的开关。

④ 压气机进口可转导叶系统　压气机的进口可转导叶的作用是在机组启动和停机的过程中，通过改变进口导叶的安装角进而改变进口导叶的开度，从而防止压气机的喘振，此外，还可以在联合循环运行中，通过调节进口导叶的开度来调节燃气轮机的排气温度，以满足联合循环系统中其他热力设备的温度要求，提高整个联合循环的使用寿命和总体热效率。

⑤ 液体燃料系统　燃气轮机可以烧液体燃料轻油或重油（包括原油），也可以烧气体燃料天然气或人工合成气（属中、低热值）。由于所用燃料的不同，燃烧系统也就有较大的出入。

液体燃料系统主要由燃油截止阀、燃油泵、旁路阀、燃油分配器、电磁阀、位置开关、伺服阀、减压阀、启动失败排放阀及燃油管路等组成。

⑥ 气体燃料系统　气体燃料系统主要由带有线性可变差动变压器的气体燃料截止/速比阀、带有线性可变差动变压器的气体燃料控制阀、气体燃料截止/速比阀的伺服阀、气体燃料控制阀的伺服阀、气体燃料遮断阀、气体燃料系统的液压油过滤器、可燃气体排放阀、压力开关及压力传感器和管路等组成。

⑦ 雾化空气系统　雾化空气系统的作用是为燃烧系统提供高压空气，帮助液体燃料充分雾化，以提高燃烧效率。它主要由主雾化空气泵（亦称主雾化空气压气机）、辅助雾化空气泵（亦称辅助雾化空气压气机）、雾化空气母管、雾化空气支管、雾化空气预冷器，电磁阀、隔离阀、压力调节阀及管道等组成。

⑧ 启动系统　蒸汽轮机启动时，锅炉早已启动了，多数已投入正常运行，可以提供符合技术要求的蒸汽供应蒸汽轮机的启动之用，只要将蒸汽引入汽轮机就可以使汽轮机投入启动过程并逐步进入正常的运行。但燃气轮机没有这样的条件，必须借助于外部动力使其启动起来，并且在点火之后的一段时间内还要借助于外部动力继续提高燃气轮机的转速，直到燃气轮机的转速超过最小自持转速之后，燃气轮机自身所发出的功率才可以维持燃气轮机继续升速并在达到额定转速之后开始并网带负荷。

第六节　离心机

离心机是依靠离心力将多相不同物料进行分离的机器。采用离心机分离，是将混合物料放在回转的转鼓内使其处在离心力场中，利用离心力的作用使液相非均系物料得以分离。由于离心力是由物料本身的质量在转鼓内高速旋转所产生的，当旋转半径一定时，转速愈高，离心力愈大。此外，根据离心力的大小是可以改变的特点，对于不同物料的分离就可采用不同大小的离心力场来进行，即当转鼓直径一定时可选择不同的转速来实现不同物料的分离。

1. 离心机工作原理

在分离过程中，通常称未过滤的液-液相物料或液-固相物料为母液，将被分离出来的固体物体称为滤渣（或滤饼），将被分离出来的液体物料称为滤液。分离过程可分为以下三种。

① 离心过滤　该过程常用于分离含固体颗粒量较多且黏度较大的悬浮液。过滤式离心机的转鼓如图 4-83（a）所示，在其鼓壁上都开有许多小孔，并在鼓壁内衬以金属编织的网和滤布。当转鼓高速旋转时，转鼓内的悬浊液在离心力作用下被甩到滤布上，其中，固体颗粒被沉积在滤布上形成滤渣层；而滤液则透过滤渣及滤布的孔隙，从鼓壁上的小孔被甩出转鼓。随着分离过程的继续，滤渣层在离心力的作用下逐步被压紧，直到脱液过程完成为止。离心过滤的推动力较大，比一般重力或真空过滤可得到较为干燥的滤渣，但是对于粘滤布的物料则不太适用。

② 离心沉降　该过程常用于分离含固体颗粒较少且粒度较细的悬浮液。在沉降式离心机的转鼓壁上，通常不开孔，也不设滤布。当悬浮液随同转鼓高速旋转时，在离心力作用下使悬浮液中的物料按其重度的大小而分层沉淀。其中，重度大的固体颗粒，沉积在最外层；液体则在里层，并采用引流装置将其排出转鼓之外，如图 4-83（b）所示。

离心过滤和离心沉降，这两种过程都须设置间歇排渣或连续排渣装置。

③ 离心分离　如图 4-83（c）所示，该过程是用来分离两种重度不同液体的乳浊液或含有极微量固体的乳浊液，或者含极微量固体微粒的液相的澄清（液-液、液-固）。这三种情况的分离，其操作原理与离心沉降过程基本相同。离心机（分离机）转鼓也不设孔，乳浊液在离心力作用下按重度的不同分成 2～3 层，重液在外层，轻液在里层，而微量固相物则沉积在鼓壁上。对于液相分层物，可用吸液引流装置等将其分别引出转鼓；对于固相沉积物，则采用间歇或连续排渣方式将其排出。用于这种分离过程的离心机，一般称为分离机。

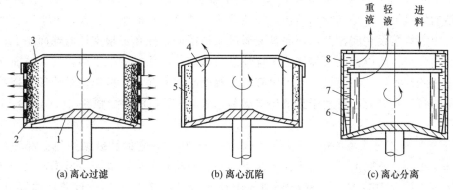

(a) 离心过滤　　　　　(b) 离心沉陷　　　　　(c) 离心分离

图 4-83　离心过程的种类

1—鼓底；2—鼓壁；3—顶盖；4—液体；5—固体；6—固体颗粒沉淀；7—轻液；8—重液

2. 常见离心机分类

(1) 按分离因数 F_r 值（或转鼓转速）分

① 常速离心机 $F_r \leq 3500$，一般为 $600 \sim 1200$；转鼓转速为 $6.6 \sim 20 \text{s}^{-1}$（$396 \sim 1200$r/min），此种离心机的转速较低，一般直径较大。

② 高速离心机 $F_r > 3500 \sim 50000$，此种离心机的转速较高，一般转鼓的直径较小，而长度较长。

③ 超高速离心机 $F_r > 50000$，由于转速很高，一般在 50000r/min 以上，故常将转鼓做成细长的管式。

(2) 按运行的方式分

① 间歇式离心机 此类离心机的加料、分离、洗涤和卸渣等工序，均为间歇操作，常采用人工、重力或机械方式进行卸渣，如三足式、上悬式离心机等。

② 连续式离心机 此种离心机的进料、分离、洗涤和卸渣等工序，采用间歇自动或连续自动两种方式之一进行。

(3) 根据自动卸渣的方式分

可分为刮刀卸料离心机（工序间歇，操作自动），活塞推料离心机（工序半连续，操作自动），螺旋卸料离心机（工序连续，操作自动），离心力卸料离心机（工序连续，操作自动），振动卸料离心机（工序连续，操作自动），（进动）卸料离心机（工序连续，操作自动）等。

(4) 按分离过程分

可分为过滤式离心机、沉降式离心机和离心分离机等。

3. 常见离心机的结构

(1) 间歇式离心机

间歇式离心机，主要有三足式和上悬式两种。它们的共同特点是工艺生产中的加料、分离、洗涤、脱水和卸料等工序，大多数是周期性或间歇性进行，在加料和卸渣时，需停机或减速，多数生产工序是由人工控制，但随技术的发展，现已有半自动或自动卸料的结构投入生产。

① 三足式离心机 三足式离心机，有上部卸料和下部卸料之分。

a. 上部卸料三足式离心机（SS 型） 如图 4-84 所示，它的转鼓装在主轴上，主轴则垂直地装在轴承座的滚动轴承内，而轴承座用螺栓固定在悬挂于支柱（支足）上的底盘上；电动机经水平布置的 V 带及其带轮的传动，使主轴和转鼓旋转；转鼓则被密闭在固定的机盖内。该结构的最大特点是其支承结构为挠性系统。该离心机的整个转鼓、轴承座、外壳、电动机及带轮等均装设在底盘上，而底盘又通过三根摆杆悬挂在三根支柱的球面座上；因摆杆上装有缓冲弹簧，所以使底盘始终置于挠性悬吊状态；因摆杆的上下两端均为球面支承，能在支柱上任意摆动，从而使机身也可以有较大幅度的水平摆动，所以使系统形成挠性状态。

上部卸料三足式离心机适于分离中等颗粒（$0.1 \sim 1$mm）和细颗粒（$0.01 \sim 0.1$mm）的悬浮液等。

b. 下部卸料三足式离心机（SX 型） 如图 4-85 所示，它的转鼓结构与上部卸料三足式离心机基本相同。不同的是，为了便于从下部卸料而将转鼓底改成开口形式，又增加了卸料的刮刀装置。该刮刀装置是以液压驱动并做径向旋转的宽刮刀，在转鼓转速降到 $0.33 \sim 0.5 \text{s}^{-1}$（$20 \sim 30$r/min）时将滤渣卸出。其中，刮刀的升降动作，由刮刀升降液压缸 3 控制；

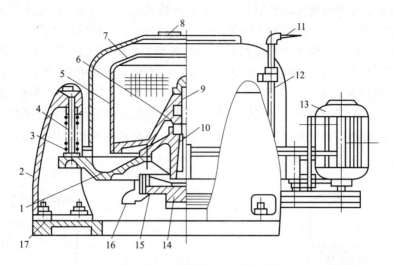

图 4-84　上部卸料三足式离心机

1—底盘；2—支足；3—缓冲弹簧；4—摆杆；5—鼓壁；6—转鼓底；7—拦液板；
8—机盖；9—主轴；10—轴承座；11—制动手柄；12—外壳；13—电动机；14—带轮；
15—制动轮；16—滤液出口；17—机座

刮刀切入料层的运动，由刮刀回转液压缸 4 控制；刮刀的旋转运动和升降运动，均由液压系统驱动。为克服此种离心机的缺点和不足，目前已经将这种离心机改造成半自动和自动卸料的形式。

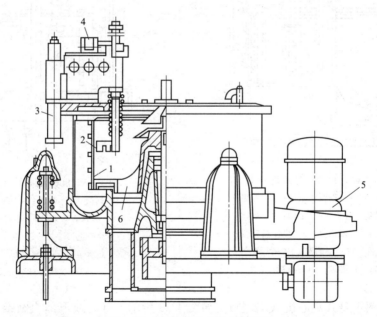

图 4-85　下部卸料三足式离心机

1—转鼓；2—刮刀；3—刮刀升降液压缸；4—刮刀回转液压缸；5—齿轮箱；6—卸料口

② 上悬式离心机　如图 4-86 和图 4-87 所示，上悬式离心机有重力卸料上悬式离心机（XZ 型）和机械卸料上悬式离心机（XJ 型）两种。它们都是采用挠性轴和下部卸料；其转鼓悬在轴的下端，而轴的下端则穿过转鼓的上口，并固定在转鼓下口的轮毂上；电动机装在

转鼓主轴的顶上，并通过挠性联轴器与悬挂在挠性轴承座上的主轴上端相连接，从而带动转鼓旋转而完成加料、分离、洗涤和干燥等。与三足式相比，这种离心机的不同之处在于转鼓的重心离上悬挂点较远，因此具有良好的铅垂性及稳定性；因主轴为细长的悬臂轴，其悬挂点又采用了挠性轴承座和可摆动的调心轴承，使系统具有很低的临界转速和良好的自动对中性能，所以振动小、运转稳定；主轴分为上下两段，其上段与电动机输出轴相连，下段与转鼓相连，上下两段用挠性联轴器相连，所以允许主轴有一定的摆动量；由于将传动装置设计在上，而卸料装置设计在下，从而可避免母液流入轴承及传动机构，可大大减轻劳动强度。

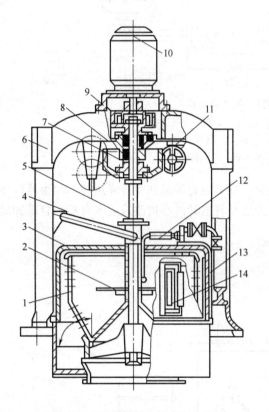

图 4-86 重力卸料上悬式离心机

1—转鼓；2—分布盘及喇叭罩；3—外壳；
4—喇叭罩提升装置；5—主轴；6—机架；
7—制动轮；8—轴承座；9—挠性联轴器；
10—电动机；11—制动器；12—洗涤管；
13—冲洗管；14—视镜

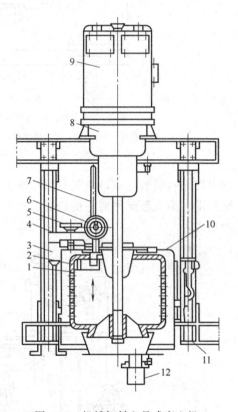

图 4-87 机械卸料上悬式离心机

1—转鼓；2—刮刀；3—刮刀固定架；
4—刮刀活动架；5—径向进刀手轮；
6—轴向进刀手轮；7—轴向进刀螺杆；
8—支承结构；9—电动机；10—外壳；
11—支架；12—分流器

　　a. 重力卸料上悬式离心机（XZ 型）　如图 4-86 所示，其转鼓下部为圆锥形，并用可以上下活动的喇叭罩将出口盖住；当需卸料时，停机或降速后用人工或自动控制将喇叭口提起，使滤渣借重力卸出。

　　重力卸料不破损滤渣晶粒，不损伤滤布，又能减轻劳动强度，适于比较疏松的滤渣，但不适于发黏的物料和被甩压很结实的物料等。

　　b. 机械卸料上悬式离心机　如图 4-87 所示，为了便于刮刀沿鼓壁全高都能刮取物料，该离心机采用圆筒平底的转鼓；刮刀固定在螺栓上，用轴向进刀手轮来控制刮刀的上下轴向移动进刀，用径向进刀手轮来转动活动刀架而使刮刀回转，以控制刮刀的径向进刀；整个刮刀机构都装在刀架上，而刀架则固定在外机壳上。

用刮刀进行卸料，是在低转速下的强制性卸料，它能按时将物料刮下并卸出，但有一部分晶粒会被破坏。此外，还应适当控制进刀量和卸料时间，否则易使转鼓产生振动。

上悬式离心机适用于分离含有中等粒度（0.1～1mm）的悬浮液，尤其适用于分离黏度较大而需要较长时间分离以及固相颗粒允许被破碎的各种悬浮液。

（2）连续式离心机

① 刮刀卸料离心机　卧式刮刀卸料离心机，是一种连续运转，间歇操作（加料、分离、卸料等工序），用刮刀卸除物料的过滤式离心机。它是在转鼓全速连续运转下，依次进行自动进料、洗料、分离、卸料、洗网等操作；根据设计要求，其每个工序都可以由气、液压系统进行自动控制。

按转鼓在主轴上的位置，卧式刮刀卸料离心机可分为悬臂型、简支型和深凹底型三种。

a. 悬臂型刮刀卸料离心机。如图 4-88 所示，它是应用最多的一种刮刀卸料离心机。其主轴水平支承在轴承箱中的前、后轴承上，其中前轴承采用双列向心球面滚柱轴承，而后轴承则采用单列向心滚柱轴承；轴承箱装在机座上，内部装有规定深度的 20# 机械油，箱盖装有视镜和温度计；主轴前轴承端采用迷宫密封，后轴承端采用胶质密封圈密封；主轴前端有 1：10 的锥度，并用平键与转鼓底相连，后端则装有带轮。转鼓装在主轴的外伸端，由过滤式鼓壁、鼓底和拦液板等组成；鼓壁上密布 φ7～10mm 的小孔，并内衬有底网和滤网，鼓壁

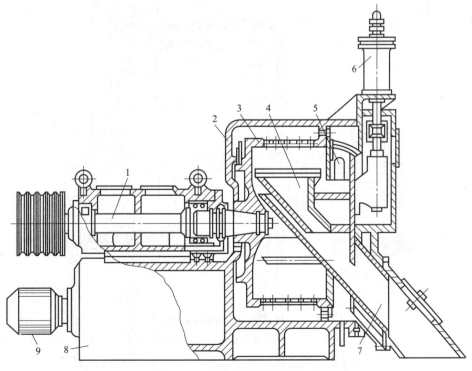

图 4-88　悬臂型刮刀卸料离心机

1—主轴；2—外壳；3—转鼓；4—刮刀机构；5—加料管；
6—提刀液压缸；7—卸料斜槽；8—机座；9—液压泵电动机

内还有供嵌入金属滤网或压紧滤布的橡胶圈用的环槽；主轴、轴承座和外壳固定在机座上，外壳前盖上装有刮刀机构、加料管、卸料槽和洗涤管等。

离心机的控制系统，能自动控制加料时间，此外，转鼓内还装有一套耙齿装置，用以耙平物料并控制滤渣层的厚度，以免产生振动，耙齿装置的轴及其杠杆平衡重锤装在门盖上，当转鼓内的物料积存到一定厚度时，耙齿便随其转动一定角度，并通过杠杆触及行程开关使加料暂停，随后开始分离和卸料。

刮刀卸料离心机启动时，应先空载启动，转鼓达到工作转速，然后打开进料阀。悬浮液则沿着进料管进入转鼓，滤液通过转鼓壁被甩出，并沿机壳内壁流入排液管；粒状物料则被拦截在转鼓内而形成滤渣层，当滤渣层达一定厚度时，即停止进料，进入洗涤和甩干等过程；当完成工艺指标后，则通过液压缸活塞带动刮刀向上运动，被刮下的滤渣则沿着卸槽卸出；每次加料之前都要以洗液清洗滤网，清除滤网上的残留滤渣；洗网结束后，即进入下一个循环。

b. 简支型刮刀卸料离心机。如图4-89所示，其结构和工作原理和悬臂型相类似。它的主要特点是，由于转鼓底上具有很长的轴壳，故能保证很大的连接刚性；轴承采用可调位的长滑动轴承，使其能承受较大尺寸和质量的转鼓；为确保滤渣能通畅地从卸料斜槽卸下，在卸料槽上装设压缩空气或电磁振动器。

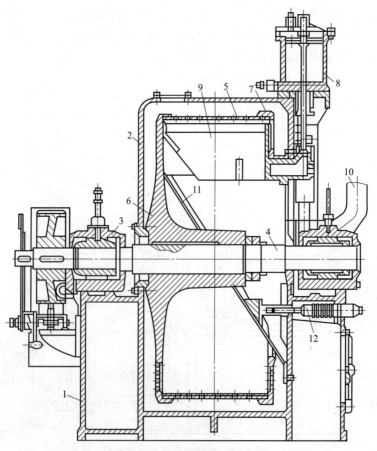

图 4-89 简支型刮刀卸料离心机

1—机座；2—外壳；3—轴承；4—轴；5—鼓壁；6—鼓底；7—顶盖；
8—提刀液压缸；9—刮刀；10—进料管；11—斜卸料槽；12—振动器

c. 深凹底型刮刀卸料离心机。如图 4-90 所示，其结构和工作原理也和悬臂型类似。

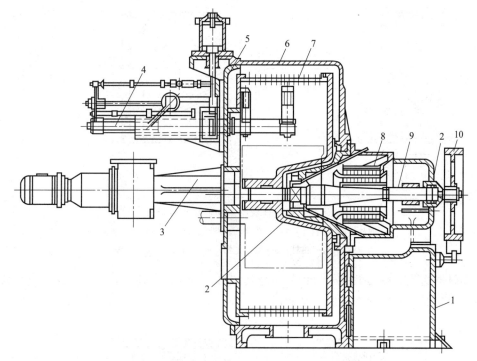

图 4-90 深凹底型刮刀卸料离心机

1—机座；2—轴承；3—螺旋送料器；4—窄刀往复运动机构；

5—窄刀旋转运功机构；6—外壳；7—转鼓；8—嵌入式电动机；9—轴；10—制动轮

② 卧式活塞推料离心机（WH型） 卧式活塞推料离心机，是一种自动连续操作、脉冲卸料的过滤式离心机。它在全速下运转，能连续进行加料、过滤、分离、洗涤（需要时）、干燥等操作，卸料则由液压系统控制的复合缸往复推动推料盘，脉动式地卸出。活塞推料离心机有单级、双级和多级之分，其作用原理基本相同，而多级型则更接近于连续卸料。

a. 单级活塞推料离心机。如图 4-91 所示，其悬臂式转鼓由空心主轴带动高速旋转，而推料盘随同转鼓同步旋转的同时又被推杆带动，并在转鼓内做往复运动；而推杆则由液压缸中做往复运动的活塞所带动；布料斗与推料盘由卡座（或连板）将二者连为一体；卡座间的空腔，可让料液流过；当悬浮液连续地从加料管进入布料斗后，在布料斗与转鼓一起高速旋转所产生的离心力作用下，使料液均匀地分布到转鼓内壁的筛网上；滤液则从筛网被甩出，而被筛网分离出来的物料（滤渣）则被推料盘脉动地推进；推料盘每往复推送一次，便将物料向前推进行程长为 l 的一段距离，一直将物料推至转鼓口外而被卸出。推料盘的行程和往复的次数均可调节，一般行程长度 l 为转鼓长度的 1/10（约 30~50mm），往复次数为 20~30 次/min。

b. 双级和多级活塞推料离心机。图 4-92 为双级活塞推料离心机示意图，其一级转鼓（内鼓）与推杆相连接并套装在二级转鼓（外鼓）中，一级转鼓的推料盘与二级转鼓用 10 个长条形凸块连接，它们都由空心主轴带动而一起旋转；当一级转鼓由推杆带动向右推移时，进料停止，同时一级转鼓中的固定推料盘将经过一级转鼓分离过的物料推送到二级转鼓中去；当一级转鼓向左推移时，一级转鼓进料，此时固定在一级转鼓外口上的推料盘将二级转

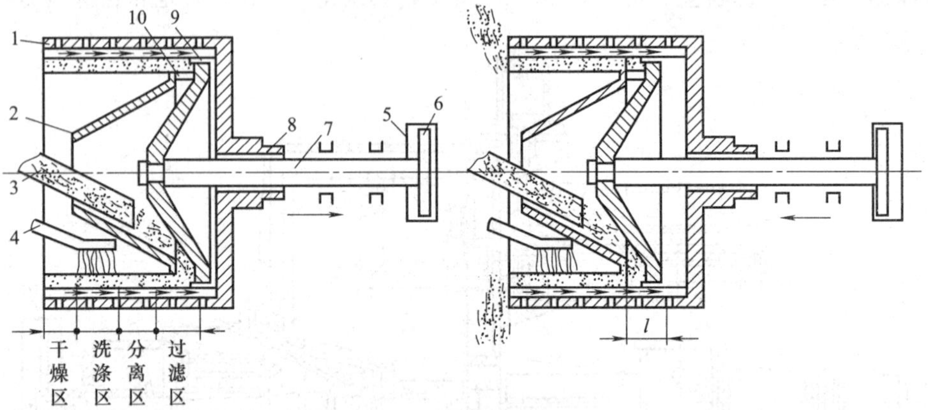

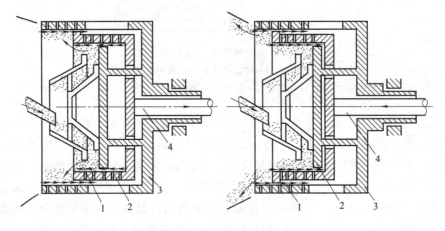

图 4-91　单级活塞推料离心机工作原理

1—转鼓；2—布料斗；3—加料管；4—洗涤水管；5—复合液压缸；

6—活塞；7—推杆；8—空心主轴；9—推料盘；10—卡座

鼓中的物料推送到二级转鼓的外口以外而将其卸出；如此循环往复，离心机在一级转鼓中间歇进料，而二级转鼓中的物料则脉动卸出。

图 4-92　双级活塞推料离心机示意图

1—内转鼓；2—推料盘；3—外转鼓；4—推杆

活塞推料离心机，主要适用于含固体量 30%～70%，固体颗粒在 0.5～15mm 左右的悬浮液的脱水，即适用于粗分散的并能很快脱水和失去流动性的悬浮液。

③ 卧式螺旋卸料离心机（WL 型）　螺旋卸料离心机是连续操作的沉降式离心机，它可将加料、分离、干燥、卸料等全部操作连续地进行。

如图 4-93 所示，这种离心机多为沉降式。在其外壳内装有两个转子，其中外转子是一个锥形或柱-锥形起沉降作用的无孔转鼓，两端被固定在空心转轴上，并由装在右边的带轮带动旋转；而内转子则为一个在柱形圆筒上装有锥形叶片的螺旋推料器，它是由左端的差动齿轮变速器所带动，并与外转子同方向旋转。变速器为一行星齿轮系，它是由外转子通过空心轴带动旋转，并使螺旋推料器的转速比锥形转鼓快 20～50r/min（也有慢 20～50r/min 的）。此差值通常是外转子转数的 1%～2%，称其为转差率。由于内、外转子的转差，使螺旋推料器的螺旋叶片与转鼓内壁间产生相对的运动，从而使螺旋推料器能推送固体物料。当悬浮液不断从右端的中心加料管加入时，便通过螺旋推料器沿筒壁上的进料孔被送到锥形转鼓内；在转鼓旋转离心力的作用下，物料聚集在转鼓的大端而形成一沉降区；在沉降区中，悬浮液里的固相物料受到离心力作用而沉降到转鼓内壁上，并逐渐被螺旋推料器推送到转鼓小端的干燥区，然后从卸渣口被甩出；而达到一定深度的澄清液，则从锥形转鼓大端端面上的 4 个圆形溢流孔排出机外。溢流口上装有溢流挡板，改变挡板的位置，就可以改变溢流口直径。溢流出口直径加大时，沉降区缩短，而干燥区变长，溢流液深度变浅，使沉渣含湿量降低，但可能有一部分小颗粒固体来不及沉降就被溢流的澄清液带走而使澄清度降低；当将溢流口直径调小时，则沉降区加长，干燥区缩短，溢流环深度将增加，使溢流液的澄清度提高，同时也使沉渣的含湿量相应增高。溢流挡板的调整，应根据被分离物料的性质和工艺要求通过试验来决定。

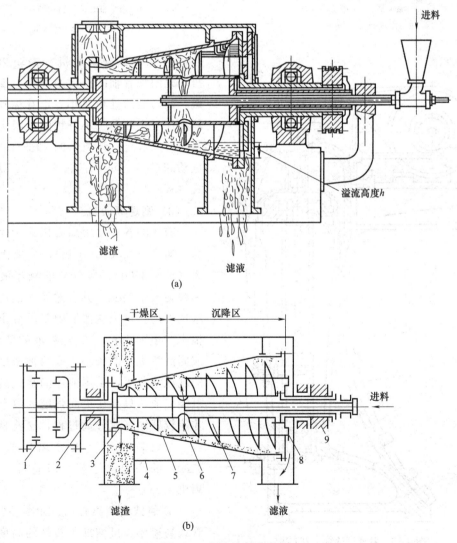

图 4-93 螺旋卸料离心机

1—内齿啮合差动齿轮变速器；2—空心轴；3—卸渣孔；4—外壳；
5—锥形转鼓；6—进料孔；7—螺旋推料器；8—溢流孔；9—带轮

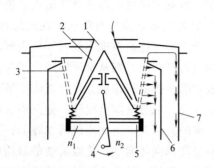

图 4-94 立式振动卸料离心机结构示意图

1—加料管；2—布料斗；3—锥篮；

4—激振器；5—振动构件；

6—内机壳；7—外机壳

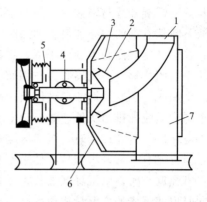

图 4-95 卧式振动卸料离心机结构示意图

1—加料管；2—布料斗；3—锥篮；

4—激振器；5—振动构件；

6—左机壳；7—右机壳

④ 振动卸料离心机 振动卸料离心机，是附加有轴向振动的离心力卸料离心机。其转鼓的锥角较小，也有称其为具有较高往复次数和极小行程的无限级数的活塞推料离心机。如图 4-94 和图 4-95 所示，振动卸料离心机，有立式（LE 型）和卧式（WE 型）两种。

（3）高速离心机

前述的各种常用离心机的转速都不太高（通常 $n < 3000r/min$），分离因数也不大（$F_r < 3500$），所分离的悬浮液的固体颗粒均大于 $5\mu m$，并且对滤渣的澄清度要求也不高。对于悬浮液中要求分出的粒子很小（小于 $5\mu m$），或悬浮液的黏度较大，或固液相重度差较小，或两种密度差较小的乳浊液分离，采用前述的常速离心机不可能完成，只有在更高强度的离心力场内才能较好地完成分离过程，这就是高转速（$n > 3000r/min$）、大分离因数（$F_r > 3500$）的高速离心机，即通常所说的分离机。

① 管式高速离心机 如图 4-96 所示，管式高速离心机增加了转鼓的高度，从而增加了物料在转鼓内停留的时间。该机具有一个高速旋转的细长转鼓，一般转鼓的长径比在 7 以上，转速约为 $15000r/min$，

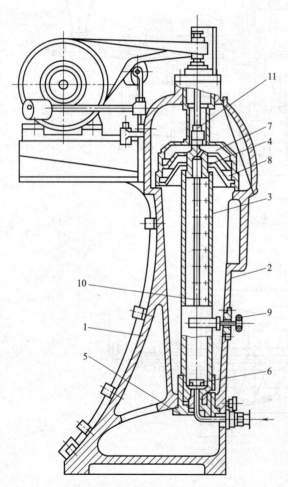

图 4-96 管式高速离心机结构

1—机座；2—外壳；3—转鼓；4—上盖；

5—底盘；6—进料分布盘；7,8—轻重液收集器；

9—制动器；10—桨叶；11—锁紧螺母

所以能产生相当高强度的离心力场，使其分离因数可达到极高的程度。因此，这种离心机可用来分离两种密度相差不大的乳浊液，也可用来沉降液固相密度不大，而用其他沉降式离心机难以分离的稀悬浮液（固相小于10%），并可得到极纯的液相和密实的固相。

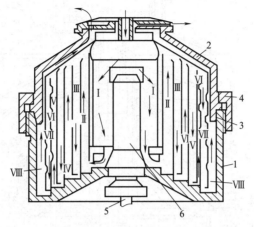

图 4-97　室式分离机的转鼓结构
1—圆筒；2—上盖；3—密封圈；4—连接环；5—轴；6—轴套

② 室式分离机　室式分离机是在管式分离机的基础上发展的，可认为是由若干圆筒的管式分离机的转鼓相套叠而成，如图 4-97 所示。

③ 碟片式分离机　碟片式分离机是在室式分离机的基础上发展起来的。用来分离含少量固相的悬浮液或不含固相的双组分乳浊液。图 4-98 的左半部是用于分离乳浊液的结构形式，每层碟片上均开有小孔，称为中性孔；图的右半部是用于分离悬浮液的结构形式，在转鼓壁上开有自动排渣喷嘴。

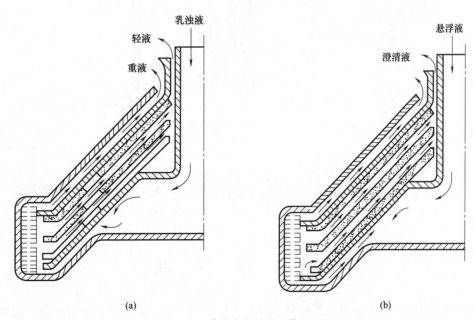

图 4-98　碟片分离机的工作原理

图 4-99 所示为自动间隙排料碟片式分离机结构简图。

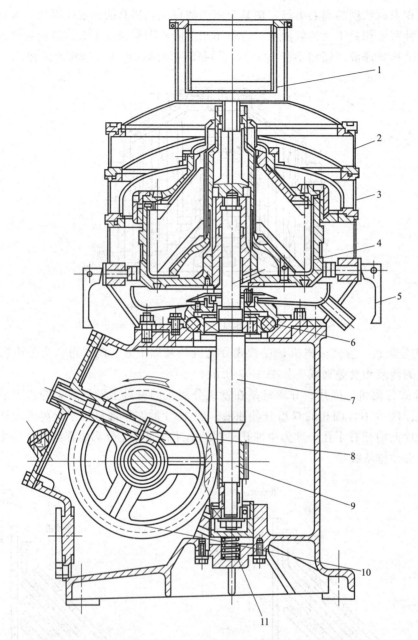

图 4-99 自动间隙排料碟片式分离机

1—过滤器；2—轻液收集罩；3—重液收集罩；4—转鼓；5—制动器；6—减振垫；

7—垂直轴；8—测速器；9—小螺旋齿轮；10—大螺旋齿轮；11—轴向弹簧

第七节 搅 拌 机

搅拌可以使两种或多种不同的物质在彼此之中互相分散，从而达到均匀混合；也可以加速传热和传质过程。搅拌操作的例子颇为常见，例如在化验室里制备某种盐类的水溶液时，为了加速溶解，常见用玻璃棒对烧杯中的液体进行搅拌。又如为了制备某种悬浮液，就要用玻璃棒不断地搅动容器中的液体，使固体颗粒不致沉下，而保持它在液体中的悬浮状态。在工业生产中，搅拌操作是从化学工业开始的，围绕食品、纤维、造纸、石油、水处理等，作为工艺过程的一部分而被广泛应用。

1. 搅拌机工作原理

搅拌操作分为机械搅拌和气流搅拌。气流搅拌是利用气体鼓泡通过液体层，对液体产生搅拌作用，或使气泡群以密集状态上升借气升作用促进液体产生对流循环。与机械搅拌相比，仅气泡的作用对液体所进行的搅拌是比较弱的。但气流搅拌无运动部件，所以在处理腐蚀性液体、高温高压条件下的反应液体的搅拌是很便利的。在工业生产中，大多数的搅拌操作均系机械搅拌。搅拌设备主要由搅拌装置、轴封和搅拌罐三大部分组成，其构成形式如下。

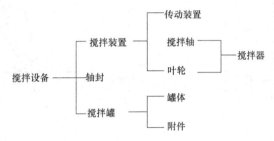

搅拌设备的结构如图 4-100 所示。

2. 搅拌机分类

搅拌设备可以从各种不同的角度进行分类，如按工艺用途分、按搅拌器结构形式分或按搅拌装置的安装形式分等。以下仅就搅拌装置的各种安装形式进行分类说明。

(1) 立式容器中心搅拌

将搅拌装置安装在立式设备筒体的中心线上，驱动方式一般为带传动和齿轮传动，用普通电动机直接连接或与减速器直接连接。从功率方面看，可从 0.1kW 到数百千瓦。但在实际应用中，常用的功率为 0.2～22kW，有人统计这种范围内的电动机数量约占电动机总数量的 50%。由于设备的大型化，超过 400kW 的大型搅拌设备也出现了。一般认为功率 3.7kW 以下为小型，5.5～22kW 为中型。转速低于 100r/min 为低速，100～400r/min 为中速，大于 400r/min 为高速。桨叶的形状，根据用途可以考虑各种各样的组合方式，一般以三叶推进式、涡轮式为主体。轴封以填料函密封的比较多，但对于真空及承受压力比较高的，要采用机械密封。立式容器搅拌设备如图 4-100 所示。

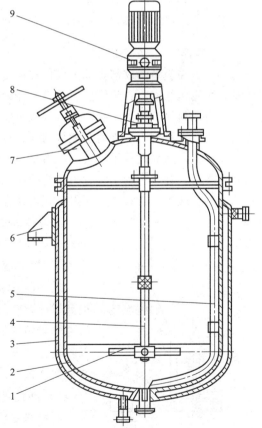

图 4-100 立式容器搅拌设备结构

1—搅拌器；2—罐体；3—夹套；4—搅拌轴；5—压出管；
6—支座；7—人孔；8—轴封；9—传动装置

（2）偏心式搅拌

搅拌装置在立式容器上偏心安装，能防止液体在搅拌器附近产生圆柱状回转区，可以产生与加挡板时相近似的搅拌效果。偏心搅拌的流型示意图如图 4-101。搅拌中心偏离容器中心，会使液流在各点所处压力不同，因而使液层间相对运动加强，增加了液层间的湍动，使搅拌效果得到明显提高。但偏心搅拌容易引起振动，一般用于小型设备上。

（3）倾斜式搅拌

为了防止涡流的产生，对简单的圆筒形或方形敞开的立式设备，可将搅拌器用夹板或卡盘直接安装在设备筒体的上缘，搅拌轴斜插入筒体内，如图 4-102 所示。

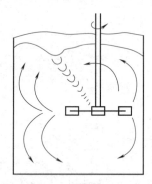

图 4-101　偏心搅拌流型示意图

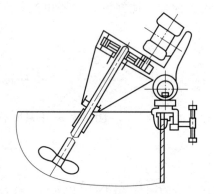

图 4-102　倾斜式搅拌

（4）底搅拌

搅拌装置在设备的底部，称为底搅拌设备。底搅拌设备的优点是：搅拌轴短、细，无中间轴承，可用机械密封；易维护、检修，寿命长。底搅拌比上搅拌的轴短而细，轴的稳定性好，既节省原料又节省加工费，而且降低了安装要求。所需的检修空间比上搅拌小，避免了长轴吊装工作，有利于厂房的合理排列和充分利用。由于把笨重的减速装置和动力装置安放在地面基础上，从而改善了封头的受力状态，同时也便于这些装置的维护和检修。底搅拌装置安装在下封头处，有利于上封头接管的排列与安装，特别是上封头带夹套，冷却气相介质时更为有利。底搅拌有利于底部出料，可使出料口处得到充分搅动，使输料管路畅通。

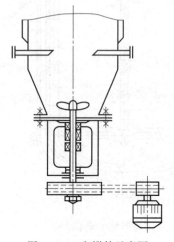

底搅拌如图 4-103 所示。搅拌器有涡轮式、螺带式、推进式、三叶后掠式。

（5）卧式容器搅拌

搅拌器安装在卧式容器上面，可降低设备的安装高度，提高搅拌设备的抗振性，改进悬浮液的状态等。可用于搅拌气液非均相系的物料。搅拌器可以立装在卧式容器上，也可以斜装在容器上。如图 4-104 所示，卧式容器上安装了四组搅拌器装置。

（6）卧式双轴搅拌

搅拌器安装在两根平行的轴上，两根轴上的搅拌叶轮不同，轴速也不等，如图 4-105，这种搅拌设备主要用于高黏液体。

图 4-103　底搅拌示意图

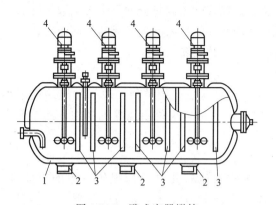

图 4-104 卧式容器搅拌

1—壳体；2—支座；3—挡板；4—搅拌器

图 4-105 卧式双轴搅拌机

(7) 旁入式搅拌

旁入式搅拌设备是将搅拌装置安装在设备筒体的侧壁上，所以轴封结构是最费脑筋的。在小型设备中，可以抽取设备内的物料，卸下搅拌装置更换轴封部分，所以搅拌装置的结构要尽量简单。但是在大型设备中，为了在不抽出设备内液体的条件下而便于更换轴封部件和传动部件，大多在设备内设置断流结构。

旁入式搅拌分为角度固定的旁入式搅拌、角度可变的旁入式搅拌两种。图 4-106 所示为角度可变的旁入式搅拌。

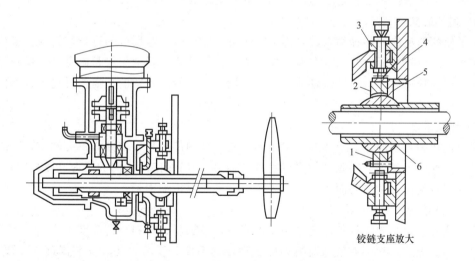

铰链支座放大

图 4-106 角度可变的旁入式搅拌

1—垫料压盖（切成两块）；2—垫料（可更换）；3—铰链；

4—开槽螺母；5—动 O 形圆；6—不锈钢球

(8) 组合式搅拌

有时为了提高混合效率，需要将两种或两种以上形式不同、转速不同的搅拌器组合起来使用，称为组合式搅拌设备。如图 4-107 所示，是一台用于生产牙膏、涂料等的搅拌设备，通过三种叶轮的协同作用，将固体粉末均匀地分散到黏稠性液体中。齿片式叶轮以大于1500r/min 的高速进行回转，具有打散粉团和打碎固体颗粒的作用；螺杆式叶轮以每分钟数十转至数百转的速度旋转，它造成强有力的轴向流动；锚式叶轮以每分钟十多转至数十转的低速转动，把罐内液体输送至齿片式叶轮造成的高剪切区和螺杆式叶轮形成的轴向流区。由于这三个叶轮的旋转轴互不重合，故称为非同轴组合式搅拌设备。

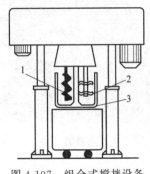

图 4-107　组合式搅拌设备
1—螺杆；2—齿片；3—锚

3. 搅拌机结构

搅拌机的类型繁多，但基本结构相类似，现就常用的立式容器中心搅拌机（图 4-107）的结构来说明搅拌机结构，其主要由以下几部分组成。

（1）釜体

釜体是一个容器，为物料进行化学反应提供一定的空间。釜体通常由圆筒形筒体及上、下封头（大多为椭圆形，为卸料方便也有用锥形下封头的）组成，反应釜的直径和高度由生产能力和反应要求决定。由于化学反应物料可能是易燃、易爆或有毒，而且常要保持一定的操作温度、压力（或真空）等，所以反应釜大多数是密闭的，对常压、无毒及反应过程允许的条件下，它也可设计成敞开的。

（2）传热装置

由于化学反应过程一般都伴有热效应，即反应过程中放出热量或吸收热量，因此在釜体的外部或内部需设置供加热或冷却用的传热装置。加热或冷却都是为了使温度控制在反应所需范围内。常用的传热装置是在釜体外部设置夹套或在釜体内部设置蛇管。

（3）搅拌装置

为了使参加反应的各种物料混合均匀，接触良好，以加速反应的进行，需要在釜体内设置搅拌装置。搅拌装置由搅拌轴和搅拌器组成，搅拌装置的转动一般是由电动机经减速器减到搅拌器所需转速后，再通过联轴器来带动。搅拌轴一般是悬臂的，需要时也可在釜内设置中间轴承或底轴承。

（4）轴封装置

由于搅拌轴是动的，而釜体封头是静的，在搅拌轴伸出封头之处必然有间隙，介质会由此泄漏或空气漏入釜内，因此必须进行密封（轴封），以保持设备内的压力（或真空度），并防止反应物料逸出和杂质的渗入。通常采用填料密封或机械密封。

（5）其他结构

除上述几部分主要结构外，为了便于检修内件及加料、排料，还需装焊人孔、手孔和各种接管；为了操作过程中有效地监视和控制物料的温度、压力，还要安装温度计、压力表、视镜、安全泄放装置等。

由于影响搅拌过程的因素极其复杂，而且研究者各自的实验重点不同，因此结论也不尽相同。搅拌机的选型不仅要考虑搅拌过程的目的，也要考虑动力消耗问题，在达到同样搅拌效果时，应尽量减少功率消耗。另外搅拌机的结构，也是选型中要考虑的因素。所以，一个完整的选型方案必须满足效果、安全和经济的要求。

知 识 要 点

本章介绍了化工常用泵、风机、压缩机（活塞式和离心式）、汽轮机、燃气轮机、离心机、搅拌机等设备的基本结构和工作原理。

① 化工常用泵

• 叶片式泵：离心泵依靠高速旋转的叶轮所产生的离心力对液体做功，主要构件有叶轮、泵壳、泵轴和轴封装置等；轴流泵是利用叶轮在水中旋转时产生的推力将水提升的，流体流入叶轮和流出导叶都是沿轴向；旋涡泵是使流体在叶轮内产生高速旋转的"旋涡"，在叶轮中多次加速获得能量，由叶轮、泵体、泵盖等主要部件组成。

• 容积泵：往复泵是利用活塞的往复运动，将能量传递给液体，它主要由泵缸、活塞、活塞杆、吸入阀和排出阀组成；计量泵是通过偏心轮把电动机的旋转运动变成活塞往复运动的泵；螺杆泵是利用互相啮合的一根或数根螺杆啮合空间的容积变化来输送液体的容积泵。

• 其他类型泵：喷射泵是利用流体流动产生能量的转变来达到输送的目的；真空泵是利用机械、物理、化学、物理化学等方法对容器进行抽气，从而使设备内的压力低于 1atm 气压的设备。

② 风机：一般将全压 $p < 15kPa$ 或 $\varepsilon < 1.15$ 的风机称为通风机，按结构形式的不同，可将其分为离心式、混流式、轴流式通风机；排气压力 $p_d > 14710Pa$ 而又小于或等于 $19.9 \times 10^4 Pa$（或 $1.15 < \varepsilon \leqslant 3$）时称鼓风机，常见的有回转式和透平式两大类。

③ 压缩机：离心式压缩机主要通过叶轮的高速旋转使气体获得一定的动能，然后将动能转化成静压能的流体机械，主要由转子（轴、叶轮、联轴器等）和定子（扩压器、弯道、回流器、吸气室和蜗壳等）组成；活塞式压缩机通过活塞的往复运动改变汽缸的工作容积来提高气体压力的，主要有机体、曲轴、连杆组件、活塞组件、吸排气组件、汽缸套组件等组成；螺杆式压缩机结构与工作原理类似螺杆泵。

④ 汽轮机：是利用来自锅炉或其他汽源的蒸汽来做功的旋转式驱动机，主要有转子（轴、叶轮以及叶轮上嵌有的动叶片等构成）和静止部分（汽缸、隔板、静叶以及轴承）等组成；燃气轮机是内燃的旋转式动力机械，主要有压气机、燃烧室和透平三大部件构成。

⑤ 离心机：将多相混合物料放在回转的转鼓内使其处在离心力场中，利用离心力的作用使液相非均一系物料得以分离设备。常见的类型有以下 2 种。

• 间歇式离心机：生产中的加料、分离、洗涤、脱水和卸料等工序，大多数是周期性或间歇性进行，如三足式和上悬式离心机。

• 连续式离心机：在转鼓全速连续运转下，依次进行自动进料、洗料、分离、卸料、洗网等操作，如刮刀卸料离心机、卧式活塞推料离心机。

⑥ 搅拌机：主要使物料混合均匀，促进其化学反应的设备，机械搅拌机常有釜体、传热装置、搅拌装置、轴封装置和其他辅助结构组成。

复习思考题

4-1 按工作原理不同，泵可分为哪些类型？各有什么结构特点？

4-2 说明离心泵的工作原理。

4-3 离心泵启动前为什么一定要灌泵？

4-4 离心泵的叶轮有哪些类型？

4-5 旋涡泵在结构、工作原理上跟离心泵有哪些共同和不同的地方？操作中为什么要用旁路阀来调节流量？

4-6 往复泵由哪些主要零部件组成？工作原理怎样？它有哪些类型？

4-7 螺杆泵有几种？它们都是怎么进行工作的？

4-8　离心机的种类、用途是什么？

4-9　什么是离心机的分离因数？

4-10　离心机的分类方法有几种？

4-11　人工操作间歇式离心机主要有哪些类型？

4-12　三足式离心机的优缺点是什么？

4-13　上悬式离心机的特点是什么？

4-14　自动连续式离心机有哪几种？

4-15　高速离心机的转鼓有哪些类型？结构类型有何不同？

第五章　化工设备基础

在化工生产所用的机器和设备中，不论数量或重量，化工设备占大多数。它们广泛用于物料储存、化学反应、传热和分离等方面。本章概述的内容包括"化工容器"和"化工设备"两部分。化工生产上用来储存液体或气体的储槽、计量罐，一般就称为容器；另外，各种化工设备可以看成是由一个外壳和装入满足工艺要求的内件所组成，这些设备的外壳也是容器，故容器是化工设备的重要组成部分。本章主要介绍的是薄壁容器。设备部分主要讨论一些典型的化工设备，例如：换热器、塔设备、反应釜及常用的零部件，如法兰连接、密封等的结构、性能、特点；以及化工设备之间连接用的管件与阀门。

第一节　压力容器及锅炉

1. 压力容器的基本结构

化工设备广泛地应用于化工、食品、医药、石油及其他工业部门。虽然它们服务的对象、操作条件、内部结构不同，但它们都有一外壳，这一外壳称为容器。若容器同时具备以下条件，则称为压力容器。

① 最高工作压力大于或等于0.1MPa（不含液柱静压力）；

② 内直径（非圆形截面指断面最大尺寸）大于或等于ϕ0.15m，且容积大于或等于0.025m^3；

③ 介质为气体、液化气体或最高温度大于或等于标准沸点的液体。

压力容器的压力主要来源于压缩机、蒸汽锅炉、液化气体的蒸发压力及化学反应产生的压力等。

最常见的钢制圆筒形化工容器的典型结构如图5-1所示，主要由圆柱形筒体和两端的成形封头组成，并开设各种化工工艺所需要的接管（如进口、出口、压力表、液面计等），为检修方便开设人孔（或手孔），接管、人孔（或手孔）与容器间用法兰连接，借助支座将容器安置在基础上。

为了便于设计，有利于成批生产，提高质量，降低成本，我国有关部门已制定了化工容器零部件标准，例如封头、法兰、支座、人孔、手孔等，设计时可直接选用。

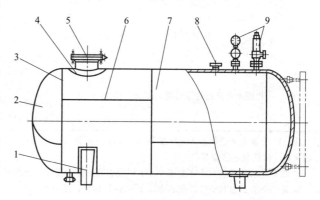

图 5-1　化工容器的基本结构

1—鞍式支座；2—封头；3—封头拼焊焊缝；4—补强圈；

5—人孔；6—筒体纵向拼焊焊缝；7—筒体；8—接管

法兰；9—压力表与安全阀

2. 压力容器的分类

压力容器的种类很多，从不同的

角度，可以将它们分成不同的类别。

(1) 按压力容器的压力等级划分

化工容器都是承受气体或液体介质压力的，属于压力容器。当容器内部的工作压力大于外界压力时，称为内压容器；如果内部的工作压力小于外界的压力，则称为外压容器；如果内部的工作压力等于外界的压力，则称为常压容器。《容规》中按内压容器的设计压力（p），将内压容器分为低压、中压、高压和超高压四个压力等级，具体划分如下。

① 低压（代号 L）：$0.1\text{MPa}<p<1.6\text{MPa}$；

② 中压（代号 M）：$1.6\text{MPa}\leqslant p<10\text{MPa}$；

③ 高压（代号 H）：$10\text{MPa}\leqslant p<100\text{MPa}$；

④ 超高压（代号 U）：$p\geqslant 100\text{MPa}$。

(2) 按相对壁厚来划分

压力容器按相对壁厚来分，可分为薄壁容器和厚壁容器。

① 薄壁容器——容器的壁厚 δ 和内径 D_i 之比 $\delta/D_i\leqslant 0.1$；或容器的外径 D_o 和内径 D_i 之比 $D_o/D_i\leqslant 1.2$。

② 厚壁容器——容器的壁厚 δ 和内径 D_i 之比 $\delta/D_i>0.1$；或容器的外径 D_o 和内径 D_i 之比 $D_o/D_i>1.2$。

(3) 按容器的安全管理等级划分

为了加强对压力容器的安全技术管理，我国劳动人事部国家劳动总局在 1991 年 1 月 1 日实施的《压力容器安全技术监察规程》中，根据容器的内压高低、介质的危害程度等，将压力容器划分为三类（表 5-1），类别越高，设计、制造、检验、管理等方面的要求越严格。

表 5-1 压力容器的分类

类别	低压 0.1MPa≤p<1.6MPa	中压 1.6MPa≤p<10.0MPa	高压和超高压 10.0MPa≤p
Ⅰ	(1)非易燃或无毒介质的低压容器 (2)易燃或有毒介质的低压分离器和换热器		
Ⅱ	(1)易燃或有毒介质的低压反应器和储运容器 (2)剧毒介质的低压容器（$pV<0.2$ MPa·m³）	中压容器	
Ⅲ	剧毒介质的低压容器（$pV>0.2$MPa·m³）	(1)剧毒介质的中压容器 (2)易燃或有毒介质的中压反应器（$pV>0.5$MPa·m³）、储运容器（$pV>0.5$MPa·m³）	高压和超高压容器

注：1. 有毒介质是指进入人体量超过 50g 即会引起人体正常功能损伤的介质，如氨、一氧化碳、甲醇、二氧化硫、二硫化碳、硫化氢、己炔等。

2. 剧毒介质是指进入人体量超过 50g 即会引起肌体严重损伤或致死作用的介质，如氟、氢氟酸、氢氰酸、光气等。

3. 易燃介质是指与空气混合的爆炸下限小于 10%，或爆炸上限和下限之差大于 20% 的气体，如甲烷、乙烷、丙烷、丁烷、乙烯、丙烯、丁烯、丁二烯、氢等。

(4) 按压力容器在生产过程中的作用划分

按压力容器在生产过程中的作用可将压力容器分为以下四类。

① 反应压力容器（代号 R） 它主要用于完成介质的物理、化学反应，如反应器、反

应釜、分解塔、合成塔、变换炉、煤气发生炉等；

② 换热压力容器（代号 E） 它主要用于完成介质的热量交换，如热交换器、冷却器、冷凝器、蒸发器、加热器等；

③ 分离压力容器（代号 S） 它主要用于完成介质的流体压力平衡和气体净化分离，如分离器、过滤器、缓冲器、洗涤塔、吸收塔、干燥塔等；

④ 储存压力容器（代号 C，其中球罐代号为 B） 它主要用于盛装生产用的原料气体、液体、液化气等，如各种形式的储罐。

如果一种压力容器，同时具备两个以上的工艺作用，则应按工艺过程中的主要作用来划分。

3. 化工生产对化工设备的要求

化工设备首先应满足化学工艺过程的要求。除此之外，设备还必须保证在使用年限内能安全运行；必须便于制造、安装、维修与操作；必须有比较高的技术经济指标。

（1）安全性要求

化工设备在使用年限内安全可靠是化工生产对化工设备最基本的要求。要达到这一目的，就必须对化工设备有以下几方面的要求。

① 强度 强度是指容器抵抗外力破坏的能力。化工容器应具备足够的强度，若容器的强度不足，会引起塑性变形、断裂甚至爆破，危害化工生产及现场工人的生命安全，后果极其严重。但是，盲目地提高强度则会使设备变得笨重，浪费材料。

② 刚度 刚度是指容器抵抗外力使其变形的能力。若容器在工作时，强度虽满足要求，但若在外载荷作用下发生较大变形，则也不能保证其正常运转。例如常压容器的壁厚，若根据强度计算的结果数值很小，在制造、运输及现场安装过程中会发生较大变形，故应根据其刚度要求来确定其壁厚。

③ 稳定性 稳定性是指容器或零部件在外力作用下维持原有形状的能力。长细杆在受压时可能发生变弯的失稳问题，受外压的容器也可能出现突然压瘪的失稳问题，从而使得容器不能正常工作。

④ 耐蚀性 耐蚀性是指容器抵抗腐蚀的能力，它对保证化工设备能否安全运转十分重要。化工厂里的许多介质或多或少地具有一些腐蚀性，它会使整个设备或某个局部区域减薄，致使设备的使用年限减短。设备局部减薄还会引起突然的泄漏或爆破，危害更大。选择合适的耐蚀材料或采用正确的防腐措施是提高设备耐蚀性能的有效手段。

⑤ 密封性 化工设备必须具备良好的密封性能。对于那些易燃易爆、有毒的介质，若密封性能失效，会引起污染、中毒甚至是燃烧或爆炸，造成极其严重的后果，所以必须引起足够的重视。

（2）合理性要求

化工设备设计得是否合理，会影响到制造、安装、运输与维修时成本，还会影响到设备是否能安全运行，操作是否方便，失误动作是否能减少等。因此，设备在结构上应避免复杂的加工工序，减少加工量；应尽量采用标准件；在设置平台、人孔、楼梯时，位置要合适，以便于操作和维修；对要长途运输的设备，还应考虑运输工具、吊装及沿途的道路等一系列问题。

（3）经济技术性要求

只有低成本的产品在市场上才有竞争力。要降低产品的总成本，设备的单位生产能力应越高越好，制造与管理费用越低越好。有时先进设备虽然制造与管理费用高一点，但单位生产能力、消耗系数及保证产品质量上有突出优点，应优先采用先进设备。

化工设备对材料也有严格的要求，目前运用较多是低碳钢（如 Q235-C、20R 等），低合金钢（如 16Mn、15MnV、16MnR、15MnVR 等），在腐蚀严重或产品纯度要求较高的场合，使用不锈钢或不锈钢复合板。在深度冷冻冷藏操作中，可用铜或铝来制造设备。不承压的设备，可用铸铁。非金属材料既可做衬里，又可做独立的构件。常用的有硬聚氟乙烯、玻璃钢、不透性石墨、化工搪瓷、化工陶瓷以及砖、板、橡胶衬里等。

为了设计、制造出高质量的化工设备，我国已正式颁发了一系列有关设计、制造、安全管理等方面的标准与规定，如 GB150—98《钢制压力容器》，GB151—89《钢制管壳式换热器》，劳动部颁发的《压力容器安全监察规程》以及有关部门规定的设计、制造必须遵守的技术条件等。

4. 法兰连接

(1) 法兰连接的组成

在石油化工生产中，由于工艺要求及为了设备制造、安装、检修的方便，设备上的接管与管道之间、管道与管道之间、某些设备的筒体与封头之间、筒体与筒体之间都需要采用可以拆卸的连接，常见的可拆连接有螺纹连接和法兰连接。由于法兰连接有较好的强度、刚度、密封性和耐蚀性，而且适用的尺寸范围较大，在设备和管道上都可使用，所以被广泛采用。

法兰连接由法兰、垫片、螺栓和螺母组成，如图 5-2 所示。容器筒体与封头、筒体与筒体的连接所用的法兰称为压力容器法兰，管道与管道连接所用的法兰称为管法兰。法兰的外轮廓形状，除了最常见的圆形外，还有方形和椭圆形，如图 5-3 所示。方形法兰有利于把管子排列整齐、结构紧凑，椭圆形法兰多用在阀门和小直径的高压管上。

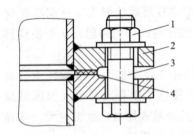
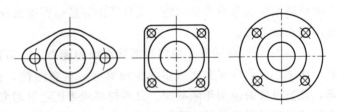

图 5-2　法兰连接的组成　　　　　　图 5-3　法兰的外轮廓形状
1—螺母；2—法兰；3—螺栓；4—垫片

(2) 法兰连接的密封

法兰连接的失效主要表现为泄漏，所以对法兰连接不仅要确保各零件有一定的强度，使其在工作条件下长期使用不被破坏，更重要的是要求在工作条件下，螺栓、法兰整个系统有足够的刚度，控制泄漏量在工艺和环境允许的范围内，即达到"密封不漏"。

流体在垫片处的泄漏有两种途径。一是流体通过垫片材料本体的毛细管渗漏，称为"渗透泄漏"，它除了受介质的压力、温度、黏度、分子结构等流体状态的影响外，主要与垫片的结构和材质有关；另一种是流体沿着垫片与法兰的接触面泄漏，称为"界面泄漏"，其泄漏量的大小主要与界面的间隙有关，是法兰连接泄漏的主要形式。法兰连接的密封就是在螺栓压紧力的作用下，使垫片产生变形填满法兰密封面上凹凸不平的间隙，阻止流体沿界面的泄漏，达到密封的目的。

（3）法兰的结构类型

① 标准压力容器法兰的结构类型（JB 4700～4707—2000）　标准压力容器法兰有甲型
平焊法兰、乙型平焊法兰和长颈对焊法兰三
种类型，其结构见图5-4。甲型平焊法兰是
法兰盘直接与容器的筒体或封头焊接，法兰
的刚度较小，容易变形、引起密封失效，所
以适用于压力较低、筒体直径较小的情况，
甲型平焊法兰适用温度为－20～300℃。乙

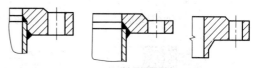

(a) 甲型平焊法兰　(b) 乙型平焊法兰　(c) 长颈对焊法兰

图 5-4　标准压力容器法兰

型平焊法兰是法兰盘先与一个厚度大于筒体壁厚的短节焊接，短节再与筒体或封头焊接，这
样增加了法兰的刚度，因此适用于压力较高、筒体直径较大的场合，乙型平焊法兰适用温度
为－20～350℃。长颈对焊法兰用根部
增厚且与法兰盘为一整体的颈取代了乙
型平焊法兰中的短节，更有效地增大了
法兰的刚度，适用的压力更高。长颈对
焊法兰适用温度为－20～450℃。

② 法兰的密封面　压力容器法兰
的密封面有平面型、凹凸型和榫槽型三
种形式，如图5-5所示。其中甲型平焊
法兰只有平面型和凹凸型，乙型平焊法
兰和长颈对焊法兰三种形式都有。

a. 光滑密封面。密封面表面是一
个光滑面（代号 G），有时在平面上车

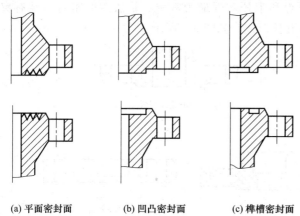

(a) 平面密封面　　(b) 凹凸密封面　　(c) 榫槽密封面

图 5-5　压力容器法兰密封面形式

制2～3条沟槽［图5-5（a）］以提高密封性能。这种密封面结构简单，车制方便。但螺栓拧
紧后，垫片容易往两边挤，不易压紧，密封性能较差，只能用于压力不高、介质无毒的
场合。

b. 凹凸密封面。它是由凸面和凹面所组成［代号 Y，如图5-5（b）所示］，在凹面上放
置垫片，压紧时，由于凹面的外侧有挡台，垫片不会向外侧挤出来，同时也便于两个法兰对
中，其密封性能比平面型密封面好，故可用于压力稍高的场合。

c. 榫槽密封面。这种密封面是由一个榫面和一个槽面所组成［代号 S，如图
5-5（c）所示］。垫片置于槽中，不会被挤出。垫片也可以较狭窄，因此压紧垫片所需的螺栓
力也就相应较小。这种密封面的缺点是制造比较复杂，装拆时费事；另外，凸出的密封面也易
碰坏，装拆时要特别注意。这种密封面适用于易燃、易爆、有毒介质及压力较高的地方。

③ 法兰常用的垫片　在选用法兰及其密封面时，必须选用与之相配的垫片，常用的垫
片有非金属软垫片、缠绕式垫片、金属包垫片。

如图5-6（a）所示，非金属软垫片大多是由橡胶石棉板或耐油橡胶石棉板制成，通常用
于压力及温度都不高的场合。金属包垫片如图5-6（b）所示，它是用薄金属板（白铁皮、
0Cr18Ni10Ti 等）将石棉等非金属包裹而成。图5-6（c）、（d）是缠绕垫片，它是将薄金属
带与填充带（石棉纸、橡胶石棉带或聚四氟乙烯薄膜等）叠在一起绕成螺旋状，然后在钢带
的始端和末端点焊数点而制成。图5-6（e）、（f）是金属垫片，主要用于中高温和中高压的法

兰连接密封。常用材料有铜、铝、10钢和不锈钢，其截面有矩形、椭圆形及八角形等形状。

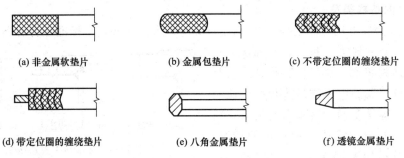

 (a) 非金属软垫片   (b) 金属包垫片   (c) 不带定位圈的缠绕垫片

 (d) 带定位圈的缠绕垫片 (e) 八角金属垫片   (f) 透镜金属垫片

图 5-6 垫片端面形状

 ④ 管法兰的结构类型（HG 20592～20614—1997） 管法兰包括法兰盖共有七种类型，如图 5-7 所示。其中以板式平焊、带颈平焊和带颈对焊最为常用。管法兰的密封面共有突面、凹凸面、榫槽面、全平面和环连接面五种形式，如图 5-8 所示。

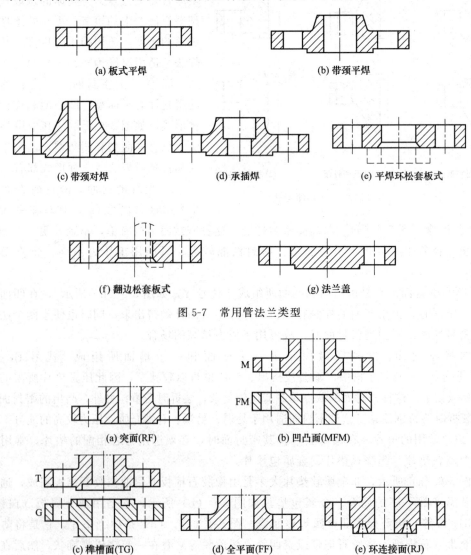

 (a) 板式平焊   (b) 带颈平焊

 (c) 带颈对焊   (d) 承插焊   (e) 平焊环松套板式

 (f) 翻边松套板式   (g) 法兰盖

图 5-7 常用管法兰类型

 (a) 突面(RF)   (b) 凹凸面(MFM)

 (c) 榫槽面(TG)   (d) 全平面(FF)   (e) 环连接面(RJ)

图 5-8 管法兰密封面形式

（4）标准法兰的选用

法兰由于使用面广、量大，为了便于批量生产，提高生产效率，降低成本，保证质量和便于互换，我国有关部门制定了法兰的标准，有国家标准和行业标准。在石油化工行业普遍使用的是 JB 4700～4707—2000《压力容器法兰标准》和 HG 20592～20614—1997《钢制管法兰、垫片、紧固件标准》。法兰作为一种标准件进行生产和使用，其中公称直径和公称压力是标准法兰的两个基本参数。表 5-2 为标准压力容器法兰的系列参数表。

表 5-2　标准压力容器法兰的系列参数

类型	平焊法兰										对焊法兰				
	甲型				乙型						长颈				
标准号	JB/T 4701—2000				JB/T 4702—2000						JB/T 4703—2000				
公称压力 PN/MPa	0.25	0.6	1.0	1.6	0.25	0.6	1.0	1.6	2.5	4.0	0.6	1.0	1.6	2.5	4.0
公称直径 DN/mm 300	按 PN1.0														
350															
400															
450	按 PN 0.6														
500															
550															
600															
650															
700															
800															
900															
1000															
1100															
1200															
1300															
1400															
1500															
1600															
1700															
1800															
1900															
2000															
2200					按 PN 0.6										
2400															
2600															
2800															
3000															

① 法兰的公称直径　公称直径是为了使用方便将容器及管子标准化以后的标准直径，用"DN"表示。压力容器法兰的公称直径是指与法兰相配套的容器或封头的公称直径，对于用钢板卷制的圆筒公称直径就是其内径，对用无缝钢管制作的圆筒其公称直径指钢管的外径。管法兰的公称直径（为了与各类管件的叫法一致，也称为公称通径）是指与其相连接的管子的名义直径，也就是管件的公称通径，它既不是管子的内径，也不是管子的外径，而是接近内外径的某个整数。无缝钢管和化工厂常用的水、煤气输送钢管（是有缝管）的公称直径见表 5-3 和表 5-4。

表 5-3　无缝钢管的公称直径　　　　　　　　　　　　　　　mm

公称直径 DN	80	100	125	150	175	200	225	250	300	350	400	450	500
外径 D_o	89	108	133	159	194	219	245	273	325	377	426	480	530
无缝钢管做筒体时公称直径 DN				159		219		273	325	377	426		

表 5-4　水、煤气输送钢管的公称直径　　　　　　　　　　　mm

公称直径 DN	mm	6	8	10	15	20	25	32	40	50	70	80	100	125	150
	in	$\frac{1}{8}$	$\frac{1}{4}$	$\frac{3}{8}$	$\frac{1}{2}$	$\frac{3}{4}$	1	$1\frac{1}{4}$	$1\frac{1}{2}$	2	$2\frac{1}{2}$	3	4	5	6
外径 D_o	mm	10	13.5	17	21.25	26.75	33.5	42.5	48	60	75.5	88.5	114	140	165

② 法兰的公称压力　法兰的公称压力是指某种材料制造的法兰，在一定的温度下所能承受的最大工作压力，用"PN"表示，是法兰承载能力的标志。压力容器法兰的公称压力是指在规定的螺栓材料和垫片的基础上，16MnR 材料制造的法兰，在 200℃时所允许的最大工作压力。如公称压力 1.6MPa 的压力容器法兰，就表明用 16MnR 材料制造的法兰，在 200℃时所允许的最大工作压力为 1.6MPa。同样是在 200℃，若所选法兰的材料比 16MnR 差，则最大允许工作压力低于其公称压力，若所选法兰的材料优于 16MnR，则最大允许工作压力就高于其公称压力；同样是用 16MnR 材料制造的法兰，当使用温度高于 200℃时，则最大允许工作压力低于其公称压力。不同类型压力容器法兰的公称压力与最大允许工作压力的关系见表 5-5 和表 5-6。

表 5-5　甲、乙型法兰的最大允许工作压力（摘录）　　　　　MPa

公称压力 PN	法兰材料		工作温度/℃			
			>-20~200	250	300	350
0.25	板材	Q235-A、B	0.16	0.15	0.14	0.13
		Q235-C	0.18	0.17	0.15	0.14
		20R	0.19	0.17	0.15	0.14
		16MnR	0.25	0.24	0.21	0.20
		15MnVR	0.27	0.27	0.26	0.25
		15CrMo	0.26	0.25	0.23	0.22
	锻件	20	0.19	0.17	0.15	0.14
		16Mn	0.26	0.24	0.22	0.21
		20MnMo	0.27	0.27	0.26	0.25

续表

公称压力 PN	法兰材料		工作温度/℃			
			>−20~200	250	300	350
0.6	板材	Q235-A、B	0.40	0.36	0.33	0.30
		Q235-C	0.44	0.40	0.37	0.33
		20R	0.45	0.40	0.36	0.34
		16MnR	0.6	0.57	0.51	0.49
		15MnVR	0.65	0.64	0.63	0.6
		15CrMo	0.63	0.60	0.56	0.53
	锻件	20	0.45	0.40	0.36	0.34
		16Mn	0.61	0.59	0.53	0.50
		20MnMo	0.65	0.64	0.63	0.60

表 5-6 长颈法兰的最大允许工作压力（摘录） MPa

公称压力 PN	法兰材料（锻件）	工作温度/℃						备注
		>−20~200	250	300	350	400	450	
1.6	20	1.16	1.05	0.94	0.88	0.81	0.72	
	16Mn	1.60	1.53	1.37	1.3	1.23	0.78	
	20MnMo	1.74	1.72	1.68	1.60	1.51	1.33	
	15CrMo	1.64	1.56	1.46	1.37	1.30	1.23	
	12Cr1MoV	1.49	1.41	1.30	1.23	1.16	1.13	
	12Cr2Mo1	1.74	1.67	1.60	1.49	1.41	1.33	
2.5	20	1.81	1.65	1.46	1.37	1.26	1.13	
	16Mn	2.50	2.39	2.15	2.04	1.93	1.22	
	20MnMo	2.92	2.86	2.82	2.73	2.58	2.45	DN<1400mm
		2.67	2.63	2.59	2.50	2.37	2.24	DN≥1400mm
	15CrMo	2.56	2.44	2.28	2.15	2.04	1.93	
	12Cr1MoV	2.33	2.22	2.04	1.93	1.81	1.76	
	12Cr2Mo1	2.67	2.61	2.5	2.33	2.20	2.09	

对于管法兰当公称压力 $PN \leqslant 4$MPa 时，公称压力指 20 钢制造的法兰在 100℃时所允许的最高无冲击工作压力；当公称压力 $PN \geqslant 6.3$MPa 时，公称压力指 16Mn 钢制造的法兰在 100℃时所允许的最高无冲击工作压力。当温度高于 100℃时，最高无冲击工作压力低于公称压力。但无论哪种材料的法兰，在任何温度下，其最高无冲击工作压力均不超过公称压力，这一点与压力容器法兰不同。管法兰的公称压力与最高无冲击工作压力的关系见表 5-7。

表 5-7 管法兰的最高无冲击工作压力（摘录） MPa

公称压力 PN	法兰材料类别	工作温度/℃								
		≤20	100	150	200	250	300	350	400	425
0.25	Q235	0.25	0.25	0.225	0.2	0.175	0.15			
	20	0.25	0.25	0.225	0.2	0.175	0.15	0.125	0.088	
	16Mn	0.25	0.25	0.245	0.238	0.225	0.2	0.175	0.138	0.113

续表

公称压力 PN	法兰材料类别	工作温度/℃								
		≤20	100	150	200	250	300	350	400	425
0.6	Q235	0.6	0.54	0.48	0.42	0.36				
	20	0.6	0.60	0.48	0.42	0.36	0.3	0.21		
	16Mn	0.6	0.60	0.57	0.54	0.48	0.42	0.33	0.27	
1.0	Q235	1.0	1.0	0.9	0.8	0.7	0.6			
	20	1.0	1.0	0.9	0.8	0.7	0.6	0.5	0.35	
	16Mn	1.0	1.0	0.98	0.95	0.9	0.8	0.7	0.55	0.45
1.6	Q235	1.6	1.6	1.44	1.28	1.12	0.96			
	20	1.6	1.6	1.44	1.28	1.12	0.96	0.8	0.56	
	16Mn	1.6	1.6	1.57	1.52	1.44	1.28	1.12	1.88	0.72

注：管法兰材料种类很多，表 5-7 只节选了这三种材料。

③ 法兰的选用　在工程应用中，除特殊工作参数和结构要求的法兰需要自行设计外，一般都是选用标准法兰，这既可以减少容器设计的计算量，也可增加法兰的互换性，降低成本，提高制造质量。因此合理地选用标准法兰是非常重要的。法兰的选用就是根据容器或管道的设计压力、设计温度及介质特性等条件由法兰的标准来确定法兰的类型、材料、公称直径、公称压力、密封面的形式、垫片的类型、材料及螺栓、螺母的材料等。标准压力容器法兰的选用步骤如下。

a. 由法兰标准中的公称压力和容器的设计压力，按设计压力小于或等于公称压力的原则就近靠一公称压力，若设计压力非常接近这一公称压力且设计温度高于 200℃，则可提高一个公称压力等级，这样初步确定法兰的公称压力。

b. 由法兰公称直径、容器设计温度和以上初定的公称压力查表 5-1，并考虑不同类型法兰的适用温度初步确定法兰的类型。

c. 由工作介质特性查表 5-8 确定密封面形式，密封面类型代号见表 5-9。

d. 由工作介质特性、容器的设计温度，结合容器所用材质对照法兰标准中规定的压力容器法兰常用材料确定法兰的材料。

e. 由法兰类型、材料、工作温度和初步确定的公称压力查表 5-5 或表 5-6，得允许的最大工作压力。

f. 比较：若所得最大允许工作压力大于或等于设计压力，则原初步确定的公称压力就是所选法兰的公称压力，若最大允许工作压力小于设计压力则提高公称压力或调换优质材料，使得最大允许工作压力大于等于设计压力，从而最后确定出法兰的公称压力和类型（因有时公称压力提高会引起类型的改变）。

g. 由法兰类型及工作温度查标准中的"法兰、垫片、螺柱、螺母材料匹配表"确定垫片、螺柱、螺母的材料。

5. 容器附件

(1) 补强结构

为了实现正常的操作和安装维修，需要在设备的筒体和封头上开设各种孔。如物料进出口接管孔，安装安全阀、压力表、液面计的开孔，为了容器内部零件的安装和检修方便所开的人孔、手孔等。

表 5-8 压力容器法兰密封面形式选用表

介质特性		密封面形式
一般介质		平面
易燃、易爆、有毒介质		凹凸面
剧毒介质		榫槽面或法兰焊唇的焊死结构
真空系统	真空度＜660mmHg	平面
	真空度 660～759mmHg	凹凸面、榫槽面
	高真空的严格场合	法兰焊唇的焊死结构

表 5-9 压力容器法兰类型及密封面形式及代号

法兰类型代号	一般法兰 带衬环的法兰	法兰 法兰 C
密封面形式代号	平面	RF
	凹面	FM
	凸面	M
	榫面	T
	槽面	G

容器开孔以后，不仅是容器的整体强度削弱，而且由于设备结构的连续性被破坏，使孔边局部区域内的应力显著增加，其最大应力的值有时可达正常器壁应力的数倍，这种局部应力增大的现象称为应力集中。在开孔边缘除了应力集中现象外，开孔焊上接管后在接管上的其他外载荷及容器材质、制造缺陷等各种因素的综合作用下，开孔接管处往往会成为容器的破坏源。因此对容器开孔应予以足够的重视，采取适当的补强措施，以保证其具有足够的强度。

常用的补强结构有补强圈补强、厚壁接管补强和整锻件补强，具体结构如图 5-9 所示。

① 补强圈补强 补强圈补强又称贴板补强，如图 5-9（a）～（c）所示，在接管处容器的内外壁上围绕着接管焊上一个圆环板，使容器局部壁厚增大，降低应力集中，起到补强的作用。补强圈补强结构简单、制造容易、价格低廉、使用经验成熟，在中低压容器上被广泛使用。但与厚壁接管补强和整锻件补强相比存在补强金属不够集中，所以补强效果不够理想；传热效果差；容易在焊接接头处造成裂纹及抗疲劳性能较差等缺点。

② 厚壁接管补强 厚壁接管补强如图 5-9（d）～（f）所示，在开孔处焊上一个特意加厚的短管，这样可有效地降低开孔周围应力集中的程度，采用图 5-9（f）的插入式接管则补强效果更佳。

厚壁接管补强结构简单、焊缝少，接头质量容易检验，补强效果好。目前已被广泛应用，特别是对大量使用的高强度低合金钢容器，大多采用这种结构。在用于重要设备时，焊缝应采用全焊透结构，在确保焊接质量的前提下，这种形式的补强效果接近整锻件补强。

③ 整锻件补强 整锻件补强是在开孔处焊上一个特制的整体锻件，如图 5-9（g）～（i）所示，补强金属集中在应力最大的部位，采用对接焊且使接头远离应力集中区域，补强效果最好，特别是抗疲劳性好。但锻件加工复杂、且成本高，所以只用在重要的设备上，如容器受低温、高温、交变载荷的较大开孔等。

(2) 人孔和手孔

为了设备内部构件的安装和检修方便，需要在设备上设置人孔或手孔。当容器的内径为

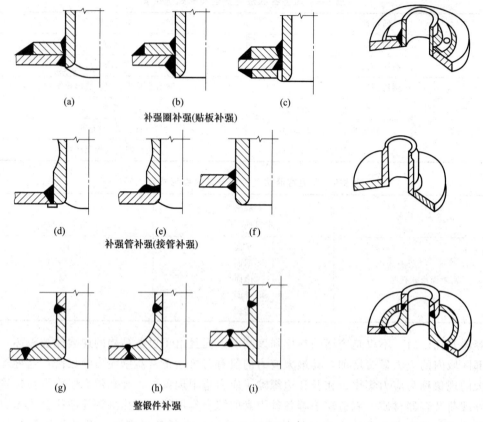

(a)　　　　(b)　　　　(c)

补强圈补强(贴板补强)

(d)　　　　(e)　　　　(f)

补强管补强(接管补强)

(g)　　　　(h)　　　　(i)

整锻件补强

图 5-9　开孔补强结构

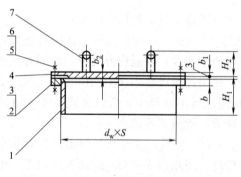

图 5-10　常压人孔

1—筒节；2—法兰；3—垫片；4—法兰盖；
5—螺栓；6—螺母；7—把手

450～900mm 时，一般不考虑设置人孔，可开设 1～2 个手孔；内径大于 900mm 时至少应设置 1 个人孔；设备内径大于 2500mm 时，顶盖与筒体上至少应各开设 1 个人孔。人孔的结构形式与设备的操作压力、介质特性及人孔盖的开启方式等有关，化工设备上常用的人孔结构如图 5-10 和图 5-11 所示。人孔公称直径 400～600mm，其中公称直径 DN400 的人孔最常用，室外设备和寒冷地区的设备人孔直径可选大一点。

人孔和手孔都是标准件，石油化工行业常用的人、手孔标准是 HG/T 21514～21533，它与管法兰标准 HG 20592～20614—1997 是相对应的，公称直径和公称压力是两个基本参数，标准人、手孔的选用方法和管法兰类似。常压人孔是最简单的一种人孔，用于常压设备上；对于受压容器，当人孔轴线与水平面平行时可选垂直吊盖人孔或回转盖人孔，当人孔轴线垂直于水平面时可选水平吊盖人孔或回转盖人孔。

（3）支座

支座的作用是支承设备，固定其位置。不同的容器可采用不同类型的支座，对大中型的卧式容器常用鞍式支座，大型的塔式容器常用裙式支座，小型容器常用的有支承式支座、耳式支座、腿式支座等；球形容器可采用柱式、裙式、半埋式及高架式等。各种支座的应用如图 5-12～图 5-14 所示。

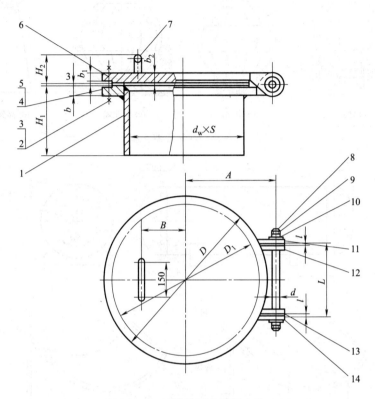

图 5-11　回转盖板式平焊人孔

1—筒节；2—螺栓；3—螺母；4—法兰；5—垫片；6—法兰盖；7—把手；
8—轴销；9—销；10—垫圈；11,14—盖轴耳；12，13—法兰轴耳

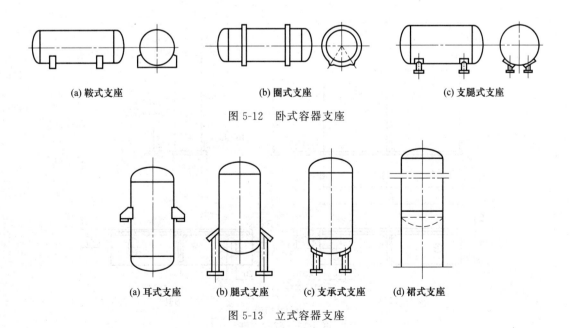

(a) 鞍式支座　　　　　　　(b) 圈式支座　　　　　　　(c) 支腿式支座

图 5-12　卧式容器支座

(a) 耳式支座　　　(b) 腿式支座　　　(c) 支承式支座　　　(d) 裙式支座

图 5-13　立式容器支座

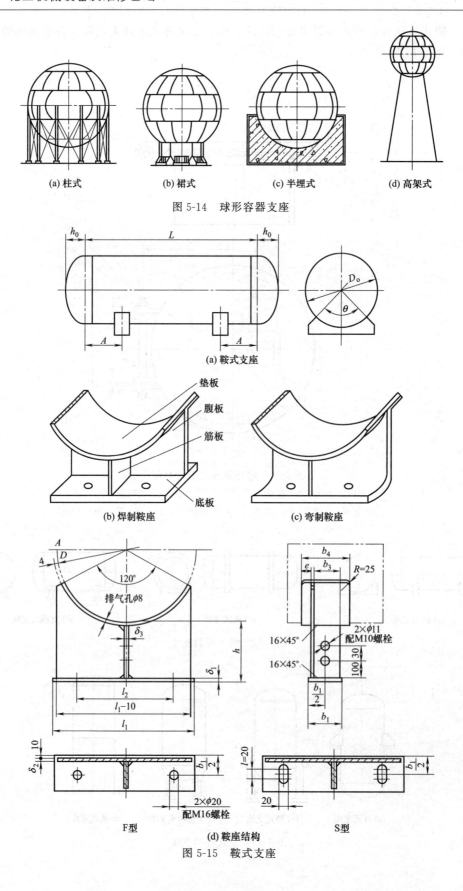

(a) 柱式 (b) 裙式 (c) 半埋式 (d) 高架式

图 5-14 球形容器支座

(a) 鞍式支座

(b) 焊制鞍座 (c) 弯制鞍座

(d) 鞍座结构

图 5-15 鞍式支座

　　① 鞍式支座　鞍式支座有焊制和弯制两种结构形式。焊制鞍式支座是由一块底板、一块腹板、若干个筋板，在大部分情况下还有一块垫板所组成；弯制鞍式支座底板和腹板是用同一块钢板弯制，有时也有筋板和垫板。当容器的公称直径大于 900mm 时采用焊制鞍式支座，当公称直径在 900mm 以下时，可采用弯制鞍式支座，也可采用焊制鞍式支座。鞍式支座一般都有垫板，当容器的公称直径小于 900mm 也可不带垫板。鞍式支座的结构及在卧式容器中的应用如图 5-15 所示。一台卧式容器一般都是用两个鞍式支座来支承，为了使容器在壁温变化时能沿其轴线自由收缩，所以一个用固定式（F 型），另一个用滑动式（S 型）。固定式鞍座底板上的螺栓孔是圆形的，滑动式鞍座底板上的螺栓孔是长圆形的，其长度方向与筒体轴线方向一致。双鞍座支承的卧式容器必须是固定式鞍座和滑动式鞍座搭配使用，滑动式鞍座在安装时先将第一个螺母拧到底后退回一圈，再用第二个螺母锁紧。

　　② 裙式支座　裙式支座的结构如图 5-16 所示，它是由裙座体、引出孔、检查孔、基础环和螺栓座（筋板、盖板、垫板、地脚螺栓）等组成。当塔设备的直径较大时用圆筒形裙式支座；塔径较小且承载较大时，为了能配置较多的地脚螺栓和承载面积较大的基础环，则需要采用圆锥形裙式支座。

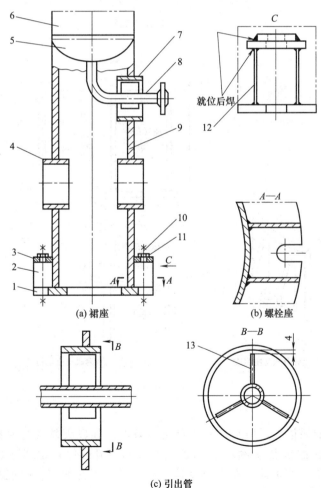

图 5-16　裙式支座

1—基础环；2—地脚螺栓座；3—盖板；4—检查孔；5—封头；6—塔体；7—引出孔；
8—引出管；9—裙座体；10—地脚螺栓；11—垫板；12—筋板；13—支承板

③ 其他类型支座 除了以上介绍的鞍式支座和裙式支座外，小型卧式容器也可采用支承式支座，大直径的薄壁卧式容器及真空操作的卧式容器常采用圈式支座；对于小型的立式容器可采用支承式支座、耳式支座和腿式支座，其结构如图 5-17～图 5-19 所示。

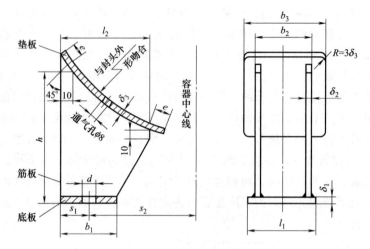

图 5-17 支承式支座

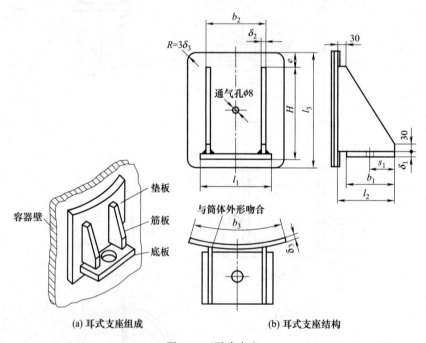

(a) 耳式支座组成   (b) 耳式支座结构

图 5-18 耳式支座

6. 锅炉

化工生产中的能耗很大，但往往并不都是有效的。如以天然气为原料的合成氨生产为例，目前每吨氨产品的能耗总额约为 9.3×10^6 kcal，但最终产品带走的能量只有 4.7×10^6 kcal，剩余的约有一半的能量在生产过程中损耗了。因此如何提高能量的有效利用率是目前化学工业生产中的一个重要问题。

影响能量有效利用率的因素是多方面的，其中主要原因之一是由于工序间操作条件的改变，部分能量在工艺物流的降温、降压过程中释放出来，从而成为"废热"和"废功"。如

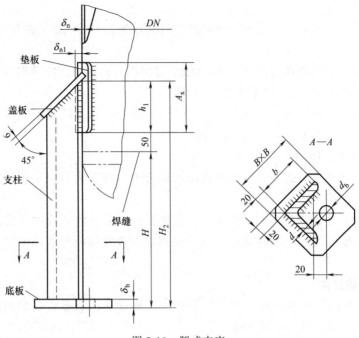

图 5-19　腿式支座

果这部分热量散失于周围环境中,不仅浪费了大量的能量,而且对环境的热污染也非常严重。因而这部分"废热"和"废功"必须进行回收。

化工生产中最常用及最简单的方法就是利用锅炉来回收工艺物流中的余热,生产蒸汽。通常这种回收余热生产蒸汽的锅炉称为废热锅炉,又称为余热锅炉。

废热锅炉较早是利用其产生一些低压蒸汽,回收的热量有限,只是作为生产的一般辅助性设备。随着生产技术的发展,废热锅炉的参数逐渐提高,废热锅炉由生产低压蒸汽的工艺锅炉转变为生产高压蒸汽的动力锅炉。废热锅炉在整个装置中已逐渐成为动力源,其运行状况直接关系到装置中的整个生产过程。因此,在这种情况下,废热锅炉往往成为整个装置不可分割的关键性设备之一。生产过程对于废热锅炉的依赖性也日益增大,人们对废热锅炉的重视程度也相应增加。

(1) 废热锅炉分类

废热锅炉中是进行热量传递的过程,因此废热锅炉的基本结构也是一个具有一定传热表面的换热设备。但是由于化工生产中,各种工艺条件和要求差别很大,因此化工用的废热锅炉结构类型也是多种多样的。

① 按炉管位置方向分类　按照炉管放置方向是水平还是垂直,废热锅炉可以分为卧式和立式两大类。

a. 卧式锅炉大都采用火管式,这种锅炉的特点是管内清扫灰垢特别方便,而且结构也比较简单。但是这种锅炉的蒸发量小,蒸汽压力低,水侧循环速度慢,传热速率也较低,通常用于中小型废热锅炉。

b. 立式锅炉通常比卧式锅炉水循环速度快,传热速率较高,蒸汽空间也比较大,因此这种锅炉蒸发量大。在大型化工装置中,在回收热负荷较多、蒸汽压力较高的情况下,通常采用立式水管锅炉。

② 按压力分类　按照锅炉操作压力的大小,废热锅炉可以分为低压、中压和高压三

大类。

a. 低压锅炉——按照国内习惯，通常把蒸汽压力在 1.3MPa 以下的称为低压废热锅炉，其容量较小，一般不超过 20t/h。

b. 中压锅炉——蒸汽压力在 1.4~3.9MPa 范围内的称为中压废热锅炉。通常中压锅炉的蒸汽温度不超过 450℃，容量不超过 130t/h。

c. 高压锅炉——蒸汽压力在 4.0~10.0MPa 范围内的称为高压废热锅炉。高压废热锅炉的蒸汽温度通常不超过 540℃，容量不超过 220t/h。

③ 按结构和工艺用途分类

a. 按照炉管的结构形式不同，废热锅炉可以分为：列管式、U 形管式、刺刀管式、螺旋盘管式以及双套管式等。

b. 按照其生产工艺或使用的场合不同，废热锅炉可以分为：重油气化废热锅炉、乙烯生产裂解气急冷废热锅炉、甲烷-氢转化气废热锅炉、合成氨前置式、中置式或后置式废热锅炉等。

（2）废热锅炉结构

化工厂里常用的废热锅炉形式有固定管式、U 形管式、烟道式及螺旋管式等，下面就这几种类型的废热锅炉结构分别介绍如下。

① 平管板式废热锅炉　这种结构废热锅炉内部结构与固定管板式换热器的结构基本相同，通常采用卧式，管内是高温工艺气体，而管外是饱和水与水蒸气。锅炉的两块平管板直接焊于壳体上，管束由炉管及中心旁通管组成。中心旁通管的作用是调节高温气出口温度。中心管出口端有调节阀，开启调节阀相当于使部分高温气体走短路，废热锅炉的排气温度可随之提高。

饱和水由下降管导入壳体下部并在壳程内流动，汽水混合物由壳体上部通过上升管进入汽包。由于循环系统阻力较小，汽包往往可以直接搁置于锅炉上面，结构比较紧凑，如图 5-20 所示。

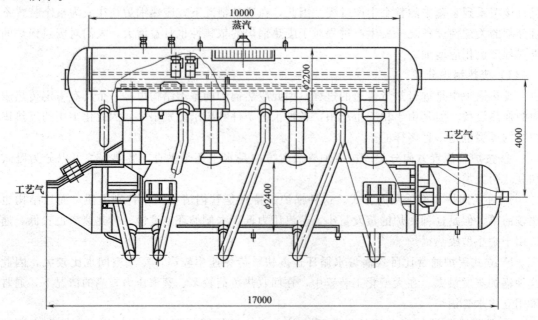

图 5-20　固定平管式废热锅炉

高温工艺气从进口分配箱进入炉管，为了保护进口分配箱和进口管板避免超温过热，在进口分配箱和进口管板上都衬有耐火材料。这种废热锅炉通常可用于以天然气为原料生产合成氨的二段转化炉后，回收转化气中的余热。

②U形管式废热锅炉　U形管式废热锅炉为直立水管式锅炉，上小下大，外部几何形状像个酒瓶子，基本结构如图5-21所示，主要由高压管箱、管束和中压壳体组成。

a. 高压管箱。锅炉壳体分为高压和中压两部分，管板以上的管箱部分承受高压，管板以下的壳程部分承受中压。

锅炉顶部为半球形封头是高压管箱的组成部分，管箱内用隔板分隔为上、下两部分。汽包中的高压饱和水通过下降管从半球形封头上的接管进入上管箱。在进入管的入口处装有导向板，管板上面相距158mm处装有均布板，导向板和均布板的作用是把水均匀地分布到各U形管的入口中去。水在U形管内受热沸腾后，汽水混合物从U形管的另一侧上升汇聚到下管箱中。下管箱的出口连接上升管并将汽水混合物送到顶上的高位汽包中去。汽包标高32m，这个高度是用来保证自然循环所需的液位。

管箱壳体上开有人孔，供维护检修之用。管箱内部的分隔板上也同样开设一个内部人孔，以便检修时能从上管箱中进入下管箱。这样在锅炉中、小修时可以不必整体吊出管束。

b. 管束。锅炉的管束由U形管和一块平管板组成。管板上侧有一圈突缘与高压管箱壳体焊成一体，管板的外围一圈兼作法兰。U形炉管的两端用胀、焊结合的方法固定在管板上。这种结构不仅可以保证高压空间密闭性好，而且在大修时U形管束可随同高压管箱一起吊出，便于清洗或检修。

c. 中压壳体。由二段转化炉出来的高温工艺气体，在壳体的下部侧向进入，与炉管换热后从上部出去。为了防止壳体过热，壳体下段内侧衬有高铝低硅的耐火水泥和低铁绝热水泥，使壳体壁温不超过200℃。壳体上段由于排气温度较低，没有耐火混凝土衬里。为了保护耐火水泥衬里以及便于管束的装拆，在耐火水泥的表面上衬有6mm厚的高合金镍铬钢的衬套，以防止高温气流的冲刷或机械损伤。

壳体底部为了避免高温气体在进入壳程后发生偏流，留出了一段空间作为缓冲区，缓冲区的作用在于降低气流速度，消除气体的入口动能，从而达到在U形管间均匀分布的目的。缓冲区内也可以安装气体分布器以进一步均布气流。

壳体中部装有调节温度用的副线出口，通过这个出口可以使部分高温气体短路，从而达到调节转化气出口温度的目的。副线出口用碟阀调节，在额定流量的60%～100%范围以内，可以将锅炉的出口温度控制在340～390℃。

③烟道式废热锅炉

a. 基本结构。烟道式废热锅炉与普通燃烧锅炉很类似，其结构如图5-22所示。图中所示为一双汽包自然循环式废热锅炉，整个管束放在用耐火砖砌成的气室内。高温工艺气在气室内流动时扫过传热管束，使管束内的饱和水受热后产生蒸汽。汽水混合物沿管束上升进入上汽包，并分离出其中的蒸汽，然后饱和水又重新沿不受热的下降管进入下汽包，从而构成一个自然循环的循环回路。

这种废热锅炉的操作压力为36～38atm❶（绝对），过热蒸汽温度为350℃，锅炉出口处

---

❶1atm=101325Pa。

的排气温度为 450℃。这种锅炉除了采用自然循环外也有采用强制循环的。

　　b. 主要特点。这种烟道式废热锅炉主要用于硫酸生产中,所以采用这种结构形式在于高温气体具有以下一些特点:炉气的压力低于大气压(负压),因此即使砖砌的气室密封不严也可以避免高温气的漏损;高温炉气中含有大量二氧化硫和三氧化硫等腐蚀性气体,一旦冷凝下来将对金属产生严重腐蚀;高温炉气中含有大量矿尘,从沸腾焙烧炉出来的炉气其含尘量高达 $200 \sim 250 g/m^3$,对金属会造成严重的磨损;硫铁矿焙烧后产生的高温气体温度高达 $800 \sim 900℃$。

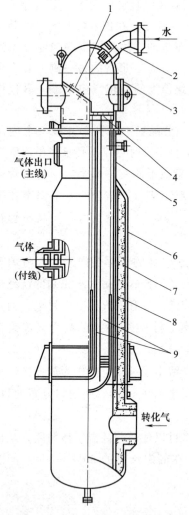

图 5-21　U 形管式废热锅炉

1—内人孔;2—进水管;3—人孔;4—进水
均布板;5—外壳上段;6—外壳下段;
7—耐热层;8—衬里;9—U 形管

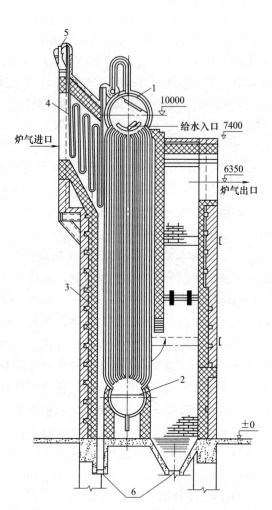

图 5-22　烟道式废热锅炉

1—上汽包;2—下汽包;3—管束;4—过热器;
5—过热器出口联箱;6—出灰口

　　这种废热锅炉除了用于硫酸生产中矿料焙烧后的炉气冷却,一氧化碳燃烧气冷却等以外,在动力、冶金陶瓷等工业中也有应用。

　　④ 螺旋管式废热锅炉　这种废热锅炉的炉管不是一个直的管束而是采用了螺旋管,其结构形式如图 5-23 所示。高温工艺气体从锅炉的底部进入螺旋管,然后在螺旋管中冷却,

并从锅炉的顶部排出，循环的饱和水从螺旋管筒的内部降下，经过底部后由螺旋管筒的外侧上升，汽水混合物从锅炉的顶部引出。

螺旋管式废热锅炉主要用于含有烟灰的高温废气中，这种高温气体在直的锅炉管束中会引起烟灰的严重沉积，而沉积在管壁上的烟灰将降低传热效果并出现局部热点。但是采用螺旋管后，由于在管内可保持较高的气流速度。因此即使运行很长时间也不会发生烟灰沉积。螺旋管内灰垢的清洗，可采用蒸汽加喷钢砂。

螺旋管本身的挠曲变形可用于吸收管子与壳体间的热膨胀差，因此这种结构适用于压力较高，管壳之间热膨胀差较大的场合，大都用作重油裂化气的废热回收。

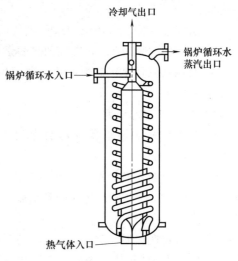

图 5-23　螺旋管式废热锅炉

第二节　换　热　器

1. 换热设备的应用

化工生产中，绝大多数的工艺过程都有加热、冷却、汽化和冷凝的过程，这些过程总称为传热过程。传热过程需要通过一定的设备来完成，这些使传热过程得以实现的设备称为换热设备。

换热设备是非常重要且被广泛应用的化工工艺设备。例如在日产千吨的合成氨厂中，各种传热设备约占全厂设备总台数的 40%，在炼油厂中换热设备的投资占全部工艺设备总投资的 35%～40%。在化工生产中，传热设备有时还作为其他设备的一个组成部分出现，如蒸馏塔的再沸器、氨合成炉中的内部换热器等。

换热设备不仅应用在化工生产中，而且在轻工、动力、食品、冶金等行业也有广泛的应用。

2. 换热设备的类型

（1）按用途分类

化工生产中所用的各种换热设备按其功能和用途不同，可分为以下几种。

① 冷却器　用水或其他冷却介质冷却液体或气体。用空气冷却或冷凝工艺介质的称为空冷器；用低温的制冷剂，如冷盐水、氨、氟利昂等作为冷却介质的称为低温冷却器。

② 冷凝器　冷凝蒸气，若蒸气经过时仅冷凝其中一部分，则称为部分冷凝器；如果全部冷凝为液体后又进一步冷却为过冷液体，则称为冷凝冷却器；如果通入的蒸气温度高于饱和温度，则在冷凝之前，还经过一段冷却阶段，则称为冷却冷凝器。

③ 加热器　用蒸汽或其他高温载热体来加热工艺介质，以提高其温度。将蒸汽加热到饱和温度以上所用设备称过热器。

④ 换热器　在两个不同工艺介质之间进行显热交换，即在冷流体被加热的同时，热流体被冷却。

⑤ 再沸器　用蒸汽或其他高温介质将蒸馏塔底的物料加热至沸腾，以提供蒸馏时所需

的热量。

⑥ 蒸气发生器 用燃料油或可燃气的燃烧加热生产蒸气。如果被加热汽化的是水，也叫蒸汽发生器，即锅炉；如果被加热的是其他液体物统称为气化器。

⑦ 废热（或余热）锅炉 凡是利用生产过程中的废热（或余热）来产生蒸汽的设备统称为废热锅炉。

（2）按换热方式分类

换热设备根据热量传递方法的不同，可以分为间壁式、直接接触式和蓄热式三大类。

① 直接接触式换热器 又称混合式，冷流体和热流体在进入换热器后直接接触传递热量。这种方式对于工艺上允许两种流体可以混合的情况下，是比较方便而有效的，如凉水塔、喷射式冷凝器等。

② 蓄热式换热器 又称蓄热器，是一个充满蓄热体（如格子砖）的蓄热室，热容量很大。温度不同的两种流体先后交替地通过蓄热室，高温流体将热量传给蓄热体，然后蓄热体又将这部分热量传给随后进入的低温流体，从而实现间接的传热过程。这类换热器结构较为简单，可耐高温，常用于高温气体的冷却或废热回收，如回转式蓄热器。

③ 间壁式换热器 温度不同的两种流体通过隔离流体的固体壁面进行热量传递，两流体之间因有器壁分开，故互不接触，这也是化工生产经常所要求的条件。

化工生产中应用最多的是各类间壁式换热器。在间壁式换热器中，由于传热过程不同，操作条件、流体性质、间壁材料及制造加工等因素，决定了换热器的结构类型也是多种多样的。根据间壁的形状，间壁式换热器大体上分为"管式"和"板面式"两大类。如套管式、螺旋管式、管壳式都属于管式；板片式、螺旋板式、板壳式等都属于板面式。其中，管壳式在化工生产中使用最为广泛。

3. 管壳式换热器的类型及特点

管壳式换热器也称为列管式换热器，具有悠久的使用历史，虽然在传热效率、紧凑性及金属耗量等方面不如近年来出现的其他新型换热器，但其具有结构坚固、可承受较高的压力、制造工艺成熟、适应性强及选材范围广等优点，目前，仍是化工生产中应用最广泛的一种间壁式换热器，按其结构特点有如下几种形式。

（1）固定管板式换热器

管壳式换热器主要是由壳体、管束、管板、管箱及折流板等组成，管束和管板是刚性连接在一起的。"固定管板"是指管板和壳体之间也是刚性连接在一起，相互之间无相对移动，具体结构如图 5-24 所示。这种换热器结构简单、制造方便、造价较低；在相同直径的壳体内可排列较多的换热管，而且每根换热管都可单独更换和进行管内清洗；但管外壁清洗较困难。当两种流体的温差较大时，会在壳壁和管壁中产生温差应力，一般当温差大于 50℃ 时就应考虑在壳体上设置膨胀节以减小或消除温差应力。

固定管板式换热器适用于壳程流体清洁，不易结垢，管程常要清洗，冷热流体温差不太大的场合。

（2）浮头式换热器

浮头式换热器的一端管板是固定的，与壳体刚性连接，另一端管板是活动的，与壳体之间并不相连，其结构如图 5-25 所示。活动管板一侧总称为浮头，浮头的具体结构如图 5-26 所示。浮头式换热器的管束可从壳体中抽出，故管外壁清洗方便，管束可在壳体中自由伸

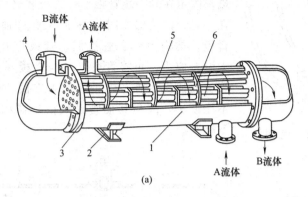

(a)

1—壳体；2—支座；3—管板；4—管箱；5—换热管；6—折流板

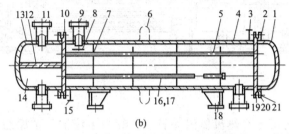

(b)

1—封头；2—法兰；3—排气口；4—壳体；5—换热管；6—波形膨胀节；7—折流板（或支持板）；
8—防冲板；9—壳程接管；10—管板；11—管程接管；12—隔板；13—封头；14—管箱；
15—排液口；16—定距管；17—拉杆；18—支座；19—垫片；20,21—螺栓、螺母

图 5-24 固定管板式换热器

缩，所以无温差应力；但结构复杂、造价高，浮头处若密封不严会造成两种流体混合且不易察觉。

浮头式换热器适用于冷热流体温差较大，介质易结垢常需要清洗的场合。在化工生产中使用的各类管壳式换热器中浮头式最多。

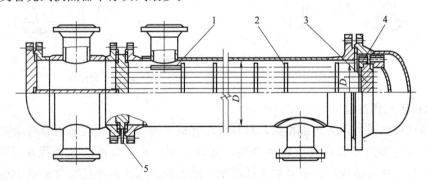

图 5-25 浮头式换热器

1—防冲板；2—折流板；3—浮头管板；4—钩圈；5—支耳

浮头式重沸器与浮头式换热器结构类似，见图 5-27。壳体内上部空间是供壳程流体蒸发用的，所以也可将其称为带蒸发空间的浮头式换热器。

（3）U 形管式换热器

U 形管式换热器不同于固定管板式和浮头式，只有一块管板，换热管制成 U 字形、两

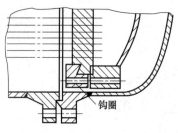

图 5-26　浮头结构示意图

钩圈

端都固定在同一块管板上；管板和壳体之间通过螺栓固定在一起，其结构如图 5-28 所示。这种换热器节省了一块管板，结构简单、造价低，管束可在壳体内自由伸缩，无温差应力，可将管束（连同管板）抽出清洗；但 U 形管管内清洗困难，管子更换不方便，由于 U 形弯管半径不能太小，故与其他管壳式换热器相比布管较少，结构不够紧凑。

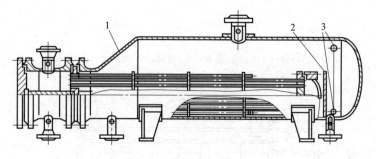

图 5-27　浮头式重沸器
1—偏心锥壳；2—堰板；3—液面计接口

　　U 形管式换热器适用于冷热流体温差较大、管内走清洁不结垢的高温、高压、腐蚀性较大的流体的场合。

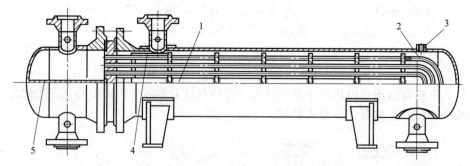

图 5-28　U 形管式换热器
1—中间挡板；2—U 形换热管；3—排气口；4—防冲板；5—分程隔板

（4）填料函式换热器

　　填料函式换热器与浮头式很相似，只是浮动管板一端与壳体之间采用填料函密封，如图 5-29 所示。这种换热器管束也可自由伸缩，无温差应力，具有浮头式的优点且结构简单、制造方便、易于检修清洗，特别是对腐蚀严重、温差较大而经常要更换管束的冷却器，采用填料函式比浮头式和固定管板式更为优越；但由于填料密封性能所限，不适用于壳程流体易挥发、易燃、易爆及有毒的情况。目前所使用的填料函式换热器直径大多在 900mm 以下，大直径的用得很少，尤其在操作压力及温度较高的条件下采用更少。

4. 其他类型换热设备

（1）板面式换热器

　　① 螺旋板式换热器　螺旋板式换热器和管壳式换热器比较，具有结构紧凑、不用管材、

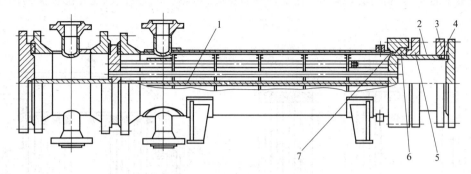

图 5-29　填料函式换热器

1— 纵向隔板；2—浮动管板；3—活套法兰；4—部分剪切环；5—填料压盖；6—填料；7—填料函

传热系数大、可完全逆流操作、在较小温差下传热、有自身冲刷防污垢沉积等优点。但另一方面，它的阻力比较大，检修和清洗比较困难，操作的压力和尺寸大小上也还受到一定的限制。常见的直径为 0.5～1.5m，板高为 0.2～1.5m，板厚为 2～4mm，板间距为 5～25mm，常用材料为不锈钢和碳钢。

　　螺旋板换热器的结构是由两张平行的钢板在专用的卷床上卷制而成，它是具有一对螺旋通道的圆柱体，再加上顶盖和进出口接管而构成的。如图 5-30 所示，两种介质分别在两个螺旋通道内做逆向流动，一种介质由一个螺旋通道的中心部分流向周边，而另一种介质则由另一个螺旋通道的周边进入，流向中心再排出，这样就形成完全逆流的操作。

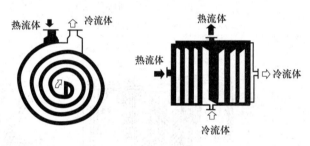

图 5-30　螺旋板换热器示意图

　　根据使用的条件，螺旋本体的两个端面可以全部焊死，通常称为Ⅰ型，由于两个通道的两个端面均焊死，其缺点是不能进行机械清洗或检修。如果将两个螺旋通道的一个端面交错地焊死，则两个通道均可进行清洗。但由于各有一端是敞开的，所以两端面需要加上可以拆卸的顶盖密封，这称为Ⅱ型。也有将螺旋体的一端全部焊死，而另一端有一个通道也是焊死的，仅留另一通道的端面是敞开的，可以清洗，即Ⅰ和Ⅱ两种结构的混合型，详见图 5-31。还有一种Ⅲ型的结构，如图 5-32，只有一种介质是沿螺旋通道由中心流向周边，而另一介质是做轴向流动。Ⅲ型通常用作蒸馏塔顶的冷凝器，也即蒸汽走轴向，而冷却介质则沿螺旋通道流动。

　　为了保证两个螺旋通道的间隙维持一定，在螺旋通道内还有许多定距柱，它们是事先焊在待卷的钢板上，通常为正三角形排列。定距柱不仅能保证螺旋通道间隙一定，而且还承受操作压力，并在强化传热方面起着明显的作用，当然，也增加了通道中的流体阻力。

　　② 板式换热器　板式换热器是由一组长方形的薄金属传热板片构成，用框架将板片夹紧组装于支架上。两个相邻板片的边缘衬以垫片（各种橡胶或压缩石棉等制成）压紧，板片四角有圆孔，形成流体的通道，如图 5-33 所示。冷热流体交替地在板片两侧流过，通过板片进行换热。板片厚度为 0.5～3mm，相当薄，所以传热阻力小，但刚度不够。通常都将板片压制成各种槽形或波纹形的表面。这样既增强了板片的刚度，不致受压变形，同时也使流

体流经不平的表面时，增强其湍流程度，从而提高传热效率，另外也比光滑板面的面积有所增加。

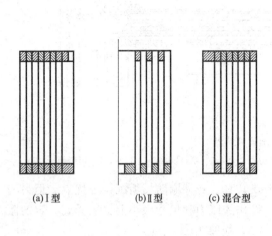

(a) I 型　　(b) II 型　　(c) 混合型

图 5-31　螺旋板换热器结构形式

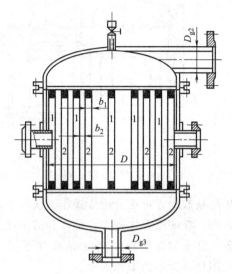

图 5-32　III 型螺旋板换热器

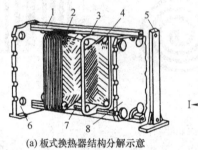

(a) 板式换热器结构分解示意　　(b) 板式换热器流程示意

图 5-33　板式换热器

1—上导杆；2—垫片；3—传热板片；4—角孔；5—前支柱；6—固定端板；7—下导杆；8—活动端板

板式换热器具有的传热效率高、结构紧凑、使用灵活、清洗和维护方便、能精确控制换热温度等优点，应用广泛。其缺点是不易密封、承压能力低、使用温度受密封材料耐温性能的限制而不能过高，流道狭窄、易堵塞，处理量小，流动阻力大。

③ 板翅式换热器　板翅式换热器是一种紧凑、轻巧而高效的换热设备。板翅式换热器的结构形式很多，图 5-34 是其中一种，在两块平隔板之间放一波纹板状的金属导热翅片，两边用侧条密封，构成单元体。对各个单元体进行叠积和适当排列，并用钎焊构成牢固的组装件，称为芯部或板束。通常在板束顶部和底部各留一层起绝热作用的假翅片层。最后将带有流体进出口的集流箱钎焊到板束上，就组成了完整的板翅式换热器。

板翅式换热器具有传热效率高、结构紧凑、轻巧而稳固、适应性大等优点，但也存在流道小、易堵塞、结构复杂、造价高、清洗和检修困难等缺点。

(2) 空冷器

空冷器是以空气作为冷却介质，对流经管内的热流体进行冷却或冷凝。主要由管束、风机、构架及百叶窗等部件组成，如图 5-35 所示。由于环境污染和水源短缺等问题，空

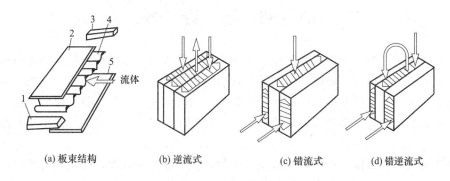

图 5-34 板翅式换热器

1,3—侧板；2,5—隔板；4—翅片

冷器在石油和化学工业中使用越来越多，有些炼油厂约 90％以上的冷却负荷是由空冷器来完成的。随着用途的日益扩大类型也越来越多，空冷器按通风方式有送风式和抽吸式两类。

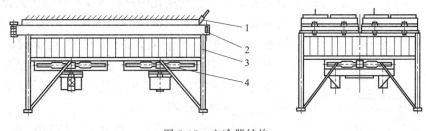

图 5-35 空冷器结构

1—百叶窗；2—管束；3—构架；4—风机

（3）套管式换热器

这种换热器的结构如图 5-36 所示，由大管套小管组成同心套管，是最简单的管式换热器。根据传热面的大小，可以用 U 形管把许多套管段串联起来。当载热体的流量很大时，可以把套管段用管箱并联起来。外套管可以直接焊在传热管上，如果管间需要清洗，或者内管材料不能焊接时，也可以采用法兰或填料函来连接。

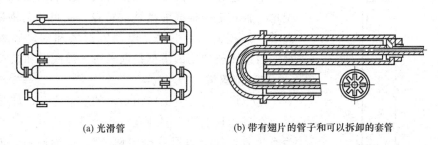

(a) 光滑管　　　(b) 带有翅片的管子和可以拆卸的套管

图 5-36 套管式换热器

套管式换热器的优点是结构简单、工作适用范围大，传热面积增减方便，两侧流体均可提高流速并可保证逆流，可获得较高的传热系数。缺点是单位传热面积的金属耗量大，检修、清洗比较麻烦，在可拆连接处易造成泄漏。此种换热器适用于高温、高压、小流量及所需传热面积不大的场合。

第三节 塔 设 备

在炼油、化工、轻工及医药等工业生产中，气、液或液、液两相直接接触进行传质传热的过程是很多的，如精馏、吸收、萃取等，这些过程都是在一定的设备内完成的。由于过程中介质相互间主要发生的是质量的传递，所以也将实现这些过程的设备叫传质设备，从外形上看这些设备都是竖直安装的圆筒形容器，高径比较大，形状如"塔"，故习惯上称其为塔设备。

塔设备为气、液或液、液两相进行充分接触创造了良好的条件，使两相有足够的接触时间、分离空间和传质传热的面积，从而达到相间质量和热量传递的目的，实现工艺要求。所以塔设备的性能对整个装置的产品质量、生产能力、消耗定额和环境保护等方面都有着重大的影响。

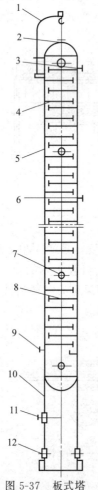

图 5-37 板式塔

1—吊柱；2—气体出口；3—回流液入口；4—精馏段塔盘；5—壳体；6—料液进口；7—人孔；8—提馏段塔盘；9—气体进口；10—裙座；11—液体出口；12—人孔

在化工和石油化工生产装置中，塔设备的投资费用约占全部工艺设备总投资的 25%，在炼油和煤化工生产装置中约占 35%；其所消耗的钢材重量在各类工艺设备中所占比例也是比较高的，如年产 250 万吨常减压蒸馏装置中，塔设备耗用钢材重量约占 45%，年产 30 万吨乙烯装置中约占 27%。可见塔设备是炼油、化工生产中最重要的工艺设备之一，它的设计、研究、使用对炼油、化工等工艺的发展起着重要的作用。

从不同的角度可将塔设备分成不同的类型。按工艺用途可分为精馏塔、吸收塔、萃取塔、干燥塔、洗涤塔等；按操作压力可分为常压塔、加压塔和减压塔；按内部构件的结构可分为板式塔和填料塔两大类。

1. 板式塔

板式塔的结构如图 5-37 所示，在塔内设置一定数量的塔盘，气体以鼓泡或喷射形式穿过塔盘上液层，气液相相互接触并进行传质过程。气相与液相组成沿塔高呈阶梯式变化。板式塔中根据塔盘结构特点，又可分为泡罩塔、浮阀塔、筛板塔、舌形塔、浮动舌形塔和浮动喷射塔等多种，目前主要使用的塔型是泡罩塔、浮阀塔和筛板塔。

(1) 泡罩塔

泡罩塔盘是工业上应用最早的塔盘之一，如图 5-38 所示。在塔盘板上开许多圆孔，每个孔上焊接一个短管，称为升气管，管上再罩一个"帽子"，称为泡罩，泡罩周围开有许多条形空孔。工作时，液体由上层塔盘经降液管流入下层塔盘，然后横向流过塔盘板、流入再下一层塔盘；气体从下一层塔盘上升进入升气管，通过环行通道再经泡罩的条形孔流散到液体中。泡罩塔盘具有气、液两相接触充分，传质面积大，因此塔盘效率高；操作弹性大，在负荷变动较大时，仍能保持较高的效率；适用于大型生产，不易堵塞等优点。但其结构复杂、造价高，安装维护麻烦等缺点也限制了它的应用。

（2）浮阀塔

浮阀塔盘是在塔盘板上开许多圆孔，每一个孔上装一个带三条腿可上下浮动的阀。浮阀是保证气液接触的元件，浮阀的形式主要有 F-1 型、V-4 型、A 型和十字架型等，最常用的是 F-1 型，如图 5-39 所示。

F-1 型浮阀有轻重两种，轻阀厚 1.5mm、重 25g，阀轻惯性小，振动频率高，关阀时滞后严重，在低气速下有严重漏液，宜用在处理量大并要求压降小（如减压蒸馏）的场合。重阀厚 2mm、重 33g，关闭迅速，需较高气速才能吹开，故可以减少漏液、增加效率，但压降稍大些，一般采用重阀。

操作时气流自下而上吹起浮阀，从浮阀周边水平地吹入塔盘上的液层；液体由上层塔盘经降液管流入下层塔盘，再横流过塔盘与气相接触传质后，经溢流堰入降液管，流入下一层塔盘。浮阀塔盘上气液接触状况如图 5-40 所示。

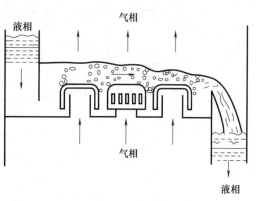

(a) 泡罩塔板操作状态示意图

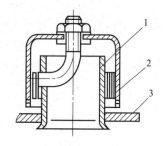

(b) 圆形泡罩

图 5-38　泡罩塔盘
1—升气管；2—泡罩；3—塔盘板

浮阀塔具有气液处理量较大、操作弹性比泡罩塔要大、分离效率较高、压降较低、塔盘的结构较简单、易于制造等优点，但其不宜用于易结垢、结焦的介质系统，因垢和焦会妨碍浮阀起落的灵活性。

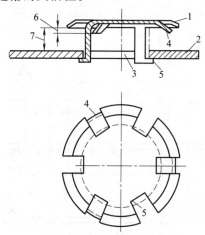

图 5-39　F-1 型浮阀
1—浮阀；2—塔盘板；3—阀孔；4—起始定距片；
5—阀腿；6—最小开度；7—最大开度

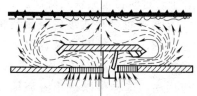

图 5-40　浮阀塔盘上气液接触状况

（3）筛板塔

筛板塔盘是在塔盘板上开许多小孔，操作时液体从上层塔盘的降液管流入，横向流过筛

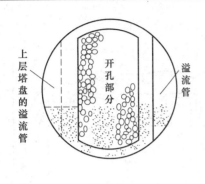

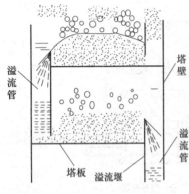

图 5-41　筛板塔盘示意图

板后，越过溢流堰经降液管导入下层塔盘；气体则自下而上穿过筛孔，分散成气泡通过液层，在此过程中进行传质、传热。由于通过筛孔的气体有动能，故一般情况下液体不会从筛孔大量泄漏。筛板塔盘的结构及气、液接触情况如图 5-41 所示。

筛板塔盘的小孔直径是一个重要参数，小则气流分布较均匀，操作较稳定，但加工困难，容易堵塞。目前工业筛板塔常用孔径为 3～8mm。筛板开孔的面积总和与开孔区面积之比称为开孔率，是另一个重要参数。在同样的空塔速度下，开孔率大则孔速小，易产生漏液，降低效率，但雾沫夹带也减少；开孔率过小，塔盘阻力大，易造成大的雾沫夹带和液泛，限制塔的生产能力。通常开孔率为 5%～15%。筛孔一般按正三角形排列，孔间距与孔径之比通常为 2.5～5。

筛板塔具有结构简单，制造方便，便于检修，成本低，塔盘压降小，处理量大，塔盘效率比泡罩塔高等优点，但其弹性较小，筛孔容易堵塞。

（4）板式塔的主要内部构件

① 塔盘构造　板式塔的塔盘形式虽多种多样，但就其整体构造而言，基本上都是由塔盘板、传质元件（浮阀、泡罩、舌片等）、溢流装置、连接件等构成。塔盘若只有一块塔盘板，称为整块式塔盘，见图 5-42。在直径较大的板式塔中，为了便于安装检修和增大塔板的刚度，将塔盘分为几块，这种塔盘称为分块式塔盘，分块式塔盘根据装配的位置不同分为矩形板、弓形板和通道板三种，为了增大塔板的刚度，每块塔盘板冲压出折边，一般有两种形式：自身梁式和槽式，如图 5-43 所示。一般塔径为 300～900mm 时，采用整块式塔盘，塔径大于或等于 800mm 时，就可在塔内进行装拆作业，这时可选分块式塔盘。

② 溢流装置　板式塔内溢流装置包括溢流堰、降液管和受液盘等。当回流量较大时，溢流堰的高度应低些，长度应大些，这样可以减小溢流堰以上的回流液层高度，降低气体通过液层时的塔板压力降。回流量较大时也可用增加辅堰的方法减小堰上液层的高度，同时还可减小沿塔盘边缘流动路程，使回流液在塔盘上停留的时间

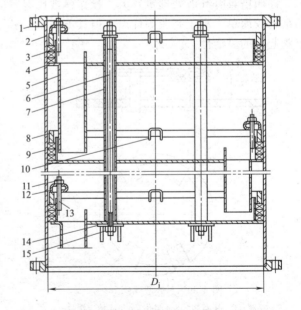

图 5-42　定距管整块式塔盘

1—法兰；2—塔体；3—塔盘圈；4—塔盘板；5—降液管；6—拉杆；7—定距管；8—压圈；9—填料；10—吊环；11—螺母；12—压板；13—螺柱；14—支座（焊在塔体内壁上）；15—螺母

均匀。辅堰的结构如图 5-44 (a) 所示。当回流量较小时,为了使回流液均匀地由塔盘流入降液管,采用齿形堰的结构形式以减少溢流堰的有效长度,如图 5-44 (b) 所示。

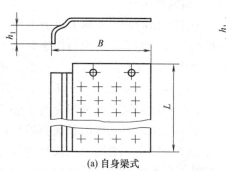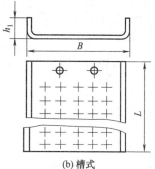

图 5-43 分块式塔盘

降液管的形式和大小也与回流量有关,同时还取决于液体在降液管内的停留时间,为了更好地分离气泡,一般取液体在降液管内的停留时间为 2~5s,由此决定降液管的尺寸。常采用的降液管有圆形和弓形等形式,如图 5-45 所示。

受液盘有平板形和凹形两种结构形式,一般采用凹形,因为凹形受液盘不仅可以缓冲降液管流下的液体冲击,减小因冲击而造成的液体飞溅,而且当回流量较小时也具有较好的液封作用,同时,可以使回流液均匀地流入鼓泡区。受液盘的结构如图

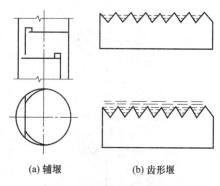

图 5-44 溢流堰的结构形式

5-46 所示,在凹形受液盘上常开有 2~3 个泪孔,其作用是在检修前停止操作后,可在 30min 内使凹形受液盘里的液体流净。

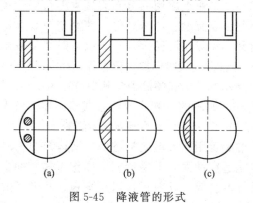

图 5-45 降液管的形式

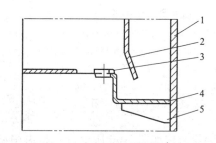

图 5-46 凹形受液盘

1—塔壁;2—降液板;3—塔盘板;4—受液盘;5—支座

2. 填料塔

板式塔气液主要是在塔盘上进行传质过程的,而填料塔气液进行传质的过程主要是在填料内外表面上。填料塔结构如图 5-47 所示,它主要是由塔体、喷淋装置、填料、再分布器、栅板等组成。气体由塔底进入塔内,经填料上升,液体由喷淋装置喷出后,洒在填料上并沿填料表面往下流,气液两相在填料上充分接触,从而达到传质的目的。因此要求填料的表面

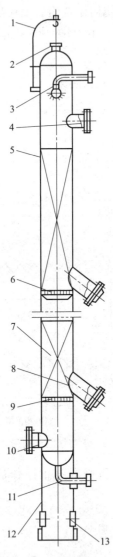

图 5-47　填料塔结构

1—吊柱；2—气体出口；3—喷淋装置；
4—人孔；5—壳体；6—液体再分配器；
7—填料；8—卸填料孔；9—支承装
置；10—气体入口；11—液体出口；
12—裙座；13—检查孔

积要尽量大，操作的时候要使液体充分湿润填料的表面，形成液膜。

(1) 填料的种类

工业上所用的填料总体上可分为散装填料、规整填料和格栅填料三类。散装填料由于其结构上的特点，不能按一定规律安放而只能随机（自由）堆砌。常见的散装填料有拉西环、鲍尔环、θ环、十字环、弧形鞍、矩形鞍等。这种填料气、液两相分布不够均匀，故塔的分离效果不够理想。因此产生了规整填料，这种填料分离效果好、压力降小，适用于在较高的气速或较小的回流比下操纵，目前使用较多的是波纹网和波纹板填料。填料塔常用填料如图 5-48 所示。

(2) 填料支承结构

填料的支承结构安装在填料层的底部，其作用是支承填料及填料层中所载液体，同时还要保证气流能均匀地进入填料层，并使气流的流通面积无明显减少。因此不仅要求支承结构具备足够的强度及刚度，而且要求结构简单，便于安装，所用材料耐介质腐蚀。常用的填料支承结构有栅板和波形板。图 5-49、图 5-50 是最常用的栅板结构，为了限定填料在塔中的相对位置，不至于在气、液体冲击下发生移动、跳跃或撞击，应安装填料压板或床层限制板。

(3) 液体分布装置

① 液体初始分布装置　液体初始分布装置是分布塔顶回流液的部件。工业上应用的分布装置类型很多，较常用的有喷洒型、溢流型、冲击型等。喷洒型中又有管式和喷头式两种。一般在塔径 1200mm 以下时都可采用图 5-51 所示的环管多孔式喷洒器，但直径 600mm 以下时多采用图 5-52 所示的喷头式喷洒器，其中塔径 300mm 以下时往往用图 5-53 所示的直管式或弯管式喷洒器。较大直径的塔则可采用图 5-54 所示的多支管喷洒器。

溢流型喷淋装置用在大型填料塔中，结构如图 5-55 所示，其优点是适应性强，不易堵塞、操作可靠。冲击型喷洒器结构如图 5-56 所示，它是由中心管和反射板组成，反射板可以是平板、凸形板或锥形板，操作时液体沿中心管流下，靠液体冲击反射板的反射飞溅作用而分布液体，反射板中心钻有小孔以使液体流下淋洒到填料层中心部分。

② 液体再分布装置　液体沿填料向下流动时，由于向上的气流速度不均匀，中心气流速度较大、靠近塔壁处流速较小，使得液体流向塔壁形成"壁流"，减少了气、液的有效接触，降低了塔的传质效率，严重时会使塔中心的填料不能被湿润而形成"干锥"现象。为此，每隔一定高度的填料层应设置一液体再分布装置，以便使液体再一次重新均匀分布。最常见的液体再分布装置是锥形分布器，如图 5-57 所示。

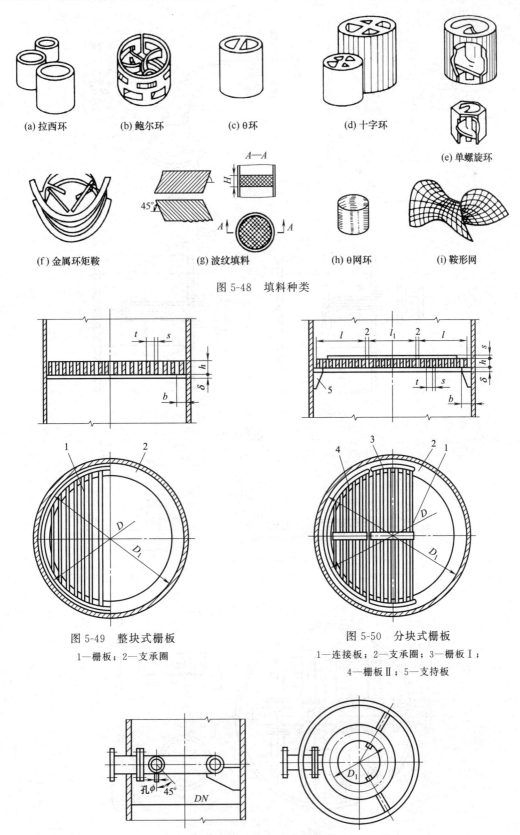

(a) 拉西环　　(b) 鲍尔环　　(c) θ环　　(d) 十字环　　(e) 单螺旋环

(f) 金属环矩鞍　　(g) 波纹填料　　(h) θ网环　　(i) 鞍形网

图 5-48　填料种类

图 5-49　整块式栅板

1—栅板；2—支承圈

图 5-50　分块式栅板

1—连接板；2—支承圈；3—栅板Ⅰ；

4—栅板Ⅱ；5—支持板

图 5-51　环管多孔式喷洒器

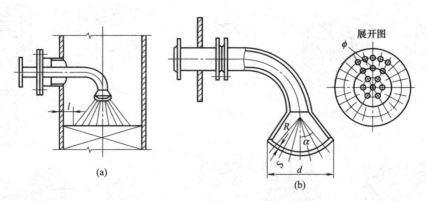

图 5-52 喷头式喷洒器

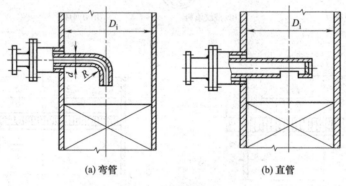

(a) 弯管   (b) 直管

图 5-53 管式喷洒器

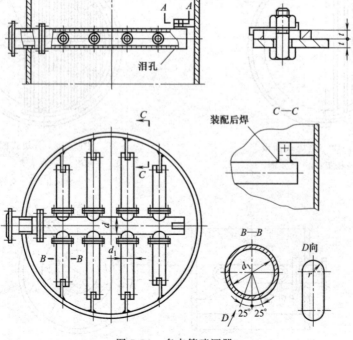

图 5-54 多支管喷洒器

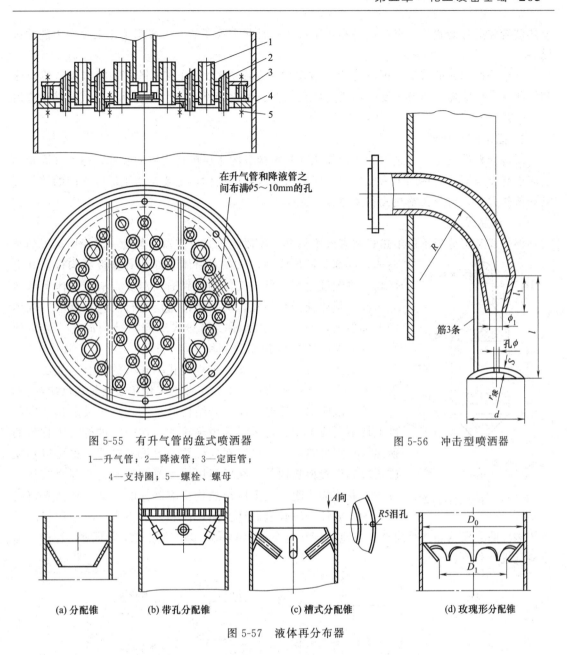

图 5-55　有升气管的盘式喷洒器

1—升气管；2—降液管；3—定距管；
4—支持圈；5—螺栓、螺母

图 5-56　冲击型喷洒器

在升气管和降液管之间布满 $\phi 5 \sim 10$mm 的孔

筋 3 条

(a) 分配锥　　(b) 带孔分配锥　　(c) 槽式分配锥　　(d) 玫瑰形分配锥

图 5-57　液体再分布器

第四节　反 应 设 备

　　反应设备是化工生产中实现化学反应的主要设备，主要作用是为化学反应提供反应空间和反应条件，使物料在反应设备中实现一个或几个化学反应，让反应物通过化学反应转变为反应产物。按照参加化学反应物料的物态的不同（气体或液体），操作条件的不同（压力、温度以及物料静止还是流动），反应的热效应的不同（吸热反应还是放热反应），反应设备可以有很多种类和结构。例如合成氨工厂的氨合成塔、炼油厂的加氢反应器、烯烃厂的裂解炉、合成橡胶厂的反应釜、化纤厂的聚合釜和抗生素厂的发酵釜等，这些反应设备有的需要耐高压，有的需要耐介质的腐蚀，有的还根据操作要求设置各种内件，如催化剂支承装置、换热装置和搅拌装置等。反应设备在化工设备中是非常重要的，大多都是化工生产中的关键设备。

反应器按结构的特征，可以分为反应釜式（或称槽形）、管式、塔式、固定床、流化床和转化炉等反应器。本节主要介绍固定床反应器、流化床反应器、管式反应器、搅拌反应器和转化炉。

1. 固定床反应器

反应物料呈气态，通过由静止的催化剂颗粒构成的床层进行反应的装置，称为气固相固定床催化反应器，简称固定床反应器。固定床反应器的结构，主要是为了适应不同的传热要求和传热方式，可分为绝热式和换热式。

（1）绝热式

绝热式又可分为单段绝热式和多段绝热式。单段绝热式反应器一般为一高径比不大的圆筒体，内部无换热构件，只在圆筒体下部装有栅板等构件，其上面均匀堆置催化剂。反应气体预热到适当温度，从圆筒体上部通入，经过气体预分布装置，均匀通过床层进行反应，反应后气体经下部引出，如图 5-58 所示。绝热式反应器结构简单、造价便宜、反应器内体积得到充分利用。但只适用于反应热效应较小、反应温度允许波动范围较宽、单程转化率较低的场合。如乙苯脱氢制苯乙烯、乙烯水合制乙醇，工业上采用单段绝热式反应器。

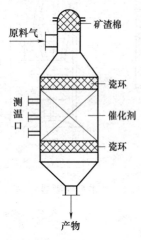

图 5-58 绝热式反应器

为了既能保持绝热式反应器结构简单的优点，又能在一定程度上调节反应温度，发展了多段绝热式。在段间进行反应物料的换热，根据换热要求，可以在反应器外另设换热器，也可以在反应器段间设置换热构件，在段间用喷水或补充原料气等直接换热方法，此称为冷激式。多段绝热式反应器见图 5-59。在基本有机化工中，如环己醇脱氢制环己酮，换热要求不高，故采用段间设置换热构件的多段绝热式反应器。一氧化碳和氢合成甲醇采用多段绝热式反应器时，在段间通原料气进行急冷。

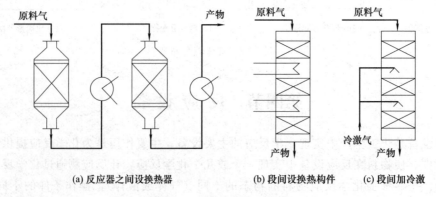

(a) 反应器之间设换热器   (b) 段间设换热构件   (c) 段间加冷激

图 5-59 多段绝热式反应器

（2）换热式

当反应热效应较大时，为了维持适宜的温度条件，必须利用换热介质来移走反应生成的热量。按换热介质的不同，又可分为对外换热式和自身换热式。

① 对外换热式 以各种载热体为换热介质，称为对外换热式。基本有机化工中应用最多的是换热条件较好的列管式反应器。其结构类似管壳式热交换器。通常在管内充填催化剂，反应气体自上而下通过催化剂床层进行反应。管间通载热体，管径一般为 20～50mm。列管管径的选择与反应热效应有关。为使径向温度比较均匀，热效应愈大，应采用较小的管径。根据生产规模，列管数可从数百根到数千根，甚至达万根以上。为使气体在各管内分布均匀，以达到反应所需停留时间和温度条件，催化剂的填充十分重要。必须做到填充均匀，各管阻力力求相等。为了减小流动压降，催化剂粒径不宜过小，一般在 2～6mm 左右。载热体可以根据反应温度范围进行选择。常用的有：冷却水、加压水（373～573K）、导生液（联苯和二苯醚混合物，473～623K）、熔盐（如硝酸钠，硝酸钾和亚硝酸钠混合物，573～773K）、烟道气（873～973K）等。载热体温度与反应温度之差不宜太大，以免造成靠近管壁的催化剂过冷或过热，过冷时，催化剂不能充分发挥作用；过热时，可能使催化剂失活。载热体必须循环，以增强传热效果。

采用不同载热体和载热体循环方式的列管式固定床反应器如图 5-60 所示。图 5-60（a）为沸腾式，其特点是整个反应器内载热体温度基本恒定。例如，乙炔与氯化氢合成氯乙烯，采用沸腾水为载热体，反应热使沸腾水部分汽化，分离出蒸汽后，冷凝液补加部分软水循环使用。图 5-60（b）为内部循环式，例如，生产丙烯腈和苯酐的反应器，以熔盐为载热体，用旋桨式搅拌器强制熔盐循环，并使熔盐吸收的热量传递给水冷换热构件，设备结构比较复杂。图 5-60（c）为外部循环式，例如乙烯氧化制环氧乙烷，以导生液为载热体，用泵进行外部强制循环。

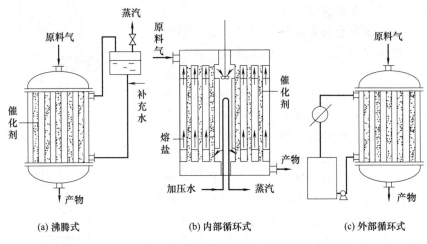

(a) 沸腾式　　　　　　　　　　(b) 内部循环式　　　　　　　　(c) 外部循环式

图 5-60 列管式固定床反应器

② 自身换热式 在反应器内，以原料气为换热介质，通过管壁与反应物料换热，以维持反应温度的反应器称为自身换热式。一般都用于热效应不太大的高压反应，既能做到热量自给，又不需另设高压换热设备。主要用于合成氨和甲醇的生产。

固定床反应器除了上述几种主要形式外，为了能采用细粒催化剂，提高催化剂的有效系数，又要减小压降，发展了径向反应器。工业上甲苯歧化制苯和二甲苯就采用径向反应器。径向反应器中的流体流动如图 5-61 所示。

2. 流化床反应器

不同的反应过程采用的流化床反应器，结构各有差异。为了便于学习，以丙烯氨氧化流

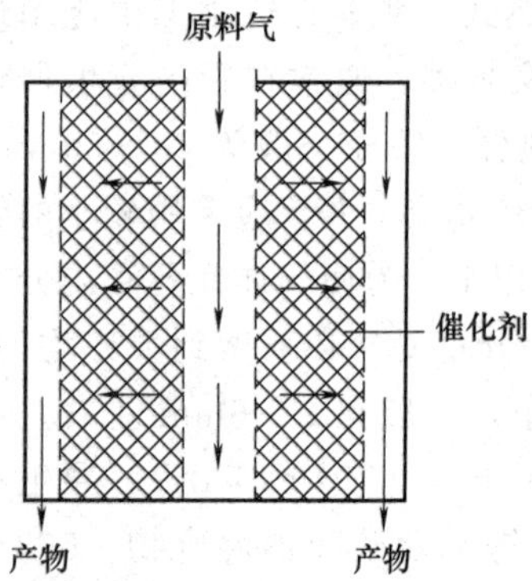

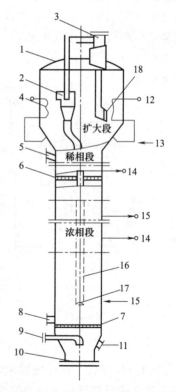

化床反应器为示例。原料混合气以一定速度通过底部气流分布板而急剧上升时，将反应器床层上堆积的固体催化剂细粒强烈搅动，上下浮沉，看起来非常像沸腾的液体，故称为沸腾床。流化床反应器结构如图5-62所示。

流化床的下部为浓相段，化学反应主要在此段进行。在浓相段中装有冷却水管和导向挡板。冷却水管是为了控制反应温度，回收反应热。导向挡板是为了改善气固接触条件。浓相段上部为稀相段。在稀相段也装有冷却水管，目的是将反应温度降至规定的温度以下，以便中止反应。稀相段之上为扩大段。扩大段内装有内旋风分离器，以分离并回收被反应气夹带的催化剂细粒。

图 5-61 径向流动示意图

流化床反应器比较适用于下述过程：热效应很大的放热或吸收过程；要求有均一的催化剂温度和需要精确控制温度的反应；催化剂寿命比较短，操作较短时间就需要更换（或活化）的反应；有爆炸危险的反应、某些能够比较安全地在高浓度下操作的氧化反应，可以提高生产能力，减少分离和精制的负担。

流化床反应器一般不适用如下情况：要求高转化率的反应；要求催化剂层有温度分布的反应。

3. 管式反应器

管式反应器主要用于气相、液相、气-液相连续反应过程，由单根（直管或盘管）连续或多根平行排列的管子组成，一般设有套管或壳管式换热装置。操作时，物料自一端连续加入，在管中连续反应，从另一端连续流出，便达到了要求的转化率。由于管式反应器能承受较高的压力，故用于加压反应尤为合适，例如，油脂或脂肪酸加氢生产高碳醇、裂解反应用的管式炉便是管式反应器。此种反应器具有容积小、比表面大、返混少、反应混合物连续性变化、易于控制等优点。但若反应速度较慢时，则有所需管子长、压降较大等不足。随着化工生产越来越趋于大型化、连续化、自动化，连续操作的管式反应器在生产中使用越来越多，某些传统上一直使用间歇搅拌釜的高分子聚合反应，目前也开始改用连续操作的管式反应器。

管式反应器的长径比较大，有直管式、盘管式、多管式等几种，如图5-63所示。

4. 搅拌反应器

搅拌反应釜是一种典型的反应设备，广泛应用于化工、轻工、化纤、医药等工业。它是在一定的压力和温度下，将一定容积的两种或多种液态物料搅拌混合，促进其化学反应的设备；通常伴随有热效应，由换热装置输入或移出热量。

图 5-62 流化床反应器结构示意图
1—壳体；2—内旋风器；3—外旋风器；4—冷却水管；5—催化剂入口；6—导向挡板；7—气体分布器；8—催化剂出口；9—原料混合器进口；10—放空口；11—防爆口；12—稀相段蒸汽出口；13—稀相段冷却水出口；14—浓相段蒸汽出口；15—浓相段冷却水出口；16—料腿；17—堵头；18—翼阀

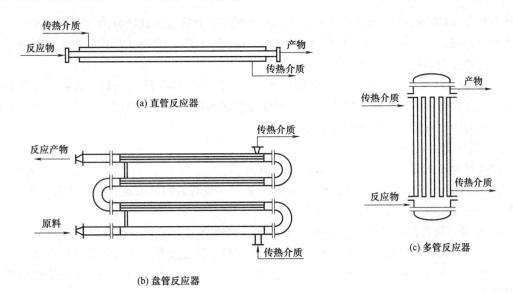

图 5-63 管式反应器结构示意图

(a) 直管反应器

(b) 盘管反应器

(c) 多管反应器

(1) 搅拌反应釜总体结构

搅拌反应釜的结构如图 5-64 所示，主要由以下几部分组成。

① 釜体 釜体是一个容器，为物料进行化学反应提供一定的空间。釜体通常由圆筒形筒体及上、下封头（大多为椭圆形，为卸料方便也有用锥形下封头的）组成，反应釜的直径和高度由生产能力和反应要求决定。由于化学反应物料可能是易燃、易爆或有毒，而且常要保持一定的操作温度、压力（或真空）等，所以反应釜大多数是密闭的，对常压、无毒及反应过程允许的条件下它也可设计成敞开的。

② 传热装置 由于化学反应过程一般都伴有热效应，即反应过程中放出热量或吸收热量，因此在釜体的外部或内部需设置供加热或冷却用的传热装置。加热或冷却都是为了使温度控制在反应所需范围内。常用的传热装置是在釜体外部设置夹套或在釜体内部设置蛇管。

③ 搅拌装置 为了使参加反应的各种物料混合均匀，接触良好，以加速反应的进行，需要在釜体内设置搅拌装置。搅拌装置由搅拌轴和搅拌器组成，搅拌装置的转动一般是由电动机经减速器减到搅拌器所需转速后，再通过联轴器来带动。搅拌轴一般是悬臂的，需要时也可在釜内设置中间轴承或底轴承。

④ 轴封装置 由于搅拌轴是转动的，而釜

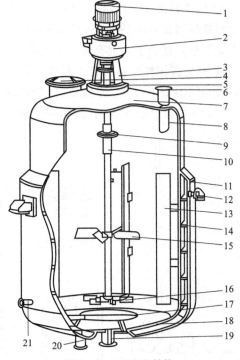

图 5-64 反应釜结构

1—电动机；2—减速器；3—机架；4—人孔；5—密封装置；6—进料口；7—上封头；8—筒体；9—联轴器；10—搅拌轴；11—夹套；12—载热介质出口；13—挡板；14—螺旋导流板；15—轴向流搅拌器；16—径向流搅拌器；17—气体分布器；18—下封头；19—出料口；20—载热介质进口；21—气体进口

体封头是静止的，在搅拌轴伸出封头之处必然有间隙，介质会由此泄漏或空气漏入釜内，因此必须进行密封（轴封），以保持设备内的压力（或真空度），并防止反应物料逸出和杂质的渗入。通常采用填料密封或机械密封。

⑤ 其他结构 除上述几部分主要结构外，为了便于检修内件及加料、排料，还需装焊人孔、手孔和各种接管；为了操作过程中有效地监视和控制物料的温度、压力，还要安装温度计、压力表、视镜、安全泄放装置等。

（2）搅拌器

搅拌器的形式多种多样，其结构如图 5-65 所示。

① 桨式搅拌器结构简单、制造容易，但主要产生旋转方向的液流且轴向流动范围较小。主要用于流体的循环或黏度较高物料的搅拌。

② 推进式搅拌器的结构如同船舶的推进器，通常有三瓣叶片。搅拌时流体由桨叶上方吸入，下方以圆筒状螺旋形排出，液体至容器底在沿壁面返至桨叶上方，形成轴向流动。适用于低黏度、大流量的场合。主要用于液-液混合，使温度均匀，在低浓度固-液系中防止淤泥沉降等。

③ 涡轮式搅拌器是一种应用较广的搅拌器，有开式和盘式两类，能有效地完成几乎所有的搅拌操作，并能处理黏度范围很广的流体。适用于低黏度到中黏度流体的混合、液-液分散、固-液悬浮，以及促进传热、传质和化学循环。

④ 框式和锚式搅拌器则与以上三种有明显的差别，其直径与反应器罐体的直径很接近。这类搅拌器转速低，基本上不产生轴向液流，但搅动范围很大，不会形成死区。搅拌混合效果不太理想，适合于对混合要求不太高的场合。

⑤ 螺旋式搅拌器是由桨式搅拌器演变而来，其主要特点是消耗的功率较小。据资料介绍，在相同的雷诺数下，单螺旋搅拌器的耗功率是锚式搅拌器的 1/2。因此在化工生产中应用广泛，并主要适合于在高黏度、低转速下使用。

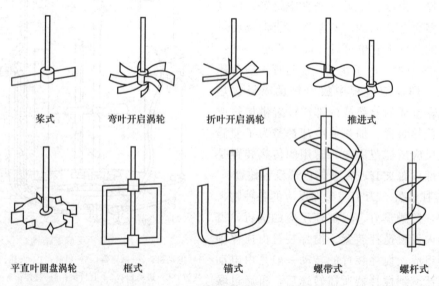

图 5-65 典型搅拌器结构示意

（3）传热装置

① 夹套传热及其结构 搅拌反应釜最常用的传热方式为夹套和蛇管传热。在釜体外侧，

以焊接或法兰连接的方法装设各种形状的外套，使其与釜体外表面形成密闭的空间，在此空间内通入载热流体，以加热或冷却物料，维持物料的温度在规定的范围，这种结构称为夹套。

常用的夹套形式为整体夹套，结构类型如图 5-66 所示。图（a）为仅圆筒的一部分有夹套，用于需要加热面积不大的场合。图（b）为圆筒的一部分和下封头包有夹套，是最常用的典型结构。图（c）是考虑到筒体受外压时为了减小筒体的计算长度或者为了实现在筒体的轴线方向分段控制温度而采用分段夹套，各段之间设置加强圈或采用能够起到加强圈作用的夹套封口件，此结构适用于筒体细长的场合。图（d）为全包式夹套，与前三种比较，有最大的传热面积。

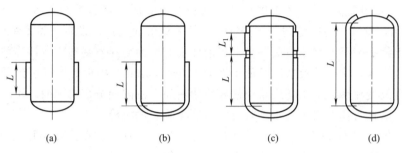

图 5-66　整体夹套的结构类型

② 蛇管传热及其结构　当需要传热面积较大，夹套传热不能满足要求时，可采用蛇管传热，其常见结构如图 5-67 所示。密集排列的蛇管沉浸在物料中，热量损失小，传热效果好，同时还能起到导流筒的作用，可以改变流体的流动状况，减小旋涡，强化搅拌程度，但检修较麻烦。蛇管允许的操作温度范围为 $-30 \sim +280℃$，公称压力系列为 0.4MPa、0.6MPa、1.0MPa、1.6MPa。

蛇管的长度不宜过长，否则因凝液积聚而降低传热效果，而且在很长的蛇管中排出蒸汽所夹带的惰性气体也是很困难的。如果要求传热面积很大时，可以制成几个并联的同心圆蛇管组，如图 5-68 所示。

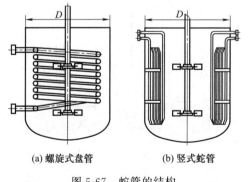

(a) 螺旋式盘管　　(b) 竖式蛇管

图 5-67　蛇管的结构

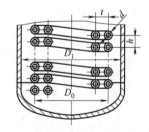

图 5-68　同心圆蛇管组结构

（4）搅拌附件

① 挡板　当液体黏度不高，搅拌器转速足够高时，容易产生旋涡流或称为"圆柱状回转区"，使罐内中心部分液面下凹，周边液体被升举到高于平均液面以上。旋涡流是离心力作用于旋转的液体时所产生的。随着搅拌器转速的进一步增加，液面下凹与叶轮接触，使大量空气带入，功率下降，混合效率随之降低。对多相系统物料的混合，由于离心力作用不但

得不到混合，反而使多相系统的物料分层或分离，使其中固体颗粒甩到釜壁，然后沿釜壁沉积于釜底。另外剧烈打旋的液体结合旋涡作用还会造成异常液体作用力，对搅拌轴产生冲击作用，加剧搅拌振动，从而影响搅拌器的使用寿命，甚至无法操作。为了消除湍流状态时的"圆柱回转区"和打旋现象，通常在釜内安设挡板或导流筒。

反应釜内安设的挡板有纵、横两种，常用的是纵挡板。当物料黏度较高时使用横挡板。挡板的作用有二：将切向流动转变为轴向和径向流动，对于釜体内液体的主体对流扩散，轴向和径向流动都是有效的；增大被搅动液体的湍动程度，从而改善搅拌效果。

纵挡板是固定在釜壁上的，对于低黏度液体的搅拌，可使挡板与器壁垂直紧贴安装，如图 5-69（a）所示；当黏度在 7～10Pa·s 或固-液相操作时，挡板要离开器壁安装，如图 5-69（b）所示，离开距离为 1/5～1 倍板宽；当黏度更高时还可将挡板倾斜一个角度，如图 5-69（c）所示，这样可有效地防止黏滞液体在挡板处形成死角，以防止固体颗粒的堆积。

挡板的上缘一般可与静止液面齐平，当液面上有轻而易浮不易湿润的固体物料时，需要在液面上造成旋涡，这时挡板上缘可低于液面 100～150mm。挡板的下缘可到器底。有时利用挡板的高度改变流型，如在器底希望使较重物料易于沉降而分离出来时，可将挡板下缘取在桨叶之上，这样可使器底出现水平转流，有利于物料的沉降。

无论搅拌器的类型如何，液体总是从各个方向流向搅拌器。在需要控制流回的速度和方向以确定某一特定流型时，可在反应釜中设置导流筒。

② 导流筒　导流筒是一个圆筒，安装在搅拌器的外面。常用于推进式和涡轮式搅拌器，如图 5-70 所示。导流筒的作用是提高混合效率，一方面它提高了对筒内液体的搅拌程度，加强了搅拌器对流体的直接机械剪切作用，同时又确立了充分循环的流型，使反应釜内所有的物料均可通过导流筒内的强烈混合区，提高混合效率。另外，由于限定了循环路径，减少了短路的机会。

导流筒内外液体的湍动程度不同，因此，它使反应釜内形成两个不同的剪切区域；若导流筒内外的截面积不等，则又形成两个不同的循环流动速度，这对于某些过程（例如结晶和乳化）是有利的。

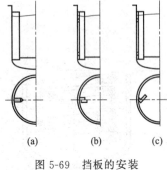

图 5-69　挡板的安装

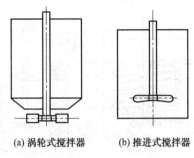

(a) 涡轮式搅拌器　　(b) 推进式搅拌器

图 5-70　导流筒

5. 裂解炉

烃类进行裂解反应的设备称为裂解炉。由于管式炉设备有比较简单、连续操作、动力消耗小、裂解气质量好以及便于大型化等优点，因此已被广泛应用于烯烃生产（乙烯和丙烯）。是国内外烯烃工业生产装置中最成熟、最实用和操作较稳定的装置。

管式炉的炉型种类很多，分类的方法也很多。按炉型分类，有方箱式炉、立式炉、梯台炉、门式炉等。按炉管布置方式分类，有水平管式和垂直管式（或称横管式和竖管式）。按燃烧方式分类，有直焰式和无焰辐射式等。

（1）管式裂解炉组成

管式裂解炉由辐射室、对流室、余热回收系统、燃烧及通风系统五部分组成，如图 5-71 所示，其结构通常包括：钢结构、炉管、炉墙（内衬）、燃烧器、孔类配件等。

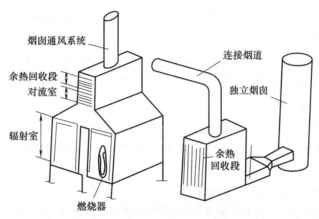

图 5-71　管式裂解炉的一般结构

① 辐射室　辐射室是通过火焰或高温烟气进行辐射传热的部分，也是裂解炉进热交换的主要场所，其热负荷约占全炉的 70%～80%，是全炉的最重要部位。烃蒸汽转化炉、乙烯裂解炉等，其反应和裂解过程全都用辐射室来完成。可以这样认为，一台炉子的优劣主要以辐射室的性能来判断。

辐射室内炉管通过火焰或高温烟气进行传热。因以辐射热为主，故称为辐射管。辐射室内的炉管直接承受火焰辐射冲刷，温度高，要求材料具有足够的高温强度和高温化学稳定性。

② 对流室　对流室是紧接辐射室靠由辐射室排出的高温烟气进行对流传热物料的部分。烟气以较高速度冲刷炉管的管壁，进行有效的对流传热，其热负荷约占全炉的 20%～30%。对流室一般布置在辐射室之上；有的则单独放置在地面上，如大型方炉。为了尽量提高传热效果，多数炉子在对流室采用钉头管和翅片管。

严格地讲，在对流室中也有一部分辐射热交换存在，而且有时还占有较大的比例，但是，就其比例而言，对流传热则起支配作用。对流传热占有全热负荷的比例应根据管内流体同烟气的温度差和烟气通过对流室管排的压力损失等方面综合考虑后确定。

③ 余热回收系统　余热回收系统指从离开对流室的烟气中进一步回收余热的部分。回收方法有两类：一类是靠预热燃烧用空气来回收热量，这些回收的热量再次返回炉；另一类是采用同炉子完全无关的另一系统的流体来回收排烟的余热。前者称为空气预热方式，后者通常采用水回收，称为废热锅炉方式。空气预热方式有直接安装在对流室上面的固定管式空气预热器和单独放在地面上的回转式空气预热器等形式。

目前，炉子的余热回收系统较多采用空气预热方式，通常只有高温管式炉（烃类蒸汽转化炉、乙烯裂解炉）和纯辐射炉才使用废热锅炉，因为这些炉子的排烟温度很高，设置余热回收系统后，整个炉子的总热效率可达到 88%～90%。

④ 燃烧器　燃烧器的作用是完成燃料的燃烧过程，为炉子的热交换提供热量，是炉子的重要组成部分。如前所述，管式加热炉只燃烧燃料气和燃料油，所以不需要烧煤那样复杂

的辅助系统，其结构较为简单。

燃烧器由燃料喷嘴、配风器、燃烧道三部分组成。燃烧器按所用燃料不同可分为三类：燃油燃烧器、燃气燃烧器和油-气联合燃烧器。燃烧器性能的好坏，直接影响燃烧的质量和炉子的热效率。操作时，应特别注意火焰要保持刚直有力，调整火嘴尽可能使炉膛受热均匀，避免火焰舔及炉管，并实现低氧燃烧。为保证燃烧质量和热效率，还必须配置可靠的燃料供应系统和良好的空气预热系统。

⑤ 通风系统　通风系统的任务是将燃烧用空气导入燃烧器，并将废烟气引出炉子。它分为自然通风方式和强制通风方式两种。前者依靠烟囱本身形成的抽力，不消耗机械功；后者要使用风机，消耗机械功。

过去，大多数炉子都采用自然通风方式，烟囱通常安装在炉顶。近年来，随着炉子结构的复杂化炉内烟气侧阻力增大，加之提高热效率的需要，采用强制通风的方式日趋普遍。

（2）主要结构

① 钢结构　钢结构是管式炉承载骨架。管式炉的其他辅助构件则依附于钢结构。钢结构的基本元件是各种型钢，通过焊接或螺栓连接构成管式炉的骨架。近代管式炉中，随着炉型复杂程度的提高，其钢结构的投资比例越来越大。

② 炉墙　管式炉的炉墙结构主要有三种类型：耐火砖结构、耐火混凝土结构和耐火纤维结构。其中耐火砖结构又分为：砌砖炉墙、挂砖炉墙和拉砖炉墙三种。砌砖炉墙是按照一定的要求将耐火砖、保温砖、红砖等整体砌筑的炉墙。挂砖炉墙是利用挂砖架分段承重的结构，炉墙较薄，其高度不受限制。拉砖炉墙是将炉墙砖结构与炉墙钢结构拉接起来的一种结构形式，目前应用广泛，尤其是温度较高的管式加热炉。如裂解炉和转化炉，则大量应用。

③ 炉管　管式裂解炉的炉管是物料摄取热量的媒介。接受热方式不同可分为辐射炉管和对流炉管，前者设置在辐射室内，后者设置于对流室内。为强化传热，对流管往往采用翅片管或钉头管，其安装方式多采用水平安装。

④ 其他配件　管式加热炉的配件较多，主要有看火孔、点火孔、炉用人孔、防爆门、吹灰器、烟囱挡板等。

为了便于了解裂解炉的内部结构及工作原理，选择方箱式裂解炉进行分析，如图 5-72 所示。燃料燃烧所在区域称为辐射室。辐射室和对流室均装有炉管，炉管材质按温度进行选择。高温段（1173～937K）采用 Cr23Ni18 合金钢，中温段（973～773K）采用 Cr5Mo 合金钢，低温段在小于 723K 时则用 10 碳素钢。在本炉型中，裂解原料和水蒸气进入对流室炉管。在对流室内预热到773～873K，然后进入辐射室炉管进行裂解反应。出口温度由所用原料决定，一般为 1023～1123K。裂解产物自炉顶引出，去冷却系统。燃料（液体或气体）和空气在烧嘴中混合后喷入炉膛燃烧。烧嘴在炉膛（即辐射室）中均匀分布。面对火焰的挡墙上部的温度（即燃烧后产生的烟气由辐射室进入对流室的温度）代表辐射室的温度

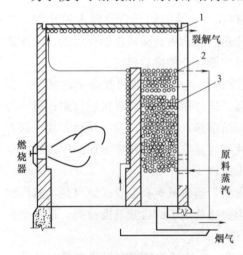

图 5-72　方箱式裂解炉示意图
1—辐射管；2—对流管；3—挡墙

（1123~223K），不代表火焰本身的最高温度。烟气进入对流室后将显热传给对流管中的原料和蒸汽，出对流室的烟道气温度为 573~673K，最后由烟囱排入大气。为了充分利用这部分废热，有的炉子在烟道中设有空气预热器，预热后的空气引进烧嘴可以改燃烧性能和提高火焰最高温度。

裂解炉炉管的出口压力一般在 0.15MPa（绝压）左右。裂解反应时间是在辐射室炉管内的停留时间约 0.8~0.9s 左右。

第五节　化工管路与阀门

化工生产中所用的各种管路总称为化工管路，它是化工生产装置中不可缺少的一部分。化工管路的功用是按工艺流程把各个化工设备和机器连接起来，以输送各种介质，如高温、高压、低温、低压、有爆炸性、可燃性、毒害性和腐蚀性的介质等。因此，化工管路种类繁多。化工管路由管子、管件、管子连接件、管路附件、阀门等零部件组成。

1. 化工管路

（1）化工用管的种类

① 金属管　在石油、化工生产中，金属管占有相当大的比例，常用的金属管有以下几种。

a. 有缝钢管。有缝钢管可分为水、煤气钢管和电焊钢管两类。水、煤气钢管一般用普通碳钢制成，按其表面质量分镀锌管和不镀锌管两种；镀锌的水、煤气管习惯上称为白铁管，不镀锌的习惯上称为黑铁管；按管壁厚度又可分为普通的、加厚的和薄壁的三种。它主要应用在水、煤气管路上，所以称为水、煤气管。电焊钢管是用低碳薄钢板卷成管形后电焊而成，有直焊缝和螺旋焊缝两种，直焊缝主要用于压力不大和温度不太高的流体管路，螺旋焊缝主要用于煤气、天然气、冷凝水管路，近些年来石油输送管路多采用螺旋缝电焊钢管。

b. 无缝钢管。无缝钢管按制造方法不同，可分为热轧无缝钢管和冷拔无缝钢管两类。无缝钢管的品种和规格很多，根据它的材质、化学成分和力学性能及其用途，又可分为普通无缝钢管、石油裂化用无缝钢管、化肥用高压无缝钢管、锻炉用高压无缝钢管、不锈耐酸无缝钢管等。无缝钢管强度高，主要用在高压和较高温度的管路上或作为换热器和锅炉的加热管。在酸、碱强腐蚀性介质管路上，可采用不锈耐酸无缝钢管。

c. 铸铁管。铸铁管可分为普通铸铁管和硅铁管两种。普通铸铁管是用灰铸铁铸造而成的，主要用于埋在地下的给水总管、煤气总管、污水管等，它对泥土、酸、碱具有较好的耐蚀性能。但它的强度低、脆性大，所以不能用于压力较高或有毒、爆炸性介质的管路上。硅铁管可分为高硅铁管和抗氯硅铁管两种，高硅铁管能抵抗多种强酸的腐蚀，它的硬度高，不易加工，受振动和冲击易碎；抗氯硅铁管主要是能够抵抗各种温度和浓度盐酸的腐蚀。

② 非金属管

a. 塑料管。常用的塑料管为硬聚氯乙烯塑料管，它是以聚氯乙烯为原料，加入增塑剂、稳定剂、润滑剂等制成的，是一种热塑性塑料管。易于加工成形，加热到 403~413K 时即成柔软状态，利用不同形状的模具便可压制成各种零件。它具有可焊性，当加热到 473~523K 时，即变为熔融状态，用聚氯乙烯焊条就能将它焊接，操作比较容易，冷却后能保持一定强度。硬聚氯乙烯管可用在压力 0.49~0.588MPa 和温度为 263~313K 的管路上，耐酸、碱的腐蚀性能较好。

b. 玻璃钢管。玻璃钢管是以玻璃纤维及其制品（玻璃布、玻璃带、玻璃毡）为增强材料，以合成树脂（如环氧树脂、呋喃树脂、聚酯树脂等）为黏结剂，经过一定的成形工艺制作而成。主要用于酸碱腐蚀性介质的管路。但不能耐氢氟酸、浓硝酸、浓硫酸等的腐蚀。

c. 耐酸陶瓷管。耐酸陶瓷管的耐蚀性能很好，除氢氟酸外，输送其他腐蚀性物料均可采用它，但它承压能力低，性脆易碎，只能采用承插式连接或将管端做出凸缘用活套法兰进行连接。

(2) 管件

化工管路除了采用焊接的方法连接外，一般均采用管件连接，如改变管路的方向和管径大小以及管路的分支和汇合，都必须依靠管件来实现。管件的种类和规格很多，按其材质和用途可分为三种类型，即水、煤气管件，电焊钢管和无缝钢管、有色金属管件和铸铁管件。

① 水、煤气管件　水、煤气管件通常采用可锻铸铁采用铸钢制作。

② 电焊钢管、无缝钢管和有色金属管的管件　这类管件包括弯头、法兰和垫片、螺栓等。

a. 弯头。弯头有压制弯头和焊制弯头两种，目前多数情况采用压制弯头。对于大直径的中低压管没有压制弯头，则采用焊制弯头，俗称虾米腰，一般是在安装现场焊制。

b. 管法兰及垫片详见本章第一节。

c. 螺栓、螺母。压力不大的（$PN \leqslant 2.45$MPa）管法兰，一般采用半精制螺栓和半精制六角螺母；压力较高的管法兰应采用光双头螺栓和精制六角螺母。

③ 铸铁管件　铸铁管件有弯头、三通、四通、异径管等。多数采用承插或法兰连接，高硅铸铁管因易碎常将管端制成凸缘，用对开松套法兰连接。

(3) 管路的连接方法

① 螺纹连接　螺纹连接也称丝扣连接，只适用于公称直径不超过65mm、工作压力不超过1MPa、介质温度不超过373K的热水管路和公称直径不超过100mm、公称压力不超过0.98MPa的给水管路；也可用于公称直径不超过50mm、工作压力不超过0.196MPa的饱和蒸汽管路。此外，只有在连接螺纹的阀件和设备时，才能采用螺纹连接。螺纹连接时，在螺纹之间常加麻丝、石棉线、铅油等填料。现一般采用聚四氟乙烯填料，密封效果较好。

② 焊接　焊接是管路连接的主要形式，一般采用气焊、焊条电弧焊、埋弧半自动焊、接触焊和气压焊等。在施工现场焊接碳钢管路，电焊的焊缝强度比气焊的焊缝强度高，并且比气焊经济，因此，应优先采用电焊连接。只有公称直径小于80mm、壁厚小于4mm的管子才用气焊连接。

③ 法兰连接　法兰连接在石油、化工管路中应用极为广泛，它的优点是强度高、密封性能好、适用范围广、拆卸、安装方便。中、低压管路常采用平焊法兰连接。低压采用光滑密封面，压力较高时则采用凹凸形密封面，通常采用的垫片为非金属软垫片。高压管路连接常采用平面形和锥面形两种连接法兰。平面形要求密封面必须光滑，采用软金属（铝、紫铜等）做垫片；锥面形的端面为光滑锥形面。垫片为凸透镜式，用低碳钢制成。

④ 承插连接　在化工管道中，用作输水的铸铁管多采用承插连接。承插连接适用于铸铁管、陶瓷管、塑料管等，如图5-73所示。它主要应用在压力不大的上、下水管路。承插连接时，插口和承口接头处，留有一定的轴向间隙，在间隙里填充密封填料。对于铸铁管，先填2/3深度的油麻绳，然后填一定深度的石棉水泥（石棉30%，水泥70%），在重要场合不填石棉水泥而灌铅。最后涂一层沥青防腐层，陶瓷管在填塞油麻绳后，再灌水泥砂浆即

可，它一般应用于下水管。

（4）管路的保温

石油化工管路输送的流体多种多样，温度有高有低。凡要求输送的流体温度保持稳定，尽量减少热量或冷量损失；或当外界温度降低时，流体容易结晶、凝结；外界温度升高时，液体容易蒸发的管路都应进行保温。同时，保温还能减少因凝结的液体积聚而造成的腐蚀，防止发生被管子烫伤事故，降低室温，改善操作环境。

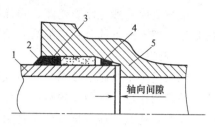

图 5-73　承插连接

1—插口；2—沥青层；3—石棉、水泥或铅；
4—油麻绳；5—承口

① 保温材料　保温的实质是减少管内外的热量传递，因此对保温材料就应当选用热导率小、空隙率大、体轻、受振动时不易损坏的材料。此外，还应不易吸水、来源广泛和价格便宜。

保温材料种类繁多，常用的有：石棉、矿渣棉、玻璃棉、硅藻土、膨胀珍珠岩、蛭石、多孔混凝土、聚氯乙烯和聚苯乙烯泡沫塑料等。

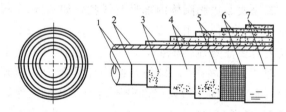

图 5-74　常用管路保温结构

1—管子；2—红丹防腐层；3—第一层胶泥；4—第二层胶泥；
5—第三层胶泥；6—铁丝网；7—保护层

② 保温方法　管路经吹洗和试压以后，首先应清除管外表面的污垢和锈蚀物等。然后涂上防腐漆，防腐漆干后可以进行保温施工。图 5-74 为常用的管路保温结构。

（5）管路伴热

凡输送因降温容易凝固或结晶的物料管路和因节流会自冷结冰的液化气管路，都应采用伴热的方法，以达到保温或加热的目的。

一般采用蒸汽伴热的方法，即在输送管路旁敷设一个蒸汽管或加一个同心套管。伴热蒸汽管应紧靠输送管，加保温层后便成为一体，蒸汽管应从高处进汽，低处放冷凝水，管路应平直，每隔一定距离应设热补偿装置。

（6）管路的涂漆

石油化工生产装置中，为了便于区别各种类型的管路和防止腐蚀，在管子外表面或保温层的外面保护层上涂上带色的油漆。涂色的方式是不同管路采用不同的颜色，如果颜色相同的管路还须区分，则在底色上每隔 2m 涂上不同的色圈，用以区别。有时还用箭头标出介质的流动方向。常用化工管路涂色可参考表 5-10。

表 5-10　常用化工管路的涂色

管路类型	底色	色圈	管路类型	底色	色圈
过热蒸汽管	红		酸液管	红	白
饱和蒸汽管	红	黄	碱液管	粉红	
蒸汽管(不分类)	白		油类管	棕	
压缩空气管	深蓝		给水管	绿	
燃料气管	紫		排水管	绿	红
氧气管	天蓝		纯水管	绿	白
氢气管	黄		凝结水管	绿	蓝
氮气管	黑		消防水管	橙黄	

金属表面一般先涂防锈漆，再涂铅油或醇酸磁漆或酚醛瓷漆。非金属表面可直接涂铅油或瓷漆。埋入地下的管路应加沥青绝缘防腐层后再埋入地下，以免电化腐蚀。

2. 阀门

阀门是化工管路上控制介质流动的一种重要附件，其主要作用有：切断或沟通管内流体流动的启闭作用；调节管内流量、流速的作用；使流体通过阀门后产生很大压力降的节流作用。还有一些阀门能根据一些条件自动启闭，控制流体流向、维持一定压力、阻汽排水或其他作用。

（1）截止阀

截止阀是化工生产中使用最广的一种截断类阀门，它利用阀杆升降带动与之形相连的圆形盘（阀头），改变阀盘与阀座间的距离达到控制阀门的启闭。为了保证关闭严密，阀盘与阀座应研磨配合，阀座用青铜、不锈钢等软质材料制成，阀盘与阀杆应采用活动连接，这样可保证阀盘能正确地落在阀座上，使密封面严密贴合。

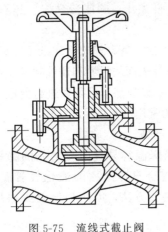

图 5-75　流线式截止阀

根据连接方式不同，截止阀有螺纹连接和法兰连接两种。根据阀体结构形式不同，又分标准式、流线式、直线式和角式几种。流线式截止阀阀体内部呈流线状，如图 5-75 所示，其流体阻力小，目前应用最多。

截止阀安装时要注意流体流向，应使管路流体由下向上流过阀座口，即"低进高出"，目的是减小流体阻力，使开启省力，关闭状态下阀杆、填料函部分不与介质接触，保证阀杆和填料函不致损坏和泄漏。

截止阀主要用于水、蒸汽、压缩空气及各种物料的管路，可较精确地调节流量和严密地截断通道。但不能用于黏度大、易结焦、含悬浮和结晶颗粒料的介质管路。

（2）碟阀

碟阀是利用一可绕轴旋转的圆盘来控制管路的启闭，转角大小反映阀门的开启程度。

根据传动方式不同碟阀分手动、气动和电动三种，图 5-76 为手动碟阀，旋转手柄通过齿传动带动阀杆，转动杠杆和松紧弹簧打开或关闭阀门。碟阀安装时应使介质流向与阀体上所示箭头方向一致，这样介质的压力有助于提高阀门关闭时的密封性，有些碟阀则不需注意方向性。碟阀具有结构简单、开闭较迅速、流体阻力小、维修方便等优点，但不能精确调节流量，不能用于高温高压场合，适用于 $PN<1.6MPa$，$t<120℃$ 的大口径水、蒸汽、空气、油品等管路。

（3）闸阀

闸阀又称闸板阀或闸门阀，其结构如图 5-77 所示，它是通过闸板的升降来控制阀门的启闭，闸板垂直于流体流向，改变闸板与阀座间相对位置即可改变通道大小，闸板与阀座紧密贴合时可阻止介质通过。为了保证阀门关闭严密，闸板与阀座间应研磨配合，通常在闸板和阀座上镶嵌耐磨耐蚀的金属材料（青铜、黄铜、不锈钢等）制成的密封圈。

闸阀具有流体阻力小、介质流向不变、开启缓慢无水锤现象、易于调节流量等优点，缺点是结构复杂、尺寸较大、启闭较长、密封面检修困难等。闸阀可以手动开启也可以电动开启，在化工厂应用较广，适用于输送油品、蒸汽、水等介质。由于在大直径给水管路上应用较多，故又有水门之称。闸阀可用黄铜、铸铁、铸钢、锻钢或不锈钢制造，适用压力 $PN0.1\sim2.5MPa$，$DN15\sim1800mm$。

（4）球阀

球阀结构如图 5-78 所示，其启闭件为带一通孔的球体，球体绕阀体中心线旋转达到启闭目的。

球阀操作方便，启闭迅速，流体阻力小，密封性好，适用于输送低温、高压及黏度较大含悬浮和结晶颗粒的介质，如水、蒸汽、氨、油品及酸类，由于受密封材料的影响，不宜用于高温管路。

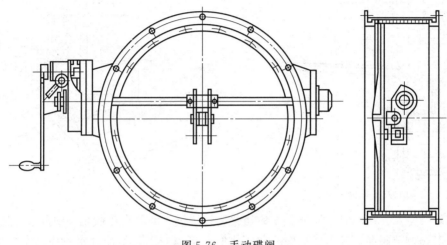

图 5-76　手动碟阀

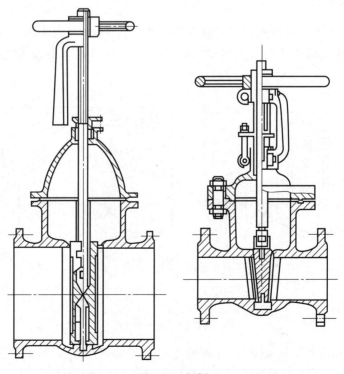

图 5-77　闸阀

（5）节流阀

节流阀又称为锥（针）形阀，结构如图 5-79 所示。它与截止阀相似，只是阀芯有所不同。截止阀的阀芯为盘状，节流阀的启闭件为锥状或抛物线状。

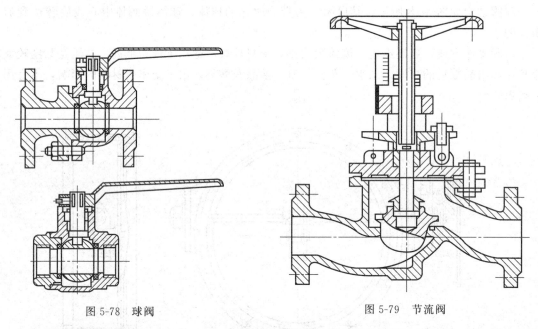

图 5-78 球阀   图 5-79 节流阀

节流阀的特点：启闭时，流通截面的变化比较缓慢，因此它比截止阀的调节性能好，但调节精度不如调节阀高；流体通过阀芯和阀座时，流速较大，易冲蚀密封面；密封性较差，不宜作隔断阀。节流阀适用于温度较低、压力较高的介质和需要调节流量和压力的管路上。

（6）止回阀

止回阀是利用阀前后介质的压力差而自动启闭，控制介质单向流动的阀门，又称止逆阀或单向阀。止回阀按结构不同分升降式（跳心式）和旋启式（摇板式）两种，如图 5-80所示。

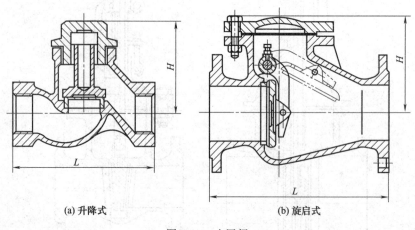

(a) 升降式   (b) 旋启式

图 5-80 止回阀

止回阀常用灰铸铁、可锻铸铁或碳钢制造。用铸钢制的止回阀适用于公称压力达10MPa 的管路中。锻钢的止回阀适用于公称压力达 32MPa 的管路中。止回阀可用于泵和压缩机的管路上，疏水器的排水管上，以及其他不允许介质反向流动的管路上。

(7) 安全阀

安全阀是一种根据介质压力自动启闭的阀门，当介质压力超过定值时，它能自动开启阀门排放卸压，使设备管路免遭破坏的危险，压力恢复正常后又能自动关闭。根据平衡内压的方式不同，安全阀分为杠杆重锤式［图 5-81（a）］和弹簧式［图 5-81（b）］两类。

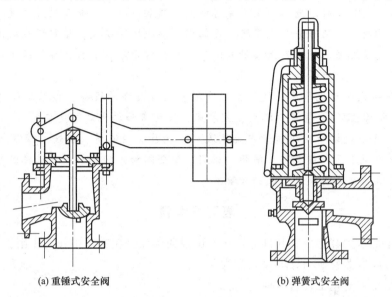

(a) 重锤式安全阀　　　　　　　　　　　(b) 弹簧式安全阀

图 5-81　安全阀

安全阀主要设置在受内压设备和管路上（如压缩空气、蒸汽和其他受压力气体管路等），为了安全起见，一般在重要的地方都设置两个安全阀。为了防止阀盘胶结在阀座上，应定期地将阀盘稍稍抬起，用介质来吹涤安全阀，对于热的介质，每天至少吹涤一次。

此外，化工管路上还常用减压阀，其作用是降低设备和管道内介质压力，使之成为生产所需的压力，并能依靠介质本身的能量，使出口压力自动保持稳定。蒸汽设备或管路中常见的一种阀门叫疏水阀，其作用是能自动间歇地排除冷凝水，而又能防止蒸汽泄出，故又称阻汽排水器或疏水器。

化工管路中的阀门种类繁多，结构各异，作用也不尽相同。在选用阀门时，应根据具体的设备或工艺管路的具体要求进行选择和配备。

知识要点

本章主要介绍了化工容器结构、常用法兰垫片类型与选用，常用锅炉、换热器、塔设备、反应器、化工管件和阀门的类型、结构和工作原理。

① 压力容器：带压的容器和设备外壳的统称，一般由圆柱形筒体、两端的成形封头、各种化接管、人孔（或手孔）组成。按内压容器分为低压、中压、高压和超高压四个压力等级，按容器的管理等级划分可分为一、二、三类容器。

② 法兰：由一对法兰、一个垫片、数个螺栓和螺母组成，按使用场合来划分可分为容器法兰和管道法兰，两种法兰虽然在外形上相似，但不能互换使用。选择法兰时一般根据公称直径和公称压力两个参数来选择。

③ 废热锅炉：用来回收余热生产蒸汽的锅炉，化工厂里常用的废热锅炉形式有固定管

式、U 形管式、烟道式及螺旋管式等。

④ 换热设备根据热量传递方法的不同，可以分为间壁式、直接接触式和蓄热式三大类，管壳式换热器（也称列管式换热器）应用最广泛的一种间壁式换热器，常用的有固定管板式换热器、浮头式换热器、U 形管式换热器和填料函式换热器。

⑤ 塔设备：按内部构件的结构可分为板式塔和填料塔两大类。板式塔是在塔内设置一定数量的塔盘，气体以鼓泡或喷射形式穿过塔盘上液层，气液相相互接触并进行传质，根据板式塔塔盘结构特点，又可分为泡罩塔、浮阀塔、筛板塔等类型；填料塔在塔内设置一定高度的填料层，气液相逆流在填料上接触并进行传质，常用填料有拉西环、鲍尔环、矩鞍形填料、波纹填料、丝网填料等。

⑥ 反应设备则是为化学反应提供反应空间和反应条件的设备，按结构的特征，可以分为反应釜式（或称槽形）、管式、塔式、固定床、流化床和转化炉等反应器。

⑦ 阀门：主要起切断或沟通管内流体流动、调节管内流量、流速、降压等作用。根据阀芯不同可分为截止阀、截流阀、闸阀、球阀、安全阀和止回阀等，在选择时应根据具体的设备或工艺管路的具体要求进行选择和配备。

复习思考题

5-1 常见的压力容器由哪几部分组成？试说明各部分在容器中起何作用。

5-2 什么叫容器？压力容器可以分为几类？

5-3 化工生产对化工设备有何要求？

5-4 法兰连接由哪几部分组成？该连接常见的泄漏有哪几种形式？如何预防？

5-5 标准压力容器法兰有哪几种形式？其密封面的形式及与之配合的垫片常用的有哪几种？如何选用标准容器法兰类型、密封面形式及垫片的类型，请举例说明。

5-6 容器开孔补强常用哪几种结构？各结构应用场合如何？

5-7 容器常用支座有哪几种类型？各类型支座应用场合如何？

5-8 常见的废热锅炉有哪几类？各类型应用于什么场合？

5-9 换热器有哪几类？常用的列管式换热器有哪几类？各换热器的结构特点如何？

5-10 常用的板式塔有哪几类？试总结各板式塔的特点及应用场合。

5-11 试简述填料塔的结构及各组成部分的作用。

5-12 常见的反应器有哪几种？除了本书中介绍的几种之外，你还知道哪些类型的反应器，请举例说明。

5-13 搅拌反应釜主要由哪几部分组成？各部分的作用是什么？

5-14 搅拌器的作用是什么？常见的搅拌器的结构形式有哪些？各有何特点？适用什么场合？

5-15 搅拌反应釜常用的传热装置有哪几种？

5-16 为什么要在搅拌反应釜中设置挡板和导流筒？

5-17 常见的固定床反应器分为哪几类？各自应用场合如何？

5-18 为什么流化床反应器又称为沸腾床反应器？它适用于何种场合？

5-19 管式反应器常用于何种化学反应场合？

5-20 常用的化工管路有哪几类？各应用于何种场合？

5-21 常用的化工管路连接有哪几类？各适用于何种场合？

5-22 常用的阀门有哪几类？各适用于何种场合？

第六章　电工与仪表基础

在石油化工生产中，绝大多数机械设备都是用电动机来拖动的，另外还需要对生产过程中的温度、压力、液位、流量等参数进行测量与控制。因此，作为化工设备检修人员，掌握一定的电工与仪表基础知识是十分必要的。

第一节　直流电路基础知识

1. 电路的概念

电流经过的路径称为电路，它是由一些电气元件、电子元器件按一定方式组合而成。最简单的电路由电源、负载、连接导线和电气辅助设备组成的。电源是供给电能的，它将各种形式的能量转换为电能，例如发电机、蓄电池等；负载是用电的设备，又称电器，其作用是将电能转换为其他形式的能量，如灯泡、电动机、电炉等；导线则将电源与负载连接起来组成电路，把电能传送给负载；辅助设备是用来控制电路的电气设备，如开关、接线端子等。用不同符号和字母画出的电路图形称为电路图。图 6-1（a）所示为 1 个简单电路的实物接线图，图中电源是 1 节干电池，图 6-1（b）为其电路图。

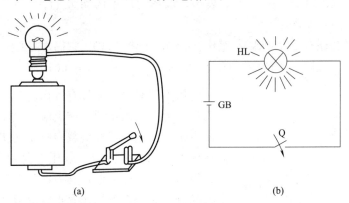

(a)　　　　　　　　　　　　　　(b)

图 6-1　电路和电路图

2. 电路的基本物理量

（1）电流

电荷（带电粒子）有规则的定向运动，称为电流。在金属导体中，自由电子在外电场作用下，逆着电场方向运动形成电流，如图 6-2 所示，图中 E 为电场强度。产生电流必须具备

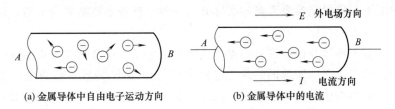

(a) 金属导体中自由电子运动方向　　　(b) 金属导体中的电流

图 6-2　电流形成示意图

两个基本条件：一是导体内要有可做定向移动的自由电荷，这是形成电流的内因；二是要有使自由电荷做定向移动的电场，这是形成电流的外因，两者缺一不可。

描述电流大小的物理量叫电流强度，通常称为电流。实验表明：单位时间内通过导体横截面的电荷越多，流过导体的电流强度越大；反之，电流就越小。电流强度用 I 表示，单位是安培，简称安，用字母 A 表示，其数值等于单位时间内 t（s）通过导体横截面的电荷量 q，即：

$$I=\frac{q}{t} \tag{6-1}$$

如果在 1 秒（s）内通过导体横截面的电荷量是 1 库仑（C），则导体中的电流就是 1 安培（A）。

常用的电流单位还有千安（kA）、毫安（mA）、微安（μA）等，它们之间的换算关系如下：

$$1kA=1000A \qquad 1mA=0.001A \qquad 1\mu A=0.001mA$$

电流不但有大小而且有方向，电流方向不随时间变化时，称直流电，用大写字母 I 表示；电流方向随时间变化时，称交流电，用小写字母 i 表示。

（2）电压与参考电位

电压是衡量电场做功大小的物理量。在电场力作用下，单位电荷 q 从 a 点移到 b 点所做的功 W_{ab} 为该两点间的电压，用 U_{ab} 表示，即：

$$U_{ab}=\frac{W_{ab}}{q} \tag{6-2}$$

电压的单位是伏（特），用字母 V 表示，电场力所做的功为 1J，则 a、b 两点之间的电压为 1 伏（V）。

常用的电压单位还有千伏（kV）、毫伏（mV）、微伏（μV），它们之间的换算关系如下：

$$1kV=1000V \qquad 1mV=0.001V \qquad 1\mu A=0.001mV$$

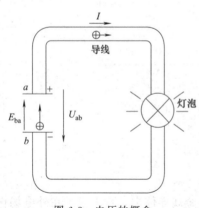

图 6-3 电压的概念

电压不但有大小而且有方向。对负载而言，规定电流流进端为电压的正端，流出端为电压的负端，电压的方向由正指向负，即在负载中电压的实际方向与电流方向一致，如图 6-3 所示。电压总是对电路中的两点而言，因而用双下标表示，其中前一个下标代表正电荷运动的起点，后一个下标代表正电荷运动的终点。电压的方向则由起点指向终点。在电路图中，电压的方向也称为电压的极性，用"＋"、"－"两个符号表示。和电流一样，电路中任意两点之间电压的实际方向往往不能预先确定，因此，可以任意设定该段电路电压的参考方向，并以此为依据进行电路分析和计算，若计算电压结果为正值，说明电压的设定参考方向与实际方向一致，计算电压结果为负值，说明电压的设定参考方向与实际方向相反。

电位指某一带电物体与任意选定的参考点之间的电压。通常把参考点的电位规定为零电位。一般选地面为参考点，即地面的参考电位为 0V。电路中其他各点的电位都与参考点的电位相比较，比参考电位高的为正电位，反之为负电位。电路中各点电位随参考点选择不同而不同，但两点之间的电位差并不随之变化。因此，电路中两点之间的电压实际上为该两点之间的电位差，设电路中 A、B 两点的电位分别为 U_A、U_B，则 A、B 两点间的电压为：

$$U_{AB}=U_A-U_B \tag{6-3}$$

（3）电源与电动势

当电流通过负载（电灯、电炉、电动机等）时，负载把电能转换成所需要的其他形式的能。为了能够向用电器连续不断地提供电能，需要一种可以把非电能转换成电能的装置，这种装置称为电源。电源的种类很多，如电池和发电机。电池是把化学能转换成电能的装置，而发电机则是把机械能转换成电能的装置。每个电源都有两个电极，电位高的极为正极，电位低的极为负极。为了使电路中能维持一定的电流，电源内部必须有一种外力，能持续不断地把正电荷从电源的负极（低电位处）移送到正极（高电位处）去，以保持两极具有一定的电位差，称为电源的端电压，有时也简称电源电压。电源具有的这种能力叫做电源力。在电路中，电源以外的部分叫外电路，电源以内的部分叫内电路。所以，电源的作用就是把正电荷由低电位的负极经内电路送到高电位的正极，内电路和外电路连接而成一闭合电路，这样外电路中就有了电流。

为了衡量电源将非电能转换成电能的能力大小，引入电动势这个物理量，即电源力将单位正电荷 q 从电源负极移到正极所做的功 W，用符号 E 表示。

$$E=\frac{W}{q} \tag{6-4}$$

电动势的单位也是伏特。若外力把 1 库仑（C）正电荷从电源的负极移到正极所做的功是 1J，则电源的电动势等于 1V。电动势不仅有大小而且有方向，电动势在数值上等于电源电极两端的电位差，方向规定为电源力推动正电荷运动的方向，即电位升高的方向，所以电动势与电压的实际方向相反，电源的电动势与端电压的方向表示以及直流电源的常用画法如图 6-4 所示。

电源电动势的大小只取决于电源本身的性质，对于同一电源，它移动单位正电荷所做的功是一定的，但对

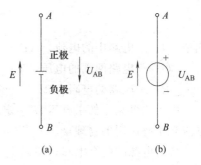

图 6-4　电源的电动势与端电压方向

于不同的电源，把单位正电荷从电源负极搬运到电源正极所做的功则不同。每个电源都有一定的电动势，例如干电池的电动势是 1.5V，而铅蓄电池则是 2V。电源的电动势与外电路的性质以及是否接通外电路无关。

电动势和电压的单位都是伏特，但两者是有区别的：

① 电动势与电压具有不同的物理意义。电动势表示非电场力（外力）做功的本领，而电压则表示电场力做功的本领。

② 对于一个电流来说，既有电动势又有电压。但电动势仅存于电源内部，而电压不仅存在于电源内部，而且也存在于电源外部。电源的电动势在数值上等于电源两端的开路电压（即电源两端不接负载时的电压）。

③ 电动势与电压的方向相反。电动势是从低电位指向高电位，即电位升的方向；而电压是从高位指向低电位，即电压降的方向。

3. 简单直流电路

（1）电阻

电流在导体内流动时所受到的阻力称为电阻。导体中的自由电子在受电场力作用做定向

移动时，除了会不断地相互碰撞外，还要和组成导体的原子相互碰撞，这些碰撞阻碍了自由电子的定向移动，从而表现为导体对电流的阻碍作用，即电阻。电阻用符号 R 表示，单位为欧姆，用字母 Ω 表示。

如果导体两端的电压是 1V，通过的电流是 1A，则该导体的电阻就是 1Ω。电阻的单位还有千欧（$k\Omega$）和兆欧（$M\Omega$），它们之间的换算关系如下：

$$1k\Omega=1000\Omega \qquad 1M\Omega=1000k\Omega$$

导体的电阻客观存在，它不随导体两端电压大小变化，即便没有电压，导体的电阻依然存在。导体电阻的大小不仅与导体材料有关，还和导体的长度 L 成正比，与导体横截面积 S 成反比，即：

$$R=\rho\frac{L}{S} \tag{6-5}$$

式中，ρ 是与材料性质有关的物理量，称为电阻率或电阻系数。相同尺寸下电阻率大的材料导电能力差。导电性最好的材料是银和铜。实验证明，导体的电阻还与温度有关，金属的电阻通常随温度的升高而增大。

（2）欧姆定律

欧姆定律是电路分析中最基本、最重要的定律之一。欧姆定律的基本内容是：流过电阻的电流与电阻两端的电压成正比。在欧姆定律可表示为：

$$I=\frac{U}{R} \tag{6-6}$$

式中 I——电路中的电流，A；

U——电路两端的电压，V；

R——电路的电阻，Ω。

由上式可见，如果电压 U 一定时，电阻 R 越大，则电流 I 越小。显然，电阻是具有对电流起阻碍作用的物理量。

含有电源的闭合电路，叫做全电路。电源内部的电路称内电路，电源外部的电路称外电路。在全电路中，电流通过内电路与通过外电路一样，都要受到阻碍，即电源内部也有电阻，叫做电源的内阻，一般用符号 r 表示。在全电路中，电流 I 与电源的电动势 E 成正比，与电路的总电阻（外电路电阻 R 和内电路电阻 r 之和）成反比，这一结论叫做全电路欧姆定律，用公式和符号表示为：

$$I=\frac{E}{R+r} \tag{6-7}$$

式中 I——电路中的电流，A；

E——电源的电动势，V；

R——外电路的电阻，Ω；

r——内电路的电阻，Ω。

由上式可得：

$$E=IR+Ir=U_{外}+U_{内}$$

式中，$U_{外}$ 是外电路中的电压；$U_{内}$ 是电源内部的电压。故全电路欧姆定律又可表述为：电源的电动势在数值上等于闭合电路中各部分的电压之和。

（3）电阻的串联、并联和混联

① 电阻的串联　把若干个电阻或电气元件依次首尾相连串接起来，使电流只有一条通

路而中间没有分支，称电阻的串联。图 6-5（a）所示为两个电阻串联的电路。两个（或多个）串联电阻可以用一个等效电阻 R 来替代，如图 6-5（b）所示。

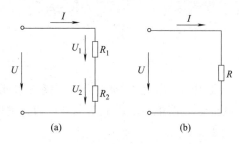

图 6-5 电阻的串联及其等效电阻

在串联电路中，电流处处相等，总电压等于各段分电压之和，等效电阻等于各个电阻值之和，即：

$$I = I_1 = I_2 = I_3 = \cdots = I_n$$

$$U = IR = I(R_1 + R_2 + R_3 + \cdots + R_n) = IR_1 + IR_2 + IR_3 + \cdots + IR_n = U_1 + U_2 + U_3 + \cdots + U_n$$

$$R = R_1 + R_2 + R_3 + \cdots + R_n$$

② 电阻的并联 把若干个电阻或电气元件首端和首端相连，末端和末端相连，使电流同时有几条通路，称电阻的并联。图 6-6（a）所示为两个电阻并联的电路。两个（或多个）并联电阻也可以用一个等效电阻 R 来替代，如图 6-6（b）所示。

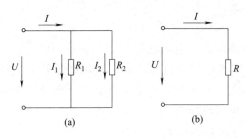

图 6-6 电阻的并联及其等效电阻

在并联电路中，各电阻两端的电压相等，总电流等于流过各电阻电流之和，等效电阻的倒数等于各并联电阻的倒数之和，即：

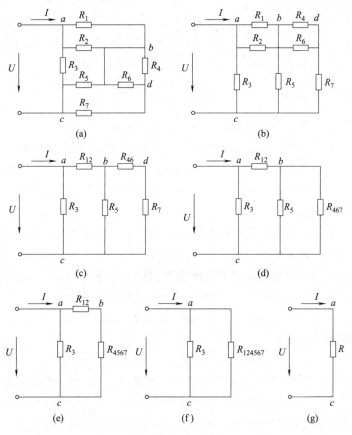

图 6-7 混联电路

$$U=U_1=U_2=U_3=\cdots=U_n$$
$$I=I_1+I_2+I_3+\cdots+I_n$$
$$\frac{1}{R}=\frac{1}{R_1}+\frac{1}{R_2}+\frac{1}{R_3}+\cdots+\frac{1}{R_n}$$

③ 电阻的混联　如果电路中既有串联电阻又有并联电阻，这种电阻的连接方法称为电阻的混联。简单的混联电阻也可以通过电阻的串、并联分析简化为一个等效电阻。现通过一个例子加以说明。

如图 6-7 （a）所示电路，为了分析方便，将各个电阻之间的公共连接点分别标上编号 a，b，c，d。然后将图 6-7 （a）进行变形，得到图 6-7 （b）。在图 6-7 （b）中可以清楚地看出，R_1 与 R_2 并联，R_4 与 R_6 并联，分别计算出它们的等效电阻 R_{12} 与 R_{46}，电路转换成图 6-7 （c）。在图 6-7 （c）中，R_{46} 与 R_7 串联，计算出其等效电阻 R_{467}，电路转换成图 6-7 （d）……如此转换，直至得到 a，c 两点的等效电阻 R。

4. 基尔霍夫定律

对于简单的电路，可以很好地利用欧姆定律解决电压、电流之间的相互关系问题。但对于较复杂的电路，如图 6-8 所示，则很难采用欧姆定律进行分析与计算，采用基尔霍夫定律则能很好解决。为了介绍基尔霍夫定律，有必要介绍支路、结点和回路等概念。图 6-8 所示为一个具有 5 个元件相互连接成的电路。

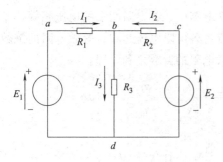

图 6-8　支路、节点和回路

支路——电路中含有电路元件的每一个分支称为支路。一条支路流过同一个电流，称为支路电流。在图 6-8 所示的电路中共有三条支路，分别为 dab、dcb 和 bd，支路电流分别用 I_1、I_2 和 I_3 表示。在支路 dab 和 dcb 中含有电源，称为有源支路，而 bd 支路中只有电阻，没有电源，称为无源支路。

节点——三条或三条以上支路的汇交点。在图 6-8 中共有两个节点（节点 b 和节点 d）。

回路——电路中任一闭合路径称为回路。在图 6-8 所示电路中共有三条回路，分别为 $dabd$、$dcbd$ 和 $abcda$。

基尔霍夫定律是复杂电路的基本定律，它包括电流定律和电压定律。

(1) 基尔霍夫电流定律

又称节点电流定律，其内容是：在电路中，任何时刻，流入某一节点的电流之和等于流出该节点的电流之和。如果规定，流入节点的电流为正，流出节点的电流为负，则基尔霍夫电流定律可表述为：任一时刻，流向节点的电流代数和为零。

例如，以图 1-65 所示电路为例，节点 b 各电流之间的关系为：

$$I_1+I_2=I_3 \quad 或 \quad I_1+I_2-I_3=0$$

节点 d 各电流之间的关系为：

$$I_3=I_1+I_2 \quad 或 \quad I_3-I_1-I_2=0$$

基尔霍夫电流定律的根据是电流的连续性。如果流入节点的电流不等于流出节点的电流，则在电路中任意一点（包括节点）必然有电荷堆积，这就破坏了电流的连续性。

利用基尔霍夫电流定律列写节点电流方程时，必须首先确定每条支路电流的方向。如果某一支路电流方向未知时，可任意设定其方向，若计算结果为正，说明假设方向与实际方向相同。

基尔霍夫电流定律通常应用于节点，也可以把它推广应用于包围部分电路的任一假设的闭合面。例如，图 6-9 所示的闭合面包围的是一个三角形电路，它有三个节点。应用电流定律可列出：

$$I_A = I_{AB} + I_{CA}$$
$$I_B = I_{BC} - I_{AB}$$
$$I_C = -I_{CA} - I_{BC}$$

上列三式相加，可得：

$$I_A + I_B + I_C = 0$$

可见，任一瞬时流向任一闭合面的电流的代数和也等于零。

（2）基尔霍夫电压定律

又称回路电压定律，其内容是：任一时刻任一闭合回路中，沿同一方向的各段电压代数和等于零。在应用该定律时，必须事前确定各部分电压的正负号。通常规定，当各部分电压参考方向与回路绕行方向一致时取正号，反之取负号。

图 6-10 所示的电图中，各段电压的参考方向已在图中标出，根据基尔霍夫电压定律，从 A 点开始，可列出：

$$U_{AB} + U_{BC} + U_{CD} - U_{AD} = 0$$

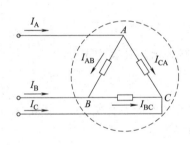

图 6-9　基尔霍夫电流定律推广

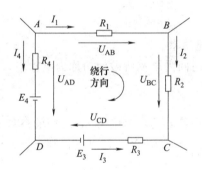

图 6-10　基尔霍夫电压定律

按照图 6-10 中所示电流的参考方向，利用欧姆定律可将上式改写为：

$$I_1 R_1 + I_2 R_2 + (E_3 - I_3 R_3) - (E_4 + I_4 R_4) = 0$$

整理得：

$$E_4 - E_3 = I_1 R_1 + I_2 R_2 - I_3 R_3 - I_4 R_4$$

从上式可以看出，基尔霍夫电压定律也可以这样表述：在任一回路内循环一周，回路中各电阻上的电压降的代数和等于各电动势的代数和。应当注意的是，当流过电阻的电流的参考方向与绕行方向一致时，电阻上的电压 IR 取正号，反之，取负号；当电动势的参考方向与绕行方向一致时，E 取正号，反之，取负号。

基尔霍夫电压定律不仅应用于闭合回路，也可以把它推广应用于回路的部分电路。对于

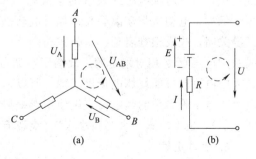

图 6-11　基尔霍夫电压定律推广

图 6-11（a）所示的电路，可列出：

$$U_A - U_B - U_{AB} = 0$$

或

$$U_{AB} = U_A - U_B$$

对于图 6-11（b）所示的电路，可列出：

$$-E = -U - IR$$

或

$$U = E - IR$$

5. 电功率及电气设备额定值

（1）电功

把电能转换成其他形式的能量时电流都要做功，电流所做的功叫电功。电功的数学表达式为：

$$W = IUt \tag{6-8}$$

或

$$W = I^2 Rt \tag{6-9}$$

或

$$W = \frac{U^2 t}{R} \tag{6-10}$$

式中　W——电功，J；

　　　U——电压，V；

　　　I——电流，A；

　　　R——电阻，Ω；

　　　t——通电时间，s。

（2）电功率

单位时间内电流所做的功称为电功率，用字母 P 表示。其表达式为：

$$P = \frac{W}{t} \tag{6-11}$$

上式中若电功的单位为 J，时间的单位为 s，则电功率的单位为 J/s，又称 W（瓦）。根据式（1-30）~式（1-32）还可以得到常见的电功率计算公式：

$$P = IU \tag{6-12}$$

$$P = I^2 R \tag{6-13}$$

$$P = \frac{U^2}{R} \tag{6-14}$$

（3）电气设备的额定值

通常使用的电气设备是用电能做功，将电能转化成机械能、热能等能量形式的设备。这些设备各自具有一定的电阻，使用时在一定的电压下通过一定的电流，便在电能的作用下正常工作，如果所加电压或通过的电流超出了电气设备线路的承受能力，电气设备将受到损坏。例如，电动机带动离心泵，如果电动机功率小，水泵大，需要的动力大，启动时出口阀又没关闭，造成很难启动。从公式功率（P）等于电流（I）乘以电压（U）可以看出：供电线路中电压 U 是相对稳定的，故为了达到启动时需要的很大的功率，必须强行增大电流 I。过大的电流有可能烧坏电动机线圈。所以，为了保障电气设备的使用安全，都标注了功率、电流、电压等参数的额定值，供使用者根据需要进行选用，既不能"小马拉大车"（可能烧坏电器），也不应该"大马拉小车"（浪费能源）。

6. 焦耳定律

电流通过电阻时，电流所做的功（电功）被电阻吸收，并全部转化为热能，而以热量的形式表现出来，所以电阻产生的热量 Q 为：

$$Q=W=I^2Rt \tag{6-15}$$

式中　　Q——热量，J。

式（6-15）称为焦耳定律。焦耳定律的文字表述为：电流通过导体产生的热量与电流强度的平方、导体的电阻及通电时间成正比。

电流通过导体使导体发热的现象，称为电流热效应。或者说电流热效应就是电能转换成热能的效应。

7. 电容器

（1）电容器的结构

两块金属导体、中间隔以绝缘介质，并引出电极，就形成电容器。其结构及符号如图6-12所示。被介质隔开的金属板叫极板，极板通过电极与电路连接。极板间介质常用空气、云母、纸、陶瓷等物质。电容器可储存电荷，以字母 C 表示。

（2）电容量

把电容器两个极板与一直流电源连接时，在电场力的作用下，电源负极的自由电子将移动到与它相连接的极板 B 上，使极板 B 带上负电荷。同时电源正极使极板 A 带上等量的正电荷。一旦极板 A、B 带上不同极性的电荷后，A、B 间就会出现电压，且 A、B 间电压随着极板上存储电荷的增加而增大。当 A、B 间电压等于电源电压时，电荷就停止移动，如图6-13所示。

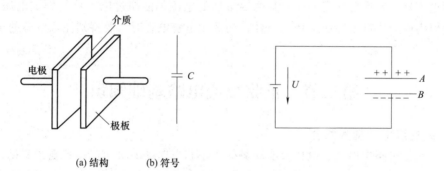

(a) 结构　　　(b) 符号

图 6-12　电容器结构及符号　　　　　　图 6-13　电容器电容量示意图

实践证明：对于结构一定（指极板间距一定、极板面积一定及介质一定）的电容器，其中任意一个极板所储存的电量与两个极板间的电压的比值是一个常数，这个比例常数叫做电容器的电容量，也用字母 C 表示，即

$$C=\frac{q}{U} \tag{6-16}$$

式中　　q——一个极板上所储存电荷量的绝对值，C；

　　　　U——两极板间电压的绝对值，V；

　　　　C——电容量，F（法拉，简称法）。

电容储存电荷，电荷建立电场，电容内电场能的大小为 $CU^2/2$，这说明当电容器上的电压增高时，电场能量增大，在此过程中，电容器从电源获取能量（充电），当电容器上的电压降低时，电场能量减小，电容器对外放电。

（3）电容器的串并联

在实际使用中，电路中的电容器往往和电阻一样，具有串联、并联和混联的连接方式。

它们也可用一个等效电容来表示。

① 电容器的并联　并联后的等效电容量（总电容量）C 等于各个电容器的容量之和，即：

$$C = C_1 + C_2 + C_3 + \cdots + C_n \tag{6-17}$$

每个电容器两端承受的电压相等，并等于电源电压，即：

$$U = U_1 = U_2 = \cdots = U_n \tag{6-18}$$

可见，电容并联时总容量增大。并联电容量的数目越多，其等效电容量越大。

② 电容器的串联　串联电容器的等效电容量 C 的倒数等于各个电容器电容量倒数之和，即：

$$\frac{1}{C} = \frac{1}{C_1} + \frac{1}{C_2} + \cdots + \frac{1}{C_n} \tag{6-19}$$

当两个电容器串联时，其等效电容为：

$$C = \frac{C_1 C_2}{C_1 + C_2} \tag{6-20}$$

串联电容器的总电压等于每个电容器上电压之和，即：

$$U = U_1 + U_2 + \cdots + U_n \tag{6-21}$$

每个串联电容器上实际分配电压与其电容量成反比。

电容器的混联电路可通过串并联的方法逐步化简，最后得到等效电容。

使用电容器时，需要注意的是，其两端所加的电压不能超过电容器的额定电压，否则，电容器会因为电介质被击穿而损坏。另外，当选用电解电容时，要特别注意电容的正负极不要接反。

第二节　正弦交流电路基础知识

1. 正弦交流电的基本概念

交流电是指电路中电流、电压及电动势的大小和方向都随时间按一定规律变化，这种随时间做周期性变化的电流称为交变电流，简称交流电，通常用符号～表示。工农业生产及日常生活中所用的动力电和照明电大多数是交流电，并且这种交流电是按照三角函数中的正弦规律变化的，称为正弦交流电。

与直流电相比，正弦交流电的主要优点是：可以通过变压器变换电压。在远距离输电时，通过变压器升高电压，可以减少电能在线路传输中的损耗，获得最佳经济效益；使用时，又可以通过变压器变压把高压变为低压，既能保证使用安全，又能降低对设备的绝缘要求。此外，在实际应用中，由于交流电动机比直流电动机结构简单、造价低廉、坚固耐用、维修方便，也使交流电获得更广泛的应用。

2. 正弦交流电的主要参数

正弦交流电正弦量特征的描述有多个参数。

(1) 周期和频率

正弦量变化一个循环所需的时间（正半波加负半波所经历的时间），称为交流电的周期，用字母 T 表示，单位是秒（s）。周期愈长，表明交流电变化愈慢；周期愈短，表明交流电变化愈快，如图 6-14 所示。我国电网交流电的周期为 0.02s。每秒钟正弦交流电变化的周数称频率，即反映了正弦量变化的快慢，用字母 f 表示，单位是赫兹（Hz），简称赫。它的单位还有千赫（kHz）和兆赫（MHz）。我国采用的交流电频率为 50Hz，即交流电每秒变化50 次，习惯上称为"工频"，周期和频率之间的关系为：

$$T=\frac{1}{f} \qquad (6-22)$$

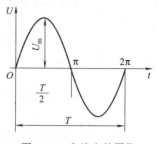

图 6-14 交流电的周期

频率也可用角速度表示，为正弦量在单位时间内变化的弧度数，又称角频率，用字母 ω 表示。

在一个周期 T 内，正弦量所经历的电角度为 2π 弧度，其角频率和频率及周期间的关系为：

$$\omega=\frac{2\pi}{T}=2\pi f \qquad (6-23)$$

（2）振幅值（最大值）与有效值

正弦量瞬时值中的最大值，叫振幅值，也叫峰值。用大写字母带下标"m"表示，如电压的振幅值用 U_m 表示，电流的振幅值用 I_m 表示。由于交流电是不断变化的，因此计算它的大小很不方便，通常用不随时间变化的有效值来表示。有效值规定为：在同样的两个电阻上分别通以交流电流 i 和直流电流 I，如果在相同的时间内所产生的热量相等，则这两个电流是等效的。所以交流电的有效值实际上是一个热效应与它相等的直流电的值。一般有效值用大写字母代表，如用 I、U、E 分别代表电流、电压、电动势的有效值。

交流电的有效值与最大值之间的关系是：

$$I=0.707I_m \qquad U=0.707U_m \qquad E=0.707E_m$$

（3）初相位与相位差

正弦电流和电压随时间变化，但在特定的时刻有不同的状态，正弦电流或电压在该时刻的状态称"相"，反映某一时刻正弦电流或电压状态的角度称"相角"，又叫"相位"。把正弦量计时起点 $t=0$ 时的相位叫初相位。如果两个频率相同的正弦电流或电压的初相角不同，则会在不同时间到达零点和达到峰值，两者的初相角之差称相角差或相位差。如图 6-15 所示，电流 1 的初相角为 φ_1，电流 2 的初相角为 φ_2，两者的相位差或相角差为：

$$\Delta\varphi=\varphi_1-\varphi_2 \qquad (6-24)$$

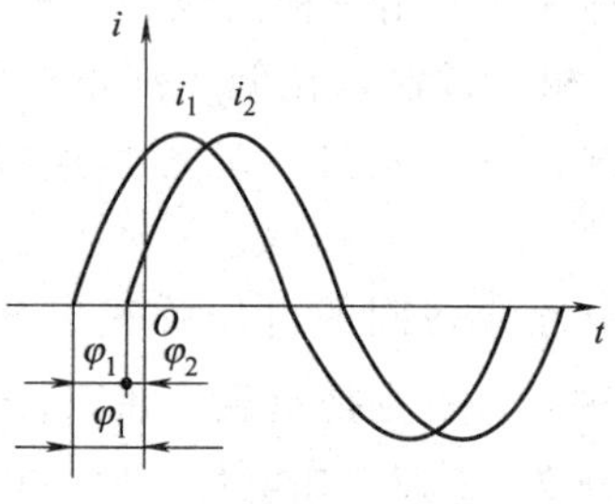

图 6-15 初相位不同的正弦量

3. 三相交流电路

（1）三相交流电

三相交流电由三相交流发电机产生，实际上是三个单相交流电的组合。图 6-16 所示的是三相交流发电机的示意图。在发电机的转子（也可在定子）上固定有三组完全相同的绕组，其中 U_1、V_1、W_1 为这三个绕组的始端，U_2、V_2、W_2 为三个绕组的末端，它们的空间位置相差 $120°$，定子是一对磁极（也可将转子作磁极）。当发电机的转子以角速度 ω 按逆时针旋转时，在三个绕组的两端分别产生幅值相同、频率相同、相位依次相差 $120°$ 的正弦交流电压。每个绕组电压参考方向通常规定为由绕组的始端指向绕组的末端。这一组正弦交流电压叫三相对称正弦交流电压。如果以 U 相电压的初相角为 $0°$，则 V 相为 $-120°$，W 相为 $+120°$，其电压瞬时值分别为：

$$u_U = U_m \sin\omega t \quad u_V = U_m \sin(\omega t - 120°) \quad u_W = U_m \sin(\omega t + 120°)$$

它们的波形图如图 6-17 所示。

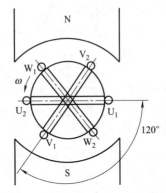

图 6-16 三相交流发电机示意图

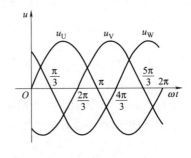

图 6-17 对称三相交流电波形图

三相交流电与单相交流电比有很多优点，它在发电、输配电以及电能转换为机械能方面，都有明显的优越性。例如，制造三相发电机、变压器都较制造单相发电机、变压器节省材料，而且具有结构简单、运行可靠、维护方便等良好性能；在尺寸相同的条件下，三相发电机的输出功率比单相发电动机高 50% 左右；输送距离和输送功率一定时，采用三相输电线比单相输电线要节省有色金属 25%，而且电能损失较单相输电时少。由于三相交流电的上述优点，所以在国民经济中获得广泛的应用。

（2）三相四线制

把三相电源的三个绕组的末端 U_2、V_2、W_2 连接成一个公共点 N，称为中性点或零点，从 N 点引出的导线称为中性线或零线；从三个绕组的始端 U_1、V_1、W_1 分别引出三根导线 L_1、L_2、L_3，称为相线，俗称火线。由三根火线和一根中性线组成的三相供电系统称为三相四线制，在低压配电中常采用。这种向负载供电的连接方式称为星形（Y 形）连接，如图 6-18 所示。

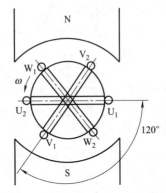

图 6-18 星形（Y 形）连接

在三相四线制中，相线与中性线之间的电压称相电压，相线与相线之间的电压称为线电压，它向负载供电的方式有两种：一种是把负载接在三相电源中任意一相线与中性线之间工作，称为单相负载，其负载电压为 220V，如电灯、电烙铁、电冰箱等家用电器。另一种是把负载接在两相线之间工作，称为三相负载，其负载电压为 380V，如工业上常用的三相异步电动机、三相工业电炉等。要使负载正常工作，必须满足负载实际承受的电源电压等于其额定电压。

4. 三相异步电动机

（1）三相异步电动机的基本结构

三相异步电动机是一种将电能转换为机械能，输出机械转矩的动力设备。它主要是由两大部分组成：一部分是固定不动的定子，另一部分是旋转的转子。由于两者有相对运动，所以定、转子之间必须有气隙存在。此外，还有机座、端盖、轴承、接线盒和通风装置等其他部分。机座是电动机的外壳和支架，采用铸铁铸成，机壳外边设有散热筋、吊环、出线盒和铭牌。机壳、端盖、轴承盖均用铸铁制成，风扇用铝或塑料制成。风扇外装有用钢板制成起保护作用的风扇罩。电动机铭牌是使用和维修电动机的依据，通常标示额定功率、额定频率、额定电压、额定电流、额定转速、绝缘等级及温升、出厂编号、出厂日期、厂名、重量等，必须按照铭牌上给出的额定值和要求去使用和维修。三相笼型异步电动机的结构如图6-19所示。

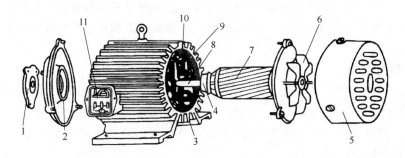

图 6-19　三相笼型异步电动机结构

1—轴承盖；2—端盖；3—机座；4—轴承；5—罩壳；6—风扇；7—转子；
8—转轴；9—定子绕组；10—定子铁芯；11—接线盒

(2) 三相异步电动机的工作原理

异步电动机定子绕组中通入对称三相电流后，产生一个与三相电流相序方向一致的旋转磁场，使得转子绕组中产生感应电流。在旋转磁场的电磁力作用下，相对转轴产电磁转矩，使转子按旋转磁场方向转动，其转速略小于旋转磁场的转速，所以称为"异步"电动机。由于是依靠电磁感应原理使转子转动，所以异步电动机也称感应电动机。

异步电动机具有结构简单、制造容易、价格便宜、运行可靠、维护方便、效率较高等优点，其单机容量可从几千瓦到几兆瓦，因此，在工业、农业、国防及日常生活和医疗器械中是应用最广泛的一种电动机。

第三节　安全用电与节约用电

人的身体是个导电体，电流对人体的伤害程度与通过人体的电流大小、电压的高低、人体的电阻大小、接触电时间长短等因素有关。一般交流电流在 0.01A 以下，对人体的伤害较轻，但超过这个范围的电流就可能使心脏停止跳动，以致造成死亡。

一般来说，电压越高，触电后通过人体的电流就越大；电压越低，通过人体的电流就越小。常见的 380V、220V 电压，都足以使电流达到致人死亡的数值。只有 36V 或小于 36V 的低电压在一般环境下，才不致产生使人死亡的电流。这就是安全电压。我国规定安全电压为 36V、24V 和 12V 三种（根据工作场所潮湿程度而选用）。

1. 触电

"触电"多数是因为人直接碰到了有电的导电体，或者接触到绝缘损坏了的漏电设备，使人遭到电击。化工厂内触电有以下三种情况。

① 单相触电　即人体接触到三相电源中任何一根相线，而同时又和大地接触。这种触电情况比较多，经计算，相电压为 220V 时，通过人体的电流可达到 274A，是比较危险的。

② 两相触电　即人体同时接触到三相电源中的两根。此时大部分电流流过人的心脏，因而它比单相触电更危险。

③ 跨步电压　高压线接触地面时，电流在接地点周围产生电压降，当人接近此区域时，两脚之间承受一定的电压，即跨步电压。离高压电源越近，跨步电压越大。

触电对人体的伤害分为电击和电伤两种类型。电击时电流通过人体内部，造成人体内部组织的破坏，影响呼吸、心脏和神经系统，严重时还会导致人的死亡。电伤主要是指电对人体外部造成的局部伤害，如电弧烧伤、电烙印等，使人遭受局部损伤，一般不会危及生命。

化工机器在操作过程中，经常要与电打交道，因而必要掌握必要的安全用电常识和急救知识。

2. 安全用电常识

① 严格执行电工操作规章制度不允许带电作业，断电检修时在闸上挂上电气安全工作标志牌，以禁止别人合闸。必须带电作业时，要由专业电工按要领进行操作。

② 建立、健全安全用电的规章制度，班组和车间要经常组织触电事故分析和经验交流，防止类似事故再次发生。

③ 控制用电负荷、用电设备，在工作中不要超过额定负荷，保护电器的规格要合适，发现用电设备温升过高时应及时查明原因，消除故障。

④ 电器设备停止使用时应切断电源，电气设备拆除后，不应留有可能带电的电线。如果电线必须保留，则应将电源切断，并将裸线端用绝缘布包扎好；不得用手来鉴定接线端或裸导体是否带电，如需了解，应使用完好的验电设备。

⑤ 不得随意加大熔丝的规格，或用其他材料代替熔丝；更换熔丝时，必须先切断电源，如确实有必要带电操作，应采取安全措施，例如应站在橡胶板上或穿绝缘靴、戴绝缘手套，操作时应有专人在现场进行监护，以防发生事故。

⑥ 所有电器金属外壳必须保护接地或保护接零。

⑦ 工厂车间内只允许使用不超过36V的手提灯；金属构架上和特别潮湿的地方，只允许使用不超过12V的手提灯。

⑧ 建立定期安全检查制度，重点检查电气设备的绝缘和外壳接零或接地情况是否良好，还要注意有无裸线带电部分；检查各种临时用电线及移动电气用具的插头、插座是否完好；对不合格的电气设备要及时调换，以保证工作安全。

3. 触电急救措施

现场急救是抢救触电者生命的关键。

① 发现有人触电，应尽快使触电者脱离电源。其方法是就近断开电源开关或切断电线，也可用绝缘物作为工具使触电者与电源分离。但营救人员要注意自身安全，避免发生联锁触电事故，抢救的同时应打电话报警。

② 如果触电者伤害不严重，神志还清醒，但心慌，四肢麻木，全身无力或一度昏迷但很快恢复知觉，应让其躺下安静休息1~2min，并严密观察，防止意外。

③ 如果触电者伤害较严重，无知觉，无呼吸甚至无心跳，应进行人工呼吸，同时送医院抢救。

4. 节约用电

电能是工业生产和人们日常生活中非常重要的能源。随着工业的发展及人们生活水平的提高，其需求量迅速增长，使电能的供应日趋紧张。为了减少电能的损耗和浪费，节约生产成本，提倡节约用电具有十分重要的意义。

① 选用高效率光源，充分利用自然光。住宅内尽量使用荧光灯或双重螺旋钨丝灯照明，

道路照明宜采用高压钠灯，露天广场采用卤化物灯或外镇流高压汞灯，采光好的场所应尽量利用自然光。

②　合理使用变压器、电焊机，尽量避免变压器空载或轻载运行，电焊机应加装空载自动节电装置。

③　要求电动机设备配套尽量合理，防止出现"大马拉小车"现象。异步电动机尽量满载运行，以减少电能的损耗，提高效率及功率因素。

④　改进功率因素。用户变电站和用电设备尽可能加装无功功率补偿设备，如加装电力电容器或同步补偿器，以提高用户的功率因素，补偿电网无功功率，从而提高电网的供电能力，降低线路电能的损耗。

⑤　推广应用新技术和新材料，降低产品的电耗定额。采用高效节能的 Y、Y-L 系列三相异步电动机代替 J102、J02-L 系列电动机；采用晶闸管整流装置代替直流发电机等。

⑥　综合利用余热发电，有条件的企业应综合利用工厂的废热蒸汽发电，减小对外部供电的依赖。

第四节　常用测量仪表

1. 温度测量仪表

温度测量仪表分为接触式和非接触式两大类。接触式如玻璃管液体温度计、热电偶、热电阻和热效电阻等；非接触式如光学高温计、比色高温计等。无论是哪种类型的温度计，其各自的测量范围根据实际需要而各不一样。常用测温仪表的测量范围如表 6-1 所列，其工作范围以在仪表刻度的 1/4～1/3 处为宜。

表 6-1　常用测温仪表的测量范围　　　　　　　　　　　　　　　℃

名　　称	测 温 上 限	测 温 下 限
玻璃水银温度计	600	－30
压力式温度计	400	－60
铂热电阻温度计	500	－200
铂硅-铂热电阻	1300	－20
镍铬-考铜热电偶	600	－50
光学高温计	2000	700
辐射式高温计	1800	900

(1) 膨胀式温度计

膨胀式温度计是利用热胀冷缩的原理制成的。常见的是玻璃管温度计，内装的工作液有水银、酒精、甲苯和戊烷等。

水银和酒精最为常用。水银与玻璃之间没有黏附作用，可以把毛细管做得很细，以提高测量精度。水银在 0～200℃ 范围内的体膨胀系数与温度之间有较好的线性关系，可以在玻璃上做成等分刻度。水银温度计的测温范围在 －30～300℃ 之间，如果在水银上面空间充以一定压力的氮气提高其沸点，玻璃材料采用石英玻璃，则测温范围可达 500～1200℃。酒精温度计的测温范围为－100～75℃。它与玻璃之间有黏附作用而影响测量精度，因其体膨胀系数随温度变化，使玻璃管刻度不均匀。

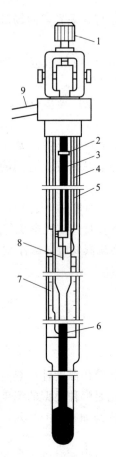

图 6-20 电接点玻璃温度计

1—调整螺母；2—指示件；3—螺杆；
4—铜丝；5—上标尺；6—水银柱；
7—下标尺；8—铂丝；9—导线

图 6-20 所示为电接点玻璃温度计，它有两组电极和一个给定值指示装置，既能用于一般指示，又可与断电器配合，多用于温度自动控制。它的上标尺用以给定值指示，给定值由指示件表示，可通过调整螺母使螺杆旋转而改变至需要给定值。当温度上升到给定值时，温度计中的水银柱升高并与铂丝接触，使两根铜丝接通形成闭合电路，并由导线引出连接到断电器上。

内标式温度计的结构有直形、90°角形和 130°角形，测量范围为 −30～500℃，一般带有金属保护套，尾部接头配有 M27×2 等三种螺纹。其安装方式有图 6-21 所示的三种。

温度计的安装应在设备安装结束之后进行，其安装位置应便于观察和检修，不易被碰刮。安装时，注意温包端部应尽量伸到被测介质处，受热端应与介质流向相逆。温度计在保护套管内安装时，为了增加传热，当被测介质温度在 −30～100℃ 范围内时，常在保护管内灌注 12# 机油，注油高度以浸没工作液球为宜；当被测介质温度在 100～200℃ 范围内时，一般在保护套管内填入铜锯屑或石英粉末，填入高度只需盖住测温包即可。

(2) 压力计式温度计

压力计式温度计是利用封入密闭系统中的工质（氮气、水银、甲醇等），在感温包温度变化时，工质的压力随之相应变化的原理实现间接测温的。压力计式温度计主要由表头、感温包、毛细管和弹簧管等组成，如图 6-22 所示。

当温度变化时，工质压力也变化，通过毛细管将压力传递给弹簧管，弹簧管的自由端便发生伸屈，经连接杆带动扇形齿轮摆动，再带动齿轮使指针指示出刻度值。

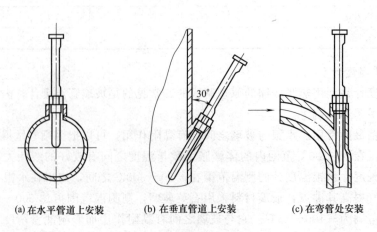

(a) 在水平管道上安装　　　(b) 在垂直管道上安装　　　(c) 在弯管处安装

图 6-21 内标式温度计的安装方式

压力计式温度计构造比较简单、耐振动、防爆性能好，但需经常进行校验，维修较困难，一般适用于被测介质的压力小于 5.88MPa，测温范围内为 −80～550℃，可用于远距离测温。

安装时，温包应立装，表头应高于温包位置，并使温包尽量多插入被测介质一些，以减少测量误差。在小管径管道安装时，若感温部位无法置于管道中心线处，应设置扩大管。表头应装在易观察处，表头和金属软管的环境温度应在 5～50℃ 范围内。敷设金属软管时，应尽量少拐弯；需弯曲时，弯曲半径不应小于 50mm。其与管道或机器设备连接的接头螺纹一般为 M27×2 或 M33×2。安装温包时，应先计算好插入长度，以免在拧紧接头螺母时温包端部顶撞管壁而损坏。

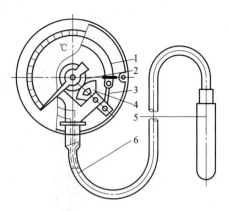

图 6-22 压力计式温度计
1—弹簧管；2—齿轮；3—连接杆；4—扇形齿轮；5—感温包；6—毛细管

（3）热电偶

热电偶是一种感温元件，其不能够直接指示温度值，而是必须与指示（或数字显示）仪表配套应用。热电偶可测量 0～1800℃ 的液体、固体或气体的温度，测量精度高，便于多点和远距离测温。

热电偶由两根不同材料的热电极焊接而成，焊合的一端结点 T 称为热端，插入测温体中；另一端（两个接线头）T_0 称为冷端。由于热端和冷端的温度有差别，所以在回路中产生电位差及电流（称为热电效应），经换算在测量仪表上指示相应的温度值。热电偶测温原理如图 6-23 所示。

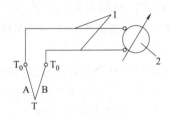

图 6-23 热电偶测温原理
1—导线；2—测量仪表

常用的热电偶结构由接线盒、保护套管、绝缘套管和热电偶丝等组成，如图 6-24 所示。电偶丝材料有镍铬-考铜、镍铬-镍硅、铂铑-铂等，直径为 0.1～0.5mm，用于瞬时测量的热电偶丝，为提高灵敏度（热惰性小），可采用更小的直径。

当热电偶用于壁面温度测量时，常直接将热端埋于测温点处，但必须使结点与壁面接触良好，以减少热阻，否则将影响测量精度。

（4）热电阻

同热电偶一样，热电阻也需与指示仪表配套使用，热电阻有铜和铂电阻两种。图 6-25 所示为铜电阻，由引出线、塑料骨架和铜漆包线等组成，外有保护套管。铂电阻一般比铜电阻精度高、稳定性好。应用时，通常是将电阻埋设于测点的孔中（钻孔），或固定于被测物的壁面。

2. 压力测量仪表

（1）弹簧管压力表

弹簧管压力表主要由表盘、弹簧管、拉杆、扇形齿轮、轴心架和指针等组成，如图 6-26 所示。它利用弹簧管变形推动机械传动机构而指示读数。弹簧管压力表可测量 0.0196～58.8MPa 的压力，精度等级有 0.5、1.0、1.5、2.5 等。

选用弹簧管压力表时，若被测介质压力较稳定，仪表的正常指示为最大刻度的 2/3 或 3/4；

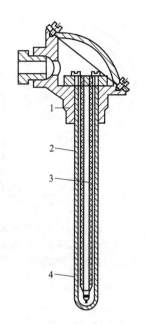

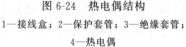

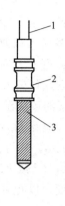

图 6-24　热电偶结构
1—接线盒；2—保护套管；3—绝缘套管；
4—热电偶

图 6-25　铜电阻结构
1—引出线；2—塑料骨架；3—铜漆包线

若测量波动的压力，仪表的正常指示宜为最大刻度的 1/2。因弹性元件的下限灵敏度低、误差大，所以最小指示可取最大刻度的 1/3。此外，被测介质不同时，对压力表的要求也不同，如测氧气介质时应采用不含油脂的金属制造的压力表，而测乙炔介质则不宜采用含铜量超过 70% 的铜合金制造的压力表。

压力表应垂直安装在直管段上，不应设置在三通、弯头、变径管等改变介质流速或流向的管件附近，以免产生过大的测量误差。取压点位置的规定是：被测介质为气体时，在管道的上部取压；被测介质为液体时，在管道的下部或中心部取压。压力表应安装在光线充足、便于观察和方便检修的地方。由于表接头螺纹通常与管螺纹不一致，需按表接头螺纹配制相应的接头。

压力表安装完毕，在表盘玻璃上应标出工作压力上、下限的值点。压力表应按规定定期检验和校正。

（2）波纹管压力表

如图 6-27 所示，波纹管压力表的波纹管一端封闭，另一端开口。开口端焊接在底座上，有一小孔与被测介质连通。当波纹管内外存在压力差时，波纹管的轴向产生变化，经杠杆机构可驱动记录笔在记录纸上绘出压力变化曲线。这种压力表可测量 0.05～0.5MPa 的压力或 0～760Torr（1Torr＝133.322Pa）的真空。

3. 液位测量仪表

常用液位测量仪器有玻璃管液面指示器和板式液面指示器，对于低温介质如制冷剂常用油包式液面指示器或压差式低温液位指示器，为增加安全防爆性能，还有磁性浮子液位计等。

（1）玻璃管和板式液面指示器

玻璃管和板式液面指示器，又称液面计，用以观察容器内液体的液面，便于操作。

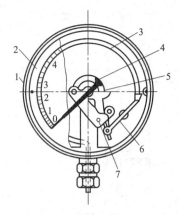
图 6-26 弹簧管压力表
1—表壳；2—表盘；3—弹簧管；4—指针；
5—扇形齿轮；6—连杆；7—轴心架

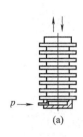
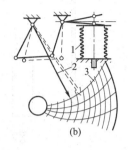
图 6-27 波纹管压力表
1—波纹管；2—记录笔；3—记录纸

　　玻璃管液面指示器的结构如图 6-28 所示，由两只直角阀和玻璃管构成。玻璃管液面指示器工作时，上、下两只直角阀开启。阀体进口通道上的钢珠靠自重沉于通道的底部，玻璃管内上下畅通，压力均衡，在玻璃管内显示出容器中的液面。

　　阀体进口通道上的钢珠因安全保护需要而设置：正常操作时，万一玻璃管破裂，原沉于通道底部的钢珠，在容器液体外泄压力作用下冲向阀孔及时堵塞阀孔，从而制止大量介质外泄。

　　玻璃管液面指示器通常是随设备带来，不需另外制作。

（2）油包式液面指示器

　　低压容器如果用玻璃管液面指示器不加压是无法直接从玻璃管观察制冷剂液面的，但有的设备工作时又不允许加压，如中间冷却器、氨液分离器、低压循环储液器等。因此改用油包式液面指示器可以由玻璃管中油面高度来较正确地反映容器内的液面，它是低温液面指示器的一种。

　　油包式液面指示器是由存油器和玻璃管液面指示器组成，如图 6-29 所示。存油器用无缝钢管制作，见图 6-30，上、下有封板，上封板焊有放空气管接头，下封板焊有排污管接头。两侧分别有与容器筒身下部及玻璃管液面指示器下端直角阀连接的管接头。玻璃液面指示器上部直角阀与容器筒身上部相通，直角阀顶钻有加油孔用管堵封闭。存油器制成后先用气压排污，再进行气密性压力试验，不漏油时方可投入工作。

　　加油时应先将阀 8、阀 6 关闭，再开排污阀放净油垢后关闭，这时开放气阀 2，拧下管堵，注入冷冻油，直到从阀 2 看见油面时关闭，并拧紧管堵，开启阀 8 和阀 6，使气液压力在玻璃管内均衡，显示出与容器液面高度相应的油面。

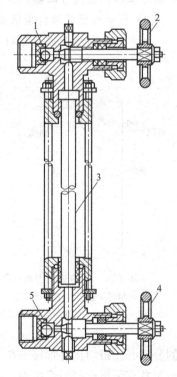
图 6-28 玻璃管液面指示器
的结构
1,5—钢珠；2—气体；3—玻璃；
4—液体阀

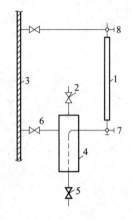

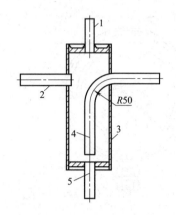

图 6-29　油包式液面批示器

1—液面指示器；2—放气阀；3—容器；

4—存油器；5—排污阀；6~8—阀

图 6-30　存油器

1—放气阀；2—容器接管；3—存油器；

4—液面指示器；5—排污管

油包式油面指示器结构简单，易于操作，油面稳定，反应灵敏准确，观察方便，多用在中间冷却器、氨液分离器、低压循环储液器及排液桶上。

（3）压差式低温液位指示器

压差式低温液位指示器和油包式液面指示器的不同点是用连通管连接的玻璃管油面指示器，装置在远离所要指示液面容器的地方，以便于观察、操作和检修。

压差式低温液位指示器结构见图 6-31，由蒸发室和液位指示器两部分组成，分别与液气相均压管连接构成一体。蒸发室用无缝钢管制作，下部管接头与容器相通，顶端管接头与液压室相通，液位指示器包括气压室、液压室、油室、加油管和玻璃管液面指示器等。上部气压室两侧分别有和气相均压管及玻璃管液面指示器直角阀连接的管接头，顶端设加油管堵，通过加油管与下面油室相通；中部液压室与下部油室相通，和上部气压室被油隔开不通，液压室上部两

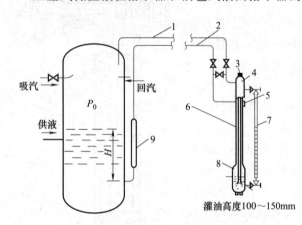

图 6-31　压差式低温液面指示器结构示意图

1—气相均压管；2—液相均压管；3—管塞；4—气压室；

5—放空气塞；6—液压室；7—玻璃管；8—油室；9—蒸发室

侧分别有液相均压管管接头和放空气管堵；下部油室底部有放油管堵，侧面有和玻璃管液面指示器直角阀连接的管接头。

压差式低温液位指示器与前两种指示器相比的最大优点是它的观察地点不受容器所在位置的限制，且结构简单，便于制作，所以普遍用于低压循环储液器和氨液分离器。

4. 流量测量仪表

流量可采用堰流槽、节流设备、容器及流量计量仪表等进行测量。常用的流量测量仪表有转子流量计、差压式流量计及水表等。

（1）转子流量计

转子流量计一般用来测量液体或气体单相介质的流量，适用于压力不大于 1.96Pa、温

度不高于 200℃ 的场合，如图 6-32 所示。转子流量计主要由锥形管和浮子组成：锥形管有玻璃制和金属制；浮子常用不锈钢或铝制成。使用时，锥形管的大端在上，浮子随流量的大小沿锥形管轴线上下移动。当被测介质由下而上通过锥形管时，由于浮子上下压差的作用，浮子上的上升力大于浮子的重力而使浮子上升。随着浮子的上升，浮子最大外径与锥形管壁间的环形面积也逐渐增加，介质流速下降，浮子受到的上升力下降。当被测介质作用在浮子上的上升力等于浮子所受的重力时，浮子就稳定在某一高度。当流量改变时，浮子受到的上升力将随之改变，使得浮子或上升或下降，重新调整到上升力等于重力的高度位置。因此，根据浮子在锥形管内的高度位置从锥形管外壁的刻度即可读出所测的流量值。

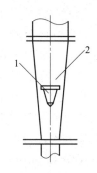

图 6-32　转子流量计
1—浮子；2—锥形管

　　转子流量计的连接方式有法兰连接、螺纹连接和软管连接几种。它必须安装在振动较小的位置上，流体自下而上流动；锥形管的中心线应垂直，其垂直度误差不应大于 ±2mm。为保证测量精度，在连接部分的上游侧必须设置长度为直径 5 倍以上的直管段，下游侧必须设置长度为管径 3 倍以上的直管段。转子流量计有方向性，不应装错；为方便检修，常设旁通管。

　　测量时，必须用下游侧阀门来调节；开启阀门要缓慢，待浮子稳定后再进行测量。

　　用于测量气体的转子流量计，出厂时其流量的刻度是用空气标定的；用于测量液体的流量计，其流量刻度用水标定。所以，当被测介质的密度和黏度与标定的介质不相同时，测得的流量值还需进行修正。

（2）差压式流量计

　　差压式流量计，是利用节流原理，即利用流体流经节流装置时产生的压力差来实现流动测量的。它是由节流装置、导压管和差压计组成。节流装置（图 6-33）有孔板、喷嘴和文丘里管等形式。节流装置的中间有一孔径比管径小的圆孔，当流体通过直管进入节流装置时，因管的截面积突然减小，流体的部分压力转变成动能，使节流装置收缩截面内的介质平均流速急剧增大，在该截面内的静压力变得小于节流装置前的静压力，借助于导压管和差压计测量出压力差的变化值，以此计算出管道内所通过的被测介质的流量。

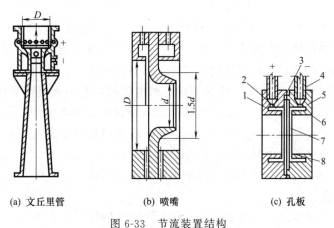

(a) 文丘里管　　　(b) 喷嘴　　　(c) 孔板

图 6-33　节流装置结构

1—前环室；2—孔板；3—垫片；4—导压管；5—后环室；6—均压环；

7—导压槽；8—排水孔

节流装置可以水平、垂直或倾斜安装在管道上，但必须是不变径的直管并保持有一定长度，且工作时被测介质能充满全管；安装处前后 2D 范围内的管道内表面应光滑，无明显凹凸现象。安装时，焊接在管道上的法兰应垂直于管道，法兰中心应与管道中心线一致。焊后必须清理干净。对于孔板流量计，孔板和管道中心线的允许偏差为管道直径的 1%；孔板两侧的垫片内径不得小于管内径。

节流装置前后引出口，一般在出厂前已钻好；若需用户加工时，钻孔应垂直于管内介质的流速方向，当管道内径小于 100mm 时，可钻 $\phi6mm$ 的孔；当管道内径大于或等于 100mm 时，可钻 $\phi8\sim10mm$。当测量液体介质时，节流装置的前后压力引出口应从管道下半部 45°角的方向引出，差压计最好装在被测管道的下方，必须装在管道上方时应在导压管的最高点设置分气器，以收集并排除进入导压管中的气体；当测量气体介质时，应从管道的上部引出取压管，差压计最好布置在管道的上方，但必须设置在管道下方时应设置分液器，以免液体进入差压计内。测量蒸汽流量时，必须在导压管上部设置冷凝器。为便于维修，在靠近管道压力引出口处的导管上应安装阀门，工作压力小于 0.98MPa 时，可采用普通阀门；压力较高时，应选用针形阀。在导压管末端也应安装阀门，以便于冲洗或放空。差压计应安装在便于观察、无振动和机械损伤处，其环境温度不宜低于 10~60℃；取压点到差压计的距离，不得小于 3m 和大于 50m。

5. 常用电工测量仪表

（1）电流的测量

电流表是用来测量电路中的电流值的，按所测电流性质可分为直流电流表、交流电流表和交直流两用电流表。就其测量范围而言，电流表又分为微安表、毫安表和安培表。

① 电流表

a. 电流表的选择。测量直流电流时，可使用磁电式、电磁式或电动式仪表，其中磁电式仪表使用较为普遍。

b. 电流表的使用。在测量电路电流时，一定要注意将电流表串联在被测电路中。磁电式仪表一般只用于测量直流电流，测量时要注意电流接线端的"＋"、"－"极性标记，不可接错，以免指针反打，损坏仪表。对于有两个量程的电流表，它具有三个接线端，使用时要看清楚接线端量程标记，根据被测电流大小选择合适的量程，将公共接线端一个量程接线端串联在被测电路中。

c. 电流表常见的故障及处理方法。电流表比较常见的故障是表头过载。当被测电流大于仪表的量程时，往往使表中的线圈、游丝因过热而烧坏或使转动部分受撞击损坏。为此，可以在表头的两端并联两只极性相反的二极管，以保护表头。

② 钳形电流表 通常，当用电流表测量负载电流时，必须把电流表串联在电路中。但当在施工现场需要临时检查电气设备的负载情况或线路流过的电流时，如果先把线路断开，然后把电流表串联到电路中，就会很不方便。此时应采用钳形电流表测量电流，这样就不必把线路断开，可以直接测量负载电流的大小了。

钳形电流表是根据电流互感器的原理制成的，其外形像钳子一样，如图 6-34 所示。

（2）电压的测量

电压表是用来测量电路中的电压值的，按所测电压的性质分为直流电压表、交流电压表和交直两用电压表。就其测量范围而言，电压表又分为毫伏表、伏特表。电压表按工作原理可分为磁电式、电磁式、电动式三种主要形式。

① 电压表的选择　电压表的选择原则和方法与电流表的选择相同，主要从测量对象、测量范围、要求精度和仪表价格等方面考虑。

② 电压表的使用　用电压表测量电路电压时，一定要使电压表与被测电压的两端并联，电压表指针所示为被测电路两点间的电压。

③ 电压表的选择和使用注意事项　电压表及其量程的选择方法与电流表相同，量程和仪表的等级要合适。

电压表必须与被测电路并联。直流电压表还要注意仪表的极性，表头的"＋"端接高电位，"－"端接低电位。电压互感器的二次侧绝对不允许短路；二次侧必须接地。

（3）万用表

万用表又叫多用表、复用电表，它是一种可测量多种电量的多量程便携式仪表。由于它具有测量种类多、测量范围宽、使用和携带方便、价格低等优点，因而常用来检验电源或仪器的好坏，检查线路的故障，判别元器件的好坏及数值等，应用十分广泛。下面分别讲述指针式、数字式万用表的结构和使用方法。

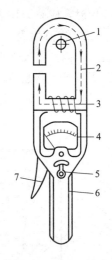

图 6-34　钳形电流表
1—被测导线；2—铁芯；3—二次绕组；4—表头；5—量程调节开关；6—胶木手柄；7—铁芯开关

① 指针式万用表　下面以电工测量中常用的 500 型万用表为例，说明其工作原理及使用方法。500 型万用表的表头灵敏度为 $40\mu A$，表头内阻为 3000Ω，其主要性能见表 6-2，外形如图 6-35 所示。

表 6-2　500-B 型万用表的主要性能

测量功能	测量范围	压降或内阻	基本误差
直流电流	$0\sim50\mu A\sim1mA\sim10mA\sim100mA\sim500mA\sim5A$	$\leqslant0.75V$	$\pm2.5\%$
直流电压/V	$0\sim2.5\sim10\sim50\sim250\sim500\sim2500$	$20K\Omega/V$	$\pm2.5\%$
交流电流/A	$0\sim5$	$\leqslant1.0V$	$\pm4.0\%$
交流电压/V	$0\sim10\sim50\sim100\sim250\sim500\sim2500$	$4k\Omega/V$	$\pm4.0\%$
直流电阻	$R\times1\Omega,R\times10\Omega,R\times100\Omega,R\times1k\Omega,R\times10k\Omega$	—	$\pm2.5\%$
音频电平/dB	$-10\sim0\sim+20$	—	—

使用万用表时有以下注意事项。

a. 量程转换开关必须正确选择被测量电量的挡位，不能放错；禁止带电转换量程开关；切忌用电流挡或电阻挡测量电压。

b. 在测量电流或电压时，如果对于被测量电流、电压的大小心中无数，则应先选最大量程，若因量程过大测不出、测不准，则可调小量程，换到合适的量程上测量。

c. 测量直流电压或直流电流时，必须注意极性。

d. 测量电流时，应特别注意必须把电路断开，将表串接于电路之中。

e. 测量电阻时不可带电测量，必须将被测电阻与电路断开；使用欧姆挡时换挡后要重新调零。

f. 每次使用完后，应将转换开关拨到空挡或交流电压最高挡，以免造成仪表损坏；长期不使用时，应将万用表中的电池取出。

② 数字式万用表　下面以 DT890D 型数字式万用表为例进行介绍。DT890D 型数字式万用表属中低挡普及型万用表，其面板如图 6-36 所示，由液晶显示屏、量程转换开关、表笔插孔等组成。液晶显示屏直接以数字形式显示测量结果，并且还能自动显示被测数值的单位和符号（如 Ω、kΩ、MΩ、mV、A、μF 等），最大显示数字为 ±1999。

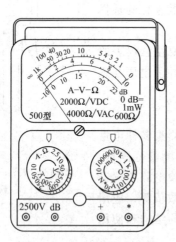

图 6-35　500 型万用表外形　　　图 6-36　DT890D 型数字式万用表的外形

测量范围如下。直流电压分为五挡：200mV，2V，20V，200V，1000V；交流电压分为五挡：200mV，2V，20V，200V，750V；直流电流分为五挡：200μA，2mA，20mA，200mA，10A；交流电流分为五挡：200μA，2mA，20mA，200mA，10A；电阻分为六挡：2Ω，2kΩ，20kΩ，200kΩ，2MΩ，20MΩ。

面板说明如下。

a. 显示器　显示四位数字，最高位只能显示 1 或不显示数字，算半位，故称三位半 $\left(3\dfrac{2}{3}\right)$。最大指示为 1999 或 −1999。当被测量值超过最大指示值时，显示"1"或"−1"。

b. 电源开关　使用时将开关置于"ON"位置；使用完毕置于"OFF"位置。

c. 转换开关　用以选择功能和量程。根据被测的电量（电压、电流、电阻等）选择相应的功能位；按被测量程的大小选择合适的量程。

d. 输入插座　将黑色测试笔插入"COM"的插座。红色测试笔有如下三种插法，测量电压和电阻时插入"V·Ω"插座；测量小于 200mA 的电流时插入"mA"插座；测量大于 200mA 的电流时插入"10A"插座。

数字式万用表使用的注意事项如下。

a. 使用数字式万用表前，应先估计一下被测量值的范围，尽可能选用接近满刻度的量程，这样可提高测量精度。

b. 数字式万用表在刚测量时，显示屏的数值会有跳数现象，这是正常的（类似指针式表的表针摆动），应当待显示数值稳定后（不超过 1~2s），才读数。

c. 数字万用表的功能多，量程挡位也多。

d. 用数字万用表测试一些连续变化的电量和过程，不如用指针式万用表方便直观。

e. 测 10Ω 以下的精密小电阻时（200Ω 挡），先将两表笔短接，测出表笔线电阻（约0.2Ω），然后在测量中减去这一数值。

f. 尽管数字式万用表内部有比较完善的保护电路，使用时仍应力求避免误操作，如用电阻挡去测 220V 交流电压等，以免带来不必要的损失。

g. 为了节省用电，数字万用表设置了 15min 自动断电电路，自动断电后若要重新开启电源，可连续按动电源开关 2 次。

（4）兆欧表

兆欧表（又叫摇表）是一种简便、常用的测量高电阻的仪表，其结构是：两个线圈固定在同一轴上且相互垂直。一个线圈与电阻 R 串联，另一个线圈与被测电阻 R_x 串联，两者并联接于直流电源。

兆欧表主要用来检测供电线路、电机绕组、电缆、电器设备等的绝缘电阻，以检验其绝缘程度的好坏。常见的兆欧表主要由作为电源的高压手摇发电动机和磁电式流比计两部分组成，兆欧表的外形与工作原理如图 6-37 所示。

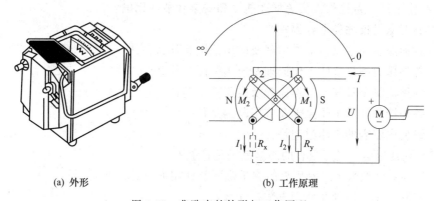

(a) 外形　　　　　　　　　　(b) 工作原理

图 6-37　兆欧表的外形与工作原理

① 在使用兆欧表前应进行以下准备工作。

a. 检查兆欧表是否正常。

b. 检查被测电气设备和线路，看其是否已全部切断电源。

c. 测量前应对设备和线路先行放电，以免设备或线路的电容放电危及人身安全和损坏兆欧表，同时还可以减少测量误差。

② 兆欧表的正确使用要点如下。

a. 兆欧表必须水平放置于平稳、牢固的地方，以免在摇动时因抖动和倾斜产生测量误差。

b. 接线必须正确无误，接线柱"E"（接地）、"L"（线路）和"G"（保护环或称屏蔽端子）与被测物的连接线必须用单根线，要求绝缘良好，不得绞合，表面不得与被测物体接触。

c. 摇动手柄的转速要均匀，一般规定为 120r/min，允许有 ±20％ 的变化，但不应超过25％。通常要摇动 1min 待指针稳定后再读数。

d. 测量完毕，应对设备充分放电，否则容易引起触电事故。

e. 严禁在雷电时或附近有高压导体的设备上测量绝缘电阻，只有在设备不带电又不可能受其他电源感应而带电的情况下才可进行测量。

f. 兆欧表未停止转动之前，切勿用手去触及设备的测量部分或兆欧表接线柱。

g. 兆欧表应定期校验，其方法是直接测量有确定值的标准电阻，检查其测量误差是否在允许范围之内。

复习思考题

6-1　电路由哪几部分组成？各部分有何作用？

6-2　电路基本物理量有哪些？各物理量表示何意义？

6-3　欧姆定律主要内容有哪些？其表达式如何理解？

6-4　电阻串联与并联有何区别？

6-5　简述基尔霍夫定律。

6-6　交流电与直流电区别有哪些？交流电有哪些优点？

6-7　描述正弦交流电特征的参数有哪些？各参数表示正弦交流电的哪些特征？

6-8　简述三相异步电动机的结构组成及其工作原理。

6-9　在化工厂设备检修人员怎样才能做到安全和节约用电？

6-10　温度测量仪的类型有哪些？

6-11　各种温度测量仪的工作原理及应用范围是什么？

6-12　各种压力测量仪的工作原理及应用范围是什么？

6-13　各种流量测量仪的工作原理及应用范围是什么？

6-14　各种液位计的工作原理及应用范围是什么？

6-15　钳形电流表的工作原理是什么？

6-16　500-B 型指针式万用表的测量范围是什么？

6-17　DT890D 型数字式万用表的测量范围及使用方法是什么？

6-18　兆欧表工作原理及使用方法是什么？

第七章 职业安全与环境保护

第一节 职业安全

1. 设备检修安全管理的意义

企业生产效益的好坏与生产设备的状况有着密切的关系，好的效益和安全都离不开完好的设备。机械设备在正常运行和使用中，由于长期承受载荷、磨损、腐蚀等因素的影响，使机械设备逐渐老化，从而失去原有的精度和效能，不仅增加原材料和动力消耗，使产品质量下降、成本提高，甚至造成设备和人身事故。所以为了提高设备效率，降低能耗，保证产品质量，必须对生产设备定期进行检修，加强安全运行管理和日常使用的维护保养，及时消除缺陷和隐患，维持机械设备正常的精度和效能，才能实现企业的安全生产和最佳的经济效益。

化工企业中机械设备的检修具有频繁性、复杂性和危险性的特点，决定了化工安全检修的重要地位。要实现化工安全检修，必须加强检修安全管理工作。必须使企业各部门和全体人员明确在安全方面应负的职责，并在检修中保护自身的安全。把安全措施落实到检修工程中的每一个项目上，落实到检修的每一个环节中，尤其对于危险性和危害性大的设备或作业场所，必须建立完善的设备检修安全管理制度，加强检修作业的安全监督与管理，确保设备检修的安全。这样就能创造一个良好的检修环境，减少和避免各类事故的发生。加强检修安全管理，是一项十分重要的工作。

2. 职业安全管理规范

(1) 设备检修安全管理制度

① 检修前的安全措施　设备检修前的安全管理主要包括检修风险评估，安全方案的确定，检修队伍人员的安全培训，以及检修前对设备的安全检查等。

② 检修前的准备

a. 根据设备检修项目要求，应制定设备检修方案，落实检修人员、检修组织、安全措施。检修项目负责人应按检修方案的要求，组织检修作业人员到检修作业现场，交代清楚检修项目、任务、检修方案，并落实检修安全措施。检修项目负责人应对检修安全工作负全面责任，并指定专人负责整个检修作业过程的安全工作。

b. 设备检修作业开始前，应办理《安全作业许可证》。

c. 对于进入干塔、球、糟、罐、炉膛、锅筒、管道、容器以及地下室、阴井、地坑、下水道或其他封闭场所内进行作业的，作业开始前应办理《容器内作业许可证》。

d. 设备检修如需要高处作业、动火、动土、断路、吊装等，也应按有关规定办理相应的特种作业许可证。

e. 设备所在单位应在检修前负责对设备进行清洗、置换，并提交设备清洗、置换分析报告。检修项目负责人应会同设备技术人员、工艺技术人员检查并确认设备、工艺处理及盲板抽堵等是否符合检修安全要求。

③ 检修前的安全教育　检修前,必须对参加检修作业的人员进行安全教育。安全教育内容主要包括:检修作业必须遵守的有关检修安全规章制度,检修作业现场和检修过程中可能存在或出现的不安全因素及对策,检修作业过程中个体防护用具和用品的正确佩戴和使用,检修作业项目、任务、检修方案和检修安全措施等。

④ 设备设施检修中应做好的工作

a. 进入检修岗位必须做好安全确认,确保无危险因素后方可作业。

b. 特殊工种岗位的检修作业,必须配备相应持证的作业人员,严格按照安全要求作业。

c. 作业小组成员要注重相互提醒、相互督促,自觉做到"四不伤害"。

d. 检修项目安全负责人和安全监督员必须做好安全防范措施的检查工作,对检修人员的安全作业状态进行监督,及时制止违章作业行为,发现险情应及时停止检修作业,撤离人员,采取紧急处置措施,并及时向相关部门汇报。

e. 严格穿戴好劳动保护用品,杜绝酒后作业等行为。

⑤ 设备设施检修结束　必须拆除检修临时设施,确保设备设施试运行的安全条件,保证安全通道畅通。临时拆除的安全防护装置应即时恢复,完善生产工作现场安全防尘技术措施,做好清洁卫生工作。认真做好检修项目的总结工作。

(2) 安全教育制度

① 安全教育的规定

a. 企业必须认真地对新工人进行安全生产的入厂教育、车间教育和现场教育,并且通过考试合格后,才能准许进入操作岗位。

b. 对于从事特种作业的工人必须进行专门的安全操作技能训练,经过考试合格后,才能准许持证上岗操作。

c. 企业必须建立安全活动日和在班前、班后会上检查安全生产情况等制度,对职工进行经常性的安全教育。并且注意结合职工文化生活,进行各种安全生产的宣传活动。

d. 在采用新的生产方法、添设新的技术设备、制造新的产品或调换工人工作的时候,必须对工人进行新操作法和新工作岗位的安全教育。

② 新工人入厂"三级教育"的内容

a. 一级安全教育的主要内容:工厂的性质及其主要工艺过程;我国安全生产的方针、政策法规和管理体制;本企业劳动安全卫生规章制度及状况、劳动纪律和有关事故案例;工厂内特别危险的地点和设备及其安全防护注意事项;新工人的安全心理教育;有关机械、电气、起重、运输等安全技术知识;有关防火、防爆和工厂消防规程的知识;有关防尘、防毒的注意事项;安全防护装置和个人劳动防护用品的正确使用方法;新工人的安全生产责任制等。

b. 二级安全教育的主要内容:本车间的安全生产状况和规章制度;本车间预防工伤事故和职业病的主要措施;本车间作业场所存在的危险因素及应注意事项;本车间的典型事故案例;新工人的安全生产职责和遵守纪律的重要性。

c. 三级安全教育的主要内容:岗位安全操作规程;生产设备、安全装置、劳动防护用品的性能及正确使用方法;工作场所得安全生产和文明生产的具体要求;容易发生工伤事故的工作地点、操作步骤和典型事故案例介绍;个人防护用品的正确使用和保管;发生事故后的紧急救护和自救常识;工厂、车间内常见的安全标志、安全色介绍;遵章守纪的重要性和必要性。

安全教育时间累计不少于 48 学时，未经三级安全教育考试合格，不准进入岗位，未经学习期，并经理论操作考试合格后获取安全作业证，不准独立上岗操作。

（3）安全操作规程

安全操作规程根据各岗位的作业内容，全面系统地考虑技术、设备、环境条件，规定了从事生产活动人员在各自岗位上应履行的职责，以及完成任务所必需的作业程序和动作标准，是现场操作的根据。

企业必须建立、健全各项安全生产技术规程，其主要包括以下几个方面的规程。

① 每种产品生产的工艺规程和安全技术规程。

② 各生产岗位的安全操作法，包括开停车、出料、包装、倒换、转换、装卸、运载以及紧急事故处理等操作的安全操作方法。

③ 生产设备、装置的安全检修规程。

④ 各通用工种的安全操作规程，如钳工、铆工、锻工、焊工和运输工等的安全操作规程。

⑤ 专门作业的安全规程，如锅炉、压力容器安全管理规程，气瓶、液化气体气瓶、溶解乙炔气瓶等充装、使用和储运的安全技术规程，易燃液体装、卸罐安全操作规程等。

（4）安全检查制度

企业对生产中的安全工作，除进行经常性的巡回检查外，每年还应定期进行 2～4 次联合检查，这种检查包括普遍检查、专业检查和季节性检查，这几种检查可以结合进行。

开展安全生产检查，必须有明确的目的、要求和具体计划及检查表，并且必须建立由企业领导负责、有关人员参加的安全生产检查组织，以加强领导，做好这项工作。安全生产检查应始终贯彻领导与群众相结合的原则，依靠群众，边检查，边改进，并且及时地总结和推广先进经验。有些限于物质技术条件当时不能解决的问题，也应该订出计划，按期解决，做到条条有着落，件件有交代。

（5）安全色及安全标识

为了防止事故的发生，安全色与安全标识形象而醒目地向人们提供了表达禁止、警告、指令、提示等信息。了解它们所表达的安全信息含义对于职工在工作、生活中趋利避害、预防事故发生具有重要的作用。

（6）特种作用安全

① 特种作业定义与分类　特种作业是指容易发生人员伤亡事故，对操作者本人及其周围人员和设施的安全有重大危险因素的作业。特种作用包括：电工作业；金属焊接切割作业；超重机械（含电梯）作业；企业内部机动车辆驾驶；登高架设作业；锅炉作业（含水质化验）；压力容器操作；制冷作业；爆破作业；矿山通风作业（含瓦斯检验）；矿山排水作业；被批准的其他作业。

② 特种作业人员的培训　特种作业人员在独立上岗前必须进行与本工种相适应的安全技术培训学习。学习的内容包括安全技术理论与实际操作知识两个方面。培训后要进行严格考核，经考核合格发给相应的特种作业操作证。

（7）特种设备安全

特种设备是指由国家认定的，因设备本身和外在因素的影响容易发生事故，并且一旦发生事故会造成人身伤亡及重大经济损失的危险性较大的设备。

特种设备包括电梯、起重机械、厂内机动车辆、客运索道、游艺机和游乐设施、防爆电气设备等。

特种设备作业人员必须经专业培训和考核,取得资格证书后,方可从事相应工作。使用单位必须对特种设备进行日常的维修保养。特种设备的维护保养必须由有资格的人员进行。

使用单位应严格执行特种设备年检、月检、日检等常规检查制度,经检查发现有异常情况时,必须及时处理,严禁带故障运行。

(8) 有毒、有害作业安全

有毒物质是作用于生物体,能使机体发生暂时、永久性病变,导致疾病甚至死亡的物质。有害物质是指化学的、物理的、生物的等能危害职工健康的所有物质的总称。

有毒作业是指作业场所空气中有毒物质含量超过国家卫生标准中有毒物质的最高允许浓度的作业。有害作业是指影响人的身体健康,导致疾病,或作业环境中有害物质的浓度超过国家卫生标准中该物质浓度最高许可值的作业。有毒、有害作业包括高温、有毒、噪声、振动、电磁辐射、接触粉尘等的作业。

为了避免职工在作业时身体的某部位误入危险区域接触有害物质,应采取一定的防护措施。一般的防护措施包括隔离、屏蔽、安全距离、个人防护等。

3. 事故预防

在生产过程中,客观上存在的隐患是事故发生的前提。如果能及时发现并消除隐患,就可有效防止事故的发生,从而保证安全操作。下面介绍几种常见事故的预防。

(1) 触电事故的预防

电气操作属特种作业,操作人员必须经专门培训并考试合格,持证上岗。非管理区域内的电工不得进行操作。

① 严格遵守安全操作规程。

② 在任何情况下,不得用手来鉴定接线端或裸导体是否带电,如需了解线路是否有电,应使用完好的验电设备。

③ 电线上不得晾晒衣物,不得私拉电线,私用电炉。

④ 不得随意加大熔断器熔丝的规格,或用其他材料代替熔丝。更换熔丝时必须先切断电源,如确实有必要带电操作,则应采取安全措施,例如应站在橡胶板上或穿绝缘靴、戴绝缘手套,操作时应有专人在场进行监护,以防发生事故。

⑤ 拆开的或断裂的暴露在外部的带电接头,必须及时用绝缘物包好并悬挂在人身不会碰到的高处,以防有人触及。

⑥ 所有电器金属外壳必须保护接地或保护接零。

⑦ 工厂车间内只允许使用不超过 36V 的手提灯。在金属构架上和特别潮湿的地方,只允许使用不超过 12V 的手提灯。

⑧ 使用低压电器时,变压器原边电压只能是 380V 或 220V,且金属外壳必须接地。不允许用自耦变压器、轭流圈或变阻器来降低电压用电。

⑨ 遇有数人进行电工作业时,应在接通电源前告知他人。

⑩ 遇有人触电时,若在开关附近,必须立即切断电源;若附近无开关,则尽快用干燥的木棍、竹竿等绝缘棍棒打断电线或拨开触电者(对 250V 或 250V 以下低压),切勿用手去拉触电者。当触电者脱离电源后,根据具体情况,施行人工呼吸,切勿打强心针。

⑪ 当电线断落时,不可走近。对落地的高压线,应离开落地点 8~10m,以免跨步电压伤人。

(2) 机械事故的预防

机械事故的发生很普遍，在使用机械设备的场所几乎都能遇到。一旦发生事故，轻则损伤皮肉，重则伤筋动骨，断肢致残，甚至危及生命。机械事故造成的伤害有：挤压、碰撞或撞击、夹断、剪切、割伤或擦伤、卡住或缠住等。

机械设备应根据有关的安全要求，装设合理、可靠、不影响操作的安全装置。机械设备零部件的强度、刚度应符合安全要求，安装应牢固。供电的导线必须正确安装，不得有任何破损和漏电的地方。电机绝缘应良好，其接线板应有盖板防护。开关、按钮等应完好无损，其带电部分不得裸露在外。局部照明应采用安全电压，禁止使用110V或220V的电压。重要的手柄应有可靠的定位及锁紧装置。同轴手柄应有明显的长短差别。手轮在机动时应能与转轴脱开。脚踏开关应有防护罩或藏入机身的凹入部分内。操作人员应按规定穿戴好个人防护用品，机加工严禁戴手套进行操作。操作前应对机械设备进行安全检查，先空车运转，确认正常后，再投入运行。机械设备严禁带故障运行。不准随意拆除机械设备的安全装置。机械设备使用的刀具、工夹具以及加工的零件等要装卡牢固，不得松动。机械设备在运转时，严禁用手调整；不得用手测量零件或进行润滑、清扫杂物等。机械设备运转时，操作者不得离开工作岗位。工作结束后，应关闭开关，把刀具和工件从工作位置上退出，并清理好工作场地，将零件、工夹具等摆放整齐，保持机械设备的清洁卫生。

(3) 火灾事故的预防

消防工作实行"预防为主、防消结合"的方针。每个单位和个人都必须遵守消防法规，做好消防工作。

① 火灾预防 城市规划建设部门，在新建、扩建和改建城市的时候，必须同时规划和建设消防站、消防供水、消防通信和消防通道等公共消防设施；新建、扩建和改建工程的设计和施工，必须执行国务院有关主管部门关于建筑设计防火规范的规定；农村房屋建筑的设计和施工，必须执行国务院有关主管部门关于农村建筑设计防火规范的规定；在森林、草原防火期间，禁止在林区、草原野外用火，因特殊情况需要用火的时候，必须经县级人民政府或者县级人民政府授权的机关批准，并按照有关规定采取严密的防范措施；新建的生产、储存和装卸易燃易爆化学物品的工厂、仓库和专用车站、码头，必须设在安全地点，并报所在的市、县人民政府审批；对原有的严重影响消防安全的单位，其主管部门应当采取措施加以解决；生产、使用、储存、运输易燃易爆化学物品的单位，必须执行国务院有关主管部门关于易燃易爆化学物品的安全管理规定，不了解易燃易爆化学物品性能和安全操作方法的人员，不得从事操作和保管工作；交通运输、渔业、海洋资源调查、勘探等主管部门，应当根据飞机、船舶和车辆的特点，规定消防安全管理措施，并教育职工和乘客严格遵守；人员集中的公共场所，必须保证安全出口、疏散通道的畅通无阻，建立并严格执行用火用电与易燃易爆物品的管理制度，加强检查和值班巡逻，确保安全；生产易燃易爆化学物品的单位，对产品应当附有燃点、闪点、爆炸极限等数据的说明书，并且注明防火易爆注意事项；企业与事业单位对采用的新材料、新设备、新工艺，必须研究其火灾危险性的特点，并采取相应的消防安全措施；机关、企业与事业单位实行防火责任制度；城市的居民委员会和农村的村民委员会，有责任动员和组织居民做好防火工作；机关、企业与事业单位应当根据灭火的需要，配置相应种类、数量的消防器材、设施和设备。

② 消防组织 企业与事业单位根据需要设立群众义务消防队或者义务消防员，负责防

火和灭火工作，所需经费由本单位开支；火灾危险性较大、距离当地公安消防队（站）较远的大、中型企业或者较大的事业单位，根据需要建立专职消防队，负责本单位的消防工作，所需经费由本单位开支，新建的城市和扩建、改建的市区，应当按照接到报警后消防车能在5min内到达责任区边沿的原则设立公安消防队（站）；消防队（站）的设置不符合上述规定的，应当逐步增设；镇和工矿区需要设立公安消防队（站）；现有消防队（站）的消防器材、设备和设施不足的，应当逐步配置。

③ 火灾扑救　任何单位和个人在发现火警的时候，都应当迅速准确地报警，并积极参加扑救；起火单位必须及时组织力量，扑救火灾，邻近单位应当积极支援；消防队接到报警后，必须迅速赶赴火场，进行扑救；火场的扑救工作，由消防监督机构统一组织和指挥。火场总指挥员在火灾蔓延，必须进行拆除才能避免重大损失的时候，有权决定拆除毗连火场的建筑物和构筑物；在紧急情况下，有权调用交通运输、供水、供电、电信和医疗救护、环境卫生等部门的力量；消防车、消防艇赶赴火场的时候，其他车辆、船舶和人员必须避让；必要时可以使用一般不准通行的道路、空地和水域。交通管理的指挥人员应当保证消防车、消防艇迅速通行；消防车、消防艇以及其他消防器材、设备和设施，除抢险救灾外，不得用于与消防工作无关的方面；在扑救火灾中受伤、致残或者牺牲的非国家职工，由起火单位按照国务院有关主管部门的规定给予医疗、抚恤；起火单位对起火没有责任的，或者确实无力负担的，以及火灾由住户引起的，由当地人民政府给予医疗、抚恤。

（4）爆炸事故的预防

采取监测措施，当发现空气中有可燃气体、蒸气或粉尘浓度达到危险值时，就应采取适当的安全防护措施。在有火灾、爆炸危险的车间内，应尽量避免焊接作业，进行焊接作业的地点必须要和易燃易爆的生产设备保持一定的安全距离。如需对生产、盛装易燃物料的设备和管道进行动火作业时，应严格执行隔绝、置换、清洗动火分析等有关规定，确保动火作业的安全。在有火灾、爆炸危险的场合，汽车排气管上要安设火星熄灭器；为防止烟囱飞火，炉膛内要燃烧充分，烟囱要有足够的高度。搬动盛有可燃气体或易燃液体的容器、气瓶时要轻拿轻放，严禁抛掷，防止相互撞击。进入易燃易爆车间应穿防静电的工作服，不准穿带钉子的鞋。对本身具有自燃能力的油脂、遇空气能自燃的物质以及遇火能燃烧爆炸的物质，应采取隔绝空气、防水、防潮或采取通风、散热、降温等措施，以防止物质自燃和爆炸。相互接触会引起爆炸的两类物质不能混合存放；遇酸、碱有可能发生分解爆炸的物质应避免与酸、碱接触；对机械作用较为敏感的物质要轻拿轻放。对于不稳定物质，在储存过程中应添加稳定剂。防止生产过程中易燃易爆物的跑、冒、滴、漏，以防扩散到空间而引起火灾爆炸事故。锅炉操作人员必须经过有资格的培训单位培训并考试合格，取得操作证后方可进行操作。锅炉、压力容器必须在安全阀、压力表、液位计等安全装置保持完好的情况下才能使用；严禁超温、超压运行。

（5）高处坠落事故的预防

高处作业是指凡在坠落高度基准面 2m 以上有可能坠落的高处作业。为了防止发生高处坠落事故，必须采取一定的预防措施。

① 患有心脏病、高血压、精神病、癫痫病等不适合从事高处作业的人员，不能进行高处作业。

② 高处作业人员在各项安全措施和人身防护用品未解决和落实之前，不能进行施工。对于各种用于高处作业的设施和设备，在投入使用前，要一一加以检查，经确认完好后，才

能投入使用。

③ 高处作业人员的衣着要灵便，脚下要穿软底防滑鞋，不能穿拖鞋、硬底鞋、带钉易滑的靴鞋。高处作业时，应使用安全带，注意要"高挂低用"。操作时要严格遵守各项安全操作规程和劳动纪律。

④ 对作业中的走道、通道板和登高用具等，都应随时加以清扫。传递物件时不能抛递。

⑤ 梯子不得缺档，不得垫高使用。梯子横档间距以 30cm 为宜。使用时上端要扎牢，下端应采取防滑措施。

⑥ 施工过程中若发现高处作业安全设施有缺陷或隐患，务必及时报告并立即处理解决。对危及人身安全的隐患，应立即停止作业。所有安全防护措施和安全标志等，任何人不得毁损或擅自移位和拆除。

(6) 锅炉、压力容器事故的预防

① 锅炉事故的预防

a. 锅炉一般应装在单独建造的锅炉房内。锅炉房通向室外的门应向锅炉外开，在锅炉运行期间不准关门。锅炉房内工作室或生活室的门应向锅炉房内开。

b. 锅炉房的出、入口和通道应畅通无阻。锅炉房实行岗位责任制，对于班组长、司炉工、维修工、水质化验人员等分别规定职责范围。

c. 锅炉的管理要有设备维修保养制度、巡回检查制度、交接班制度、水质管理制度等。

d. 为确保锅炉安全运行，使用锅炉的单位应对锅炉房安全工作实行定期检查。

e. 司炉工必须忠于职守，严格执行操作规程，同时要不断学习，提高业务素质。

② 锅炉及其辅机的操作规程应包括的内容

a. 设备运行前的检查与准备工作。

b. 按正常的操作方法启动运行。

c. 正常停运和紧急停运的操作方法。

d. 设备的维修保养。

③ 压力容器安全事故的预防　压力容器应严格安装操作规程的规定进行操作。加强压力容器的维护工作，并进行定期检验，以便及时发现问题和隐患。压力容器发生下列异常现象之一时，操作人员应立即采取措施，并按规定的报告程序，及时向本厂有关部门报告。

a. 压力容器工作压力、介质温度或壁温超过许用值，采取措施仍不能得到有效控制。

b. 压力容器的主要受压元件出现裂缝、鼓包、变形、泄漏等危及安全的缺陷。

c. 安全附件失效。

d. 接管、紧固件损坏，难以保证安全运行。

(7) 职业病的预防

职业病是指劳动者在生产劳动中，接触职业性有害因素引起的疾病。职业病可分为职业中毒、肺尘埃沉着病、物理因素职业病、职业性传染病、职业性皮肤病、职业性眼病、职业性耳鼻喉疾病、职业性肿瘤及其他职业病等。

① 职业中毒　在工业生产中，常常要接触一些有毒有害的物质，如铅、汞、锰、一氧化碳、氮氧化物、氯、氢氰酸、丙烯腈等，这些物质往往种类繁多，来源广泛，当浓度达到一定值时，便可对人体产生毒害作业。中毒以后，轻则引起头痛、头晕、身体不适等症状，重则使人窒息死亡。为此需采用一定的预防措施。

a. 改进工艺设备和工艺操作方法，从根本上杜绝和减少毒物的产生。

b. 以无毒或低毒原料代替有毒或高毒原料。

c. 密闭式操作。

d. 通风排毒与净化回收。

e. 隔离操作。

f. 个体防护。个体防护用品是保护职工在生产过程中的人身安全和健康必备的防御性装置，对于减轻职业危害起到相当重要的作用。防护工具包括工作服、工作帽、工作鞋、口罩、眼镜、过滤式防毒呼吸器、隔离式防毒呼吸器等。

② 肺尘埃沉着病的预防　肺尘埃沉着病的发病率与人吸入的粉尘量成正比例关系。因此，根本措施是减少或降低空气的粉尘浓度。

a. 减少尘源的产尘量。措施有：改善作业工艺，减少原料的破碎程度；在尘源周围设置密闭设备，使粉尘不扩散到空气中；在尘源处设置除尘器，将产生的粉尘收集起来。

b. 设置通风除尘设备，净化作业空气。

c. 加强安全教育，增强工人的职业卫生意思。

d. 加强劳动保护。

e. 加强粉尘检测。

③ 听力保护　预防噪声危害的技术途径主要有如下几条。

a. 消声。控制和消除噪声源是控制和消除噪声的根本措施，改进工艺过程和生产设备，以低声或无声工艺及设备代替产生噪声的工艺和设备，将噪声源远离工人作业区均是噪声控制的有效手段。

b. 控制噪声的传播。用吸声材料、吸声结构和吸声装置将噪声源封闭，吸收辐射和反射的声能，防止噪声传播。常用的隔声材料有隔声墙、隔声罩、隔声地板等。常用的吸声材料有玻璃棉、矿渣棉、毛毡、泡沫塑料、棉絮等。

c. 佩戴护耳器。护耳器主要包括耳塞与耳罩；合理安排劳动制度，工作日中穿插休息时间，休息时间离开噪声环境，限制噪声作用的工作时间，可减轻噪声对人体的危害。

d. 定期体检。接触噪声的人员应进行定期体检。对于已出现听力下降者，应加以治疗和观察，重者应调离噪声作业。

第二节　环境保护

1. 环境保护的意义

环境是人类生存和发展的基本前提。环境为我们生存和发展提供了必需的资源和条件。自20世纪中期以来，随着科学技术的突飞猛进，人类以前所未有的速度创造着社会财富与物质文明，但同时也严重破坏着地球的生态环境和自然资源，如由于人类无节制地乱砍滥伐，致使森林锐减，加剧了土地沙漠化，生物多样性减少，地球增温等一系列全球性的生态危机。这些严重的环境问题给人类敲响了警钟。环境问题已经作为一个不可回避的重要问题提上了各国政府的议事日程。保护环境，减轻环境污染，遏制生态恶化趋势，成为政府社会管理的重要任务。世界各国认识到生态恶化将严重影响人类的生存，不仅纷纷出台各种法律法规以保护生态环境和自然资源，而且开始思考如何谋求人类和自然的和谐统一。

对于我国，正处于社会主义初级阶段的世界上最大的发展中国家。人口大量增加、资源消耗过多、环境污染严重、生态平衡遭到破坏，这严重制约着我国的经济的发展和人民生活质量的提高。面对人口、资源、环境方面的国情，我们在现代化建设中必须实施可持续发展战略。我国自然资源总量大、种类齐全，但人均占有量远远低于世界平均水平；自然资源分布不平衡，开发利用难度大，同时开发不尽合理、科学，资源浪费现象严重；资源利用率低，对外依赖程度强，制约着我国经济和社会的发展。同时我国是一个严重缺水的国家，人均占有量少，开发利用的不合理，浪费严重。

因此，保护环境的意义重大，它不仅关系到人类的生死存亡，还关系到可持续发展战略的实现，保护环境已被定为我国的一项基本国策，也是政府的一项重要职能，要按照社会主义市场经济的要求，动员全社会的力量做好这项工作。

2. 环境保护的常识

环境保护是指人类为解决现实的或潜在的环境问题，运用现代环境科学理论和方法、技术，采取行政的、法律的、经济的、科学技术的等多方面措施，合理开发利用自然资源，防止和治理环境污染和破坏，综合整治环境，保护人体健康，促进社会经济与环境协调持续发展而采取的各种行动的总称。这就要求人们在合理利用自然资源的同时，深入认识并掌握环境污染和生态破坏的根源与危害，有计划地保护环境，防止环境质量恶化，控制环境污染和生态破坏，保护人体健康，保持生态平衡，保障人类社会的持续发展。其内容主要如下。

① 防治由生产和生活活动引起的环境污染，包括防治工业生产排放的"三废"（废水、废气、废渣）、粉尘、放射性物质以及产生的噪声、振动、恶臭和电磁微波辐射，交通运输活动产生的有害气体、废液、噪声，海上船舶运输排出的污染物，工农业生产和人民生活使用的有毒有害化学品，城镇生活排放的烟尘、污水和垃圾等造成的污染。

② 防止由建设和开发活动引起的环境破坏，包括防止由大型水利工程、铁路、公路干线、大型港口码头、机场和大型工业项目等工程建设对环境造成的污染和破坏，农垦和围湖造田活动、海上油田、海岸带和沼泽地的开发、森林和矿产资源的开发对环境的破坏和影响，新工业区、新城镇的设置和建设等对环境的破坏、污染和影响。

③ 保护有特殊价值的自然环境，包括对珍稀物种及其生活环境、特殊的自然发展史遗迹、地质现象、地貌景观等提供有效的保护。另外，城乡规划、控制水土流失和沙漠化、植树造林、控制人口的增长和分布、合理配置生产力等，也都属于环境保护的内容。

环境保护已成为当今世界各国政府和人民的共同行动和主要任务之一。我国则把环境保护定为我国的一项基本国策，并制定和颁布了一系列环境保护的法律、法规，以保证这一基本国策的贯彻执行。防治环境污染的方针以预防为主，防治结合，综合治理。

环境保护政策如下。

(1) 预防为主，防治结合政策

环境保护政策是把环境污染控制在一定范围，通过各种方式达到有效率的污染水平。因此，预先采取措施，避免或者减少对环境的污染和破坏，是解决环境问题的最有效的办法。中国环境保护的主要目标就是在经济发展过程中，防止环境污染的产生和蔓延。其主要措施是：把环境保护纳入国家和地方的中长期及年度国民经济和社会发展计划；对开发建设项目实行环境影响评价制度和"三同时"制度。

(2) 谁污染，谁治理

环境经济学的角度看，环境是一种稀缺性资源，又是一种共有资源，为了避免"共有地悲剧"，必须由环境破坏者承担治理成本。这也是国际上通用的污染者付费原则的体现，即由污染者承担其污染的责任和费用。其主要措施有：对超过排放标准向大气、水体等排放污染物的企事业单位征收超标排污费，专门用于防治污染；对严重污染的企事业单位实行限期治理；结合企业技术改造防治工业污染。

（3）强化环境管理

由于交易成本的存在，外部性问题无法通过私人市场进行协调而得以解决。解决外部性问题需要依靠政府。污染是一种典型的外部行为，因此，政府必须介入环境保护中来，担当管制者和监督者的角色，与企业一起进行环境治理。强化环境管理政策的主要目的是通过强化政府和企业的环境治理责任，控制和减少因管理不善带来的环境污染和破坏。其主要措施有：逐步建立和完善环境保护法规与标准体系，建立健全各级政府的环境保护机构及国家和地方监测网络；实行地方各级政府环境目标责任制；对重要城市实行环境综合整治定量考核。

知 识 要 点

① 设备检修安全管理在企业提高设备效率，降低能耗，保持机械设备正常的精度和效能，保证产品质量，实现企业的安全生产和最佳的经济效益中具有重要意义。因此必须加强检修安全管理工作，建立完善的设备检修安全管理制度。

② 职业安全管理规范主要由设备检修安全管理制度、安全教育制度、安全操作规程、安全检查制度、安全色及安全标识、特种作业安全、特种设备安全及有毒有害作业安全这八个部分组成。

③ 常见的几种事故预防包括：触电事故的预防、机械事故的预防、火灾事故的预防、爆炸事故的预防、高处坠落事故的预防、锅炉压力容器事故的预防和职业病的预防。

④ 环境是人类生存和发展的基本前提，但是随着科学技术的突飞猛进，出现了严重的环境问题。保护环境，减轻环境污染，遏制生态恶化趋势，意义非常重大，不仅关系到人类的生死存亡，还关系到可持续发展战略的实现，保护环境已被定为我国的一项基本国策，也是政府的一项重要职能。

⑤ 环境保护是指运用现代环境科学理论和方法、技术，合理开发利用自然资源，防止和治理环境污染和破坏，保护人体健康，促进社会经济与环境协调持续发展而采取的各种行动的总称。其内容主要有：防治由生产和生活活动引起的环境污染、防止由建设和开发活动引起的环境破坏及保护有特殊价值的自然环境。环境保护的政策有预防为主、防治结合，谁污染、谁治理和强化环境管理这三个方面。

复习思考题

7-1　简述设备检修安全管理的意义。

7-2　设备检修安全管理制度是什么？

7-3　如何预防压力容器安全事故？

7-4　为什么要进行环境保护？如何保护环境？

7-5　环境保护的政策是什么？

第八章 质量管理与相关法规

第一节 质量与质量管理

1. 质量

质量是企业各项管理工作的综合反映，受到企业经营活动中许多因素的影响，要保证和提高产品质量，就必须实行科学的质量管理。

(1) 质量与产品质量

质量是包含在产品或服务中固有的一种属性。它包括产品或服务提供的实用性、经济性、安全性、可靠性、方便性等。

产品质量的内容包括工作质量、设计质量、部品质量、工艺质量。

工作质量是指与产品质量有关的工作对于产品质量的保证程度。工作质量涉及企业各个层次、各个部门、各个岗位工作的有效性。工作质量取决于企业员工的素质，包括员工的质量意识、责任心、业务水平等。企业决策层（以最高管理者为代表）的工作质量起主导作用，管理层和执行层的工作质量起保证和落实作用。对工作质量，可以通过建立健全工作程序、工作标准和一些直接或间接的定量化指标，使其有章可循，易于考核。实际上，工作质量一般难以定量，通常是通过产品质量的高低、不合格品率的多少来间接反映和定量的。

设计质量是使产品具有技术上的先进性和经济上的合理性，在设计中要积极采用新技术、新工艺、新材料，从而提高产品质量的档次；在工艺设计方面，使加工制造方便、降低制造成本、提高经济效益。

部品质量是指部品的可靠性、不良率。

工艺质量是指为了有效地控制产品质量，企业对生产过程的各项活动做出统一策划。工艺质量控制中应严格遵循研制工作科学规律，结合产品特点制定具体的研制程序，建立技术责任制。

(2) 工程质量

在质量管理工作中，工程质量的含义是指企业为保证生产合格产品而具备的全部手段和条件所达到的水平，一般包括以下几个方面。

① 人　即人的素质，包括人的文化技术水平，操作熟练程度，组织管理能力，责任心等。

② 机器　指机器设备、工具的质量，即机器设备和工艺技术装备的精度、适应程度和维护保养质量等。

③ 材料　指原材料、辅助材料、燃烧动力、毛坯、外购件、标准件的质量，即它们的物理、化学性能和几何形状等。

④ 方法　指工艺方法、实验手段、操作规程和组织管理方法等。

⑤ 测量　指测量器具、测量方法等。

⑥ 环境　包括环境的温度、湿度、清洁度、振动、噪声、美化程度等。

上述六个方面的因素，简称为 5M1E，这些影响质量因素综合发生作用的过程就是质量工程发生作用的过程。企业工程质量的好坏，决定产品的质量高低。因此，要提高产品质量首先必须提高工程质量。

2. 质量管理

(1) 质量管理的内容

质量管理是企业全部管理活动的一个方面，即确定质量方针、目标和职责并在质量体系中通过质量策划、质量控制、质量保证和质量改进使其实施的全部管理职能的全部活动。

质量管理是各级管理者的职责，但必须由最高管理者来引导。质量管理的实施涉及组织的全体成员。在质量管理中，必须考虑经济因素。

① 质量策划　是指确定质量和质量体系要素的应用的目标和要求的活动。具体包括产品策划（对质量特性进行识别、分类和分级，并建立目标、质量要求和约束）、管理和作业策划（为实施质量体系准备，包括组织工作和进度安排）以及编制质量计划并对质量改进加以预测。

② 质量控制　是指为达到质量要求而采取的作业技术和活动。质量控制包括作业技术和活动，其目的在于对过程进行监视并消除质量环各阶段所导致不满意结果的原因，以取得经济效益。

③ 质量保证　是指为使人们确信某实体能满足质量要求，在质量体系内实施并按需要进行证实的全部有计划的和系统的活动。有内部和外部两种目的的质量保证。内部质量保证是指在组织内部，使管理者建立信心；外部质量保证是指在合同或其他环境中，使顾客或其他人建立信心。

质量控制和质量保证的某些活动是相互关联的，如果质量要求不能完全反映用户的需求，则质量保证也不能取得充分的信任。

(2) 全面质量管理及其特点

全面质量管理是指企业为了保证和提高产品质量，综合运用管理思想、管理技术和管理方法对企业全体人员、经营管理全过程和影响服务质量的诸因素实行标准化、目标化和规范化的封闭式管理。

全面质量管理的特点集中表现在"全"字上，即全体人员、全部过程、全部内容。

全体人员参加，就是要求企业上自最高领导，下至每位工人，都要投入以产品质量为中心的管理工作中去；要把改进组织管理、研究专业技术和应用数理统计有机地结合起来，贯彻质量第一的方针；要广泛开展群众性的质量信得过或 TQC（全面质量管理）小组活动，调动全体职工关心和参与质量管理的积极性。

全部过程就是要求把质量管理工作的重点，从"事后把关"转移到"事先预防"上来。要从产品设计、试制，原材料和外购件的采购验收，生产、销售，一直到销售后的用户服务工作，都严格进行质量管理。要求事先把生产过程中影响到产品质量的各种因素加以控制，使整个生产过程始终处于稳定状态，从而充分保证产品的质量。

全部内容是指"质量"不仅是侠义的产品质量和有关的工作质量，如产品成本的质量、生产数量和交货期的质量，销售与服务的质量，而且还要更广泛地包含以提高产品质量为中心的各部门人员的工作质量，如情报的质量、方针决策的质量等。

(3) 全面质量管理内容

全面质量管理强调在设计和研制中就注意保证产品质量。好的产品质量首先是设计出来的，由于设计原因造成劣等品，只能从改进设计上入手。要严把产品设计关，质量管理人员要参加设计审查。

①　质量管理范围延伸到厂外　对外购原材料、零件进行质量管理，不仅进厂时严格检验，而且要把管理的重点放在检查供应厂方的质量管理系统和工作状况上，只有在断定其有能力保证按质量要求供货后，才签订合同。

②　以预防为主　生产过程中的质量管理，重点是保证形成一个能稳定生产合格产品的生产系统，而不是仅限于事后检验，挑出不合格品。对生产过程中影响质量的各种因素，如机床、工具、夹具、模具、量具、仪器仪表的精密度，都要定期检查、核定和校准。

③　对用户进行售后服务　把产品质量管理延伸到产品销售以后，对用户提供质量保证，规定保修期。对有质量问题的产品，按自己的保证包退、包修、包换，不打折扣。

④　准确记录和统计　对发生质量的问题，进行准确记录和统计，认真分析找出原因，改进质量管理工作。

⑤　根据用户反馈信息，改进工作　要在听取用户意见和为用户服务的过程中，筛选出有价值的信息，改进工作，改进产品设计，设计新一代产品和修改质量标准。

（4）质量保证体系

质量保证体系就是企业以保证和提高产品质量为目标，运用系统的概念和方法，依靠必要的组织机构，把各部门、各环节的质量活动严格地组织起来，形成一个有明确任务、职责、权限、互相协调、互相促进的质量管理有机整体。通俗地说，质量保证体系也就是质量管理网。

①　质量保证体系的建立　建立和健全质量管理机构和质量责任制。全面质量管理领导小组→全面质量管理办公室→质量管理小组→质量控制点→质量责任制。明确任务、责任、权限，要和经济责任制结合起来。

建立质量信息反馈系统，并专人负责，定期分析。

实现质量管理标准化和程序化，把一些重复出现的质量管理业务的处理办法制定为标准，纳入规章制度，通过图表和文字定为程序。

广泛开展 QC 小组活动：QC 小组是建立在班组基础上的质量管理小组，是调动职工广泛参加质量管理的有效形式。

②　质量保证体系运转的基本方式　全面质量管理具有很强的系统性。实行全面质量管理，必须建立一个全厂性的质量管理工作体系。各项管理工作一般都要求做到有计划、有执行、有检查、有总结。质量管理专家把这套办法加以总结概括，运用到质量管理工作中去形成一套体现质量管理工作客观规律性的思想方法和工作步骤，这就是著名的 PDCA（计划、执行、检查、总结）管理循环。这个循环是质量管理体系运转的基本方式。这个管理循环包括质量管理工作必须经过的四个阶段八个步骤。

a. P 阶段——计划。拟定计划，包括方针、目标、活动计划书、管理项目等。如制定某产品质量升级计划书，就要调查用户要求，提出进行设计、试制、试验工作的目标和要求。这个阶段又可具体化为四个步骤：找出问题；分析原因；找出主要原因（主要矛盾）；研究措施，提出计划目标和执行计划。

b. D 阶段——实施。要进行扎实的工作，如根据提高产品质量计划，制定质量标准、操作过程和作业标准等，并组织实施落实。

c. C 阶段——检查。把实际工作结果与计划对比，检查是否按计划规定的要求去做了，哪些做对了，哪些做错了，哪些有效果，哪些没有效果。通过检查，了解效果如何，找出问题及其产生原因。

d. A 阶段——总结。这一阶段包括两个工作步骤。一是总结经验，并使之标准化。根据检查结果，把执行中取得的成功经验加以肯定，形成标准，纳入标准规程，制订作业指导书、管理标准等，以便以后再进行同样的工作和业务活动，可照此办理。对于失败的教训，也要加以总结，将数据资料记录在案，形成另一种性质的标准，引以为戒，防止错误重演。二是把遗留问题转入下一管理再循环。经过一个管理循环，解决了一批问题，但是，总会有些问题解决不了，也可能是解决了主要问题之后，一些原来次要的问题提到日程上来了。这些问题，都要查明原因，作为遗留问题转到下一循环计划中去，通过再循环求得解决。

PDCA 四个阶段是周而复始的循环。原有矛盾解决了，又会有新的矛盾。矛盾不断产生不断克服，如此循环不止。这就是质量管理的前进过程，质量管理体系运转的基本方式。这种管理循环的原理，不仅适用于质量管理，也适用于其他管理工作、生产活动、科学研究以及日常的生活、工作和学习。

③ PDCA 循环的特点

a. 大环套小环，一环扣一环；小环保大环，推动大循环，如图 8-1 所示。PDCA 管理循环作为质量管理的一种科学方法，适用企业各个环节各个方面的质量管理工作。整个企业的选题管理体系的活动构成了一个大的管理循环，而各级各部门又都有各自的管理循环，各级各部门又有更小的管理循环，直至具体落实到班组和个人。如全厂有总的质量计划目标，下面的车间和科室就根据全厂的计划制定各自的计划，工段和小组再根据车间计划分解提出自己的计划，直至落实到每位工人。上一级的循环是下一级循环的根据，下一级循环是上一级循环的组成部分和具体保证。

b. 管理循环每转动一周就提高一步。管理循环如同一个转动的车轮，转动一周前进一步，不停地转动就不断地提高，如图 8-2 所示，就像上楼梯一样，逐级上升。这样循环往复，质量问题不断得到解决，管理水平、工作质量就步步提高。

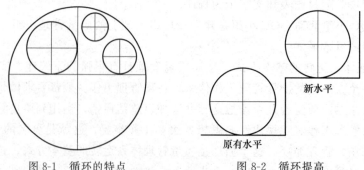

图 8-1　循环的特点　　　　　　图 8-2　循环提高

c. PDCA 管理循环是统一的。把管理工作划分为阶段、步骤是相对的，不能完全割裂、完全分开。它们紧密衔接连接成一体，各个阶段之间又存在一定的交叉。在实际工作中，边计划边执行，边执行边检查，边检查边总结，边总结边改进的情况是经常存在的。

（5）质量管理的统计方法

全面质量管理根据实施进行判断、管理，这就需要借助统计方法。目前采用较多的有七种，即分层法、排列图法、因果分析法、直方图法、控制图法、相关图法和统计调查分析法。下面仅对分层法、排列图法、因果分析法作一简介。

① 分层法　又称分类法，是一种常用的统计方法。在质量管理中，通过分层可以把性质不同的数据和出现产品质量问题的各种原因和责任，划分清楚，理出头绪，找出解决问题的方法。分层可以按照不同标志进行：按产品生产时间分，按操作人员分，按使用设备分，按操作方法分和测试手段分等。分层的标志很多，具体采用哪一种，要根据管理人员对生产状况的了解判断。

② 排列图法　排列图全称为主次因素排列图，又称巴雷特图，是以意大利经济学家巴雷特的名字命名的。排列图法是找出影响产品质量关键的有效方法。画排列图首先是要收集一定期间的数据（以 1～3 个月为宜），然后对数据进行加工整理，按此画出直方排列图。图上应注明取得数据的日期、数据总数、绘制者姓名、绘制日期及其他有参考价值的内容。

③ 因果分析图法　通过排列图找出问题所在，还要进一步找出问题的原因。这就需要借助于因果分析图。因果分析图通俗地称为树枝图，它是一种寻找问题产生原因的重要方法。产生不合格品的原因，通常可以从操作者、机器、原材料、加工方法和生产环境五个方面去找。

由于事物之间存在着多层次的因果关系，产生废品的几个方面的原因常是各自的若干中原因的结果，中原因又是各自小原因的结果。如某厂分析产品废品的原因时，找出其中重要方面是操作上的原因，找到的中原因是有的操作者工作时思想不集中，小原因是夜班工人休息不好，更小的原因是夜班工人集体宿舍条件差。这样，就可以有针对性地采取措施。

因果分析图群众性、普及性很强，有利于落实工人参加管理。采用这种方法时，应进行深入调查研究，充分发扬民主。有的企业采取定期召开"诸葛亮会"方式，集中工艺员、施工员、工人和基层干部的智慧，增加分析的准确性。通过分析，还应该找到众多原因中的主要原因，在图上用红线标出。分析中遇到有不同意见，不宜当场辩论，重在通过实践检验。

第二节　劳 动 法

1. 劳动法的概念

劳动法是规范劳动关系及其附属的一切关系的法律制度的总称。有广义和狭义之分。狭义的劳动法仅指《中华人们共和国劳动法》。广义的劳动法包括劳动法律、劳动行政法规、劳动行政规章、地方性劳动行政法规和规章，以及具有法律效力的其他规范性文件、劳动司法解释等。

2. 劳动法的适用范围

在中华人民共和国境内的企业、个体经济组织和与之形成劳动关系的劳动者，国家机关、事业组织、社会团体和与之建立劳动合同关系的劳动者依照劳动法执行；也包括国家机关、事业组织、社会团体的工勤人员；实行企业化管理的事业组织的非工勤人员；其他通过劳动合同（包括聘用合同）与国家机关、事业单位、社会团体建立劳动关系的劳动者。《劳动法》不适用于公务员和比照实行公务员制度的事业组织和社会团体的工作人员，以及农村劳动者（乡镇企业职工和进城务工、经商的农民除外）、现役军人和家庭保姆，在中国境内享有外交特权和豁免权的外国人等。

3. 劳动者的权利和义务

劳动者的权利是指劳动者依照劳动法律行使的权利和享受的利益。劳动者的基本权利包括平等就业和选择就业的权利；取得劳动报酬的权利；利息、休假的权利；获得劳动安全卫生保护的权利；接受职业技能培训的权利；享受社会保险和福利的权利；提请劳动争议处理的权利及法律规定的其他权利。

劳动者的义务是指劳动者必须履行的责任。劳动者的基本义务包括劳动者应完成的劳动任务；提高职业技能；执行劳动安全卫生规程；遵守劳动纪律和职业道德。提高职业技能是劳动者必须履行的义务。

劳动者的权利和义务是相互依存、不可分离的。任何权利的实现总是以义务的履行为条件，没有权利就无所谓义务，没有义务就没有权利，劳动者在享有法律规定的权利的同时，还必须履行法律规定的义务。

第三节 合 同 法

1. 合同法的概念

我国合同法是调整平等主体的交易关系的法律，它主要规范合同的订立、合同的效力、合同的履行、变更、转让、解除、违反合同的责任及各类有名合同等问题。合同法不是一个独立的法律，只是我国民法的重要组成部分。我国合同法是市场经济的基本法律规则。合同法的适用范围应是由平等主体的自然人、法人、其他组织之间设立、变更应适用于、中止民事权利义务关系的协议，简言之，合同法应适用于各类民事合同。具体包括：第一，合同法已确认的 15 类有名合同；第二，物权法、知识产权法、人格权法、劳动法等法律确认的抵押合同、质押合同、土地使用权出让和转让合同、专利权或商标权转让合同、劳动合同等；第三，虽未由民法确认但仍然由平等的民事主体所订立的民事合同，也应受合同法调整，但非平等主体之间的合同关系如企业内部的承包合同，不受合同法调整；婚姻、收养、监护等有身份关系的协议，适用其他法律的规定。

2. 合同法的特征

① 较强的任意性　合同法采取了有约定依约定、无约定依法定的规则，对法律的大多数规则，允许当事人通过协商加以改变。

② 强调平等协商和等价有偿原则　使合同法突出地表现了民法调整对象和调整方法的特点。

③ 富于统一性的财产法　合同法不仅应反映国内统一市场的需要而形成一套统一的规则，同时也应该与国际惯例相衔接。

④ 是创造社会财富的法律　合同法保证当事人的意志从而使订约目的和基于合同所产生的利益得以实现，这与侵权行为法对受害人的补救不同。

3. 劳动合同

(1) 劳动合同的概念

劳动合同，也称劳动契约、劳动协议，它是指劳动者同企业、事业、机关单位等用人单位为确立劳动关系，明确双方责任、权利和义务的协议。根据协议，劳动者加入某一用人单位，承担某一工作和任务，遵守单位内部的劳动规则和其他规章制度。企业、事业、机关、团体等用人单位有义务按照劳动者的劳动数量和质量支付劳动报酬，并根据劳动法律、法规和双方的协议，提供各种劳动条件，保证劳动者享受本单位成员的各种权利和福利待遇。

(2) 劳动合同的内容和期限

劳动合同应当以书面形式订立，并具备以下条款：劳动合同期限；工作内容；劳动保护和劳动条件；劳动报酬；劳动纪律；劳动合同中止的条件；违反劳动合同的责任。劳动合同除前款规定的必备条款外，当事人可以协商约定其他内容。当事人可以在劳动合同中约定保守用人单位商业秘密的有关事项。

劳动合同期限分为有固定期限、无固定期限和以完成一定工作为期限三种。无固定期限的劳动合同是指不约定终止日期的劳动合同。按照平等自愿、协商一致的原则，用人单位和劳动者只要达成一致，无论是初次就业，还是续签劳动合同的，都可以签订无固定期限的劳动合同。劳动者与同一用人单位签订的劳动合同的期限不间断达到十年，劳动合同期满双方同意续订劳动合同时，只要劳动者提出签订无固定期限劳动合同的，用人单位应当与其签订无固定期限的劳动合同。劳动合同可以约定试用期。试用期最长不超过六个月。试用期应包括在劳动合同期限内。

(3) 无效劳动合同

无效劳动合同是指所订立的劳动合同不符合法定条件，不能发生当事人预期的法律后果的劳动合同。劳动法规定，下列劳动合同无效。

① 违反法律、行政法规的劳动合同。

② 采取欺诈、威胁等手段订立的劳动合同。

③ 职工被强迫签订的劳动合同或未经协商一致签订的劳动合同。

无效的劳动合同，从订立的时候起，就没有法律约束力。确认劳动合同部分无效的，如果不影响其余部分的效力，其余部分仍然有效。无效劳动合同由人民法院或劳动争议总裁委员会确认。

(4) 签订劳动合同的程序

签订劳动合同按以下程序进行：劳动者提交用人单位发给的录用报道通知和其他有关证明文件；用人单位向职工介绍其拟定的劳动合同的内容和具体要求；职工在全面了解劳动合同的内容所涉及的真实情况后，有权就合同中的有关规定提出自己的要求，做出同意或不同意录用的表示；双方经过充分协商，最后就合同的各项条款取得一致意见，达成协议，并经双方签字盖章后，劳动合同即告成立；劳动合同成立后，用人单位需向劳动行政主管部门办理鉴定的，还应当到劳动行政主管部门办理鉴定。

用人单位在与劳动者订立劳动合同时，不得以任何形式向劳动者收取定金、保证金（物）或抵押金（物）。

(5) 劳动合同的解除、变更和终止

劳动合同的解除是指劳动合同订立后，尚未全部履行前，由于某种原因导致劳动合同一方或双方当事人提前终止劳动关系的行为。根据劳动法的规定，劳动合同既可以由单方依法解除，也可以由双方协商解除。劳动合同订立后，如发生特殊情况使继续履行合同不可能、没必要时，可依法解除劳动合同。劳动合同的解除，只对未履行的部分发生效力，不涉及已履行的部分。

劳动合同依法签订后就具有法律效力，任何一方都不可以单方变更，但经劳动合同当事人协商一致，可以变更劳动合同。用人单位发生分立或合并后，分立或合并后的用人单位可依据其实际情况与用人单位的劳动者遵循平等自愿、协商一致的原则变更、解除或重新签订劳动合同。在此种情况下重新签订劳动合同视为原劳动合同的变更。

劳动合同期满，劳动合同即行终止，是否续签劳动合同由双方协商确定。若双方当事人在签订劳动合同的同时，约定有提前解除劳动合同的条件，当事人约定的劳动合同终止条件出现，劳动合同也视为到期终止。劳动者在医疗期、孕期、产期和哺乳期内，劳动合同期限届满时，用人单位不得终止劳动合同。劳动合同的期限应自动延续至医疗期、孕期、产期和哺乳期期满为止。

劳动者有下列情况之一的，用人单位可以解除劳动合同：在试用期间被证明不符合录用条件的；严重违反劳动纪律或用人单位规章制度的；严重失职，营私舞弊，对用人单位利益造成重大损害的；被依法追究刑事责任的，（被依法追究刑事责任是指被人民检察院免予起诉的、被人民法院判处刑法的，被人民法院依据刑法免予刑事处分的，劳动者被人民法院判处拘役、三年以下有期徒刑缓刑的），用人单位也可以解除劳动合同。

有下列情况之一的，用人单位可以解除劳动合同，但是应当提前三十日以书面形式通知劳动者本人并给予相应的经济补偿金；劳动者患病或者非因工负伤，医疗期满后，不能从事原工作也不能从事由用人单位另行安排的工作的，请长病假的职工在医疗期满后能从事原工作的，可以继续履行劳动合同，医疗期满后仍不能从事原工作的也不能从事由用人单位另行安排的工作的，由劳动鉴定委员会参照工伤与职业病致残程度鉴定标准进行劳动能力鉴定，被鉴定为一至四级的，应当退出劳动岗位，解除劳动关系，办理因病或非因工负伤退休退职手续，享受相应的退休退职待遇，被鉴定为五至十级的，用人单位可以解除劳动合同，并按规定支付经济补偿金和医疗补助费用；劳动者不能胜任工作，经过培训或者调整工作岗位，仍不能胜任工作的，劳动合同订立时所依据的客观情况发生重大变化，只是原劳动合同无法履行，经当事人协商不能就变更劳动合同达成协议的。

劳动合同签定时所依据的客观情况发生重大变化，致使原劳动合同无法履行，经当事人协商不能就变更劳动合同达成协议，由用人单位解除劳动合同的，用人单位按劳动者在本单位工作的年限，工作时间每满一年发给相当于一个月工资的经济补偿金。

劳动合同解除后，用人单位对符合规定的劳动者应支付经济补偿金。不能因劳动者领取了失业救济金而拒付或克扣经济补偿金，失业保险机构也不能以劳动者领取了经济补偿金为由，停发或减发事业救济金。

劳动法规定，有下列情况之一的，劳动者可以随时通知用人单位解除劳动合同：在使用期内，用人单位以暴力、威胁或者非法限制人身自由的手段强迫劳动的；用人单位未按照劳动合同约定支付劳动报酬或者提供劳动条件的。

除上述情况外，劳动者没有明确的理由也可以单方面提出解除劳动合同，但应该提前三十日以书面形式通知用人单位。超过三十日，劳动者可以向用人单位提出办理解除劳动合同手续，用人单位应予以办理。劳动者在试用期内解除劳动合同，用人单位可以不支付经济补偿金，但应按照劳动者的实际工作天数支付工资。

劳动者违反规定或劳动合同的约定解除劳动合同，对用人单位造成损失的，劳动者应赔偿用人单位下列损失：用人单位招收录用其所支付的费用；用人单位为其支付的培训费用，双方另有约定的按约定办理；对生产、经营和工作造成的直接经济损失；劳动合同约定的其他赔偿费用。

劳动者违反劳动合同中约定的保密事项，对用人单位造成经济损失的，按《反不正当竞争法》第二十条的规定支付用人单位赔偿费用。

知 识 要 点

① 质量是企业各项管理工作的综合反映，是包含在产品或服务中固有的一种属性，受

到产品质量和工程质量的影响。企业工程质量的好坏，决定产品的质量高低。因此，要提高产品质量首先必须提高工程质量。

② 质量管理即确定质量方针、目标和职责并在质量体系中通过质量策划、质量控制、质量保证和质量改进使其实施的全部管理职能的全部活动。全面质量管理是指企业为了保证和提高产品质量，综合运用管理思想、管理技术和管理方法对企业全体人员、经营管理全过程和影响服务质量的诸因素实行标准化、目标化和规范化的封闭式管理。

③ 劳动法是规范劳动关系及其附属的一切关系的法律制度的总称。劳动法有特定的适用范围。劳动者的权利是指劳动者依照劳动法律行使的权利和享受的利益。劳动者的义务是指劳动者必须履行的责任。劳动者在享有法律规定的权利的同时，还必须履行法律规定的义务。

④ 合同法主要规范合同的订立、效力、履行、变更、转让、解除、违反合同的责任及各类有名合同等问题。劳动合同是指劳动者同企业、事业、机关单位等用人单位为确立劳动关系，明确双方责任、权利和义务的协议。劳动合同期限分为有固定期限、无固定期限和以完成一定工作为期限三种。签订劳动合同有一定的程序。

复习思考题

8-1　什么是质量管理？包括哪些内容？

8-2　全面质量管理有什么特点？

8-3　什么是 PDCA 循环程序？它包括哪些内容？有何特点？

8-4　简述劳动法的基本概念和使用范围。

8-5　什么是合同法？签订劳动合同的程序是什么？

附　　录

附录一　国际单位制与工程单位制的单位换算表

(1) 质量单位换算

kg	t	1b
千克,公斤	吨	磅
1	1×10^{-3}	2.205
1×10^3	1	2.205×10^3
0.4536	4.536×10^{-4}	1

(2) 长度单位换算

m	in	ft	yd
米	英寸	英尺	码
1	39.37008	3.280840	1.09361
0.02540	1	0.083333	0.02778
0.30480	12	1	0.33333
0.9144	36	3	1

(3) 力单位换算

N	kgf	1bf	dyn
牛顿,牛	公斤力,公斤	磅	达因
1	0.102	0.2248	1×10^5
9.8067	1	2.2046	9.8067×10^5
4.448	0.4536	1	4.448×10^5
1×10^{-5}	1.02×10^{-6}	2.248×10^{-6}	1

(4) 压力单位换算

bar	Pa	at(kgf/cm²)	atm	mmHg	mmH₂O(kgf/m²)
巴	帕	工程大气压	标准气压	毫米汞柱	毫米水柱
1	1×10^5	1.0197	9.8692×10^{-1}	7.5006×10^2	1.0197×10^4
1×10^{-5}	1	1.0197×10^{-5}	9.8692×10^{-6}	7.5006×10^{-3}	1.0197×10^{-1}
0.9807	9.8067×10^4	1	0.9678	735.5588	1×10^4
1.0133	1.0133×10^5	1.0332	1	760	1.0332×10^4
1.3332×10^{-3}	1.3332×10^2	1.3595×10^{-3}	1.3158×10^{-3}	1	13.595
9.8063×10^{-5}	9.8063	1×10^{-4}	9.6781×10^{-5}	7.3554×10^{-2}	1

(5) 功、热量、能量单位换算

kJ	kgf·m	kcal	kW·h	
千焦	公斤力·米	千卡	千瓦·时	马力·小时
1	1.0197×10^2	0.23885	2.7778×10^{-4}	3.7251×10^{-4}
9.8067×10^{-3}	1	2.3423×10^{-3}	2.7241×10^{-6}	3.6530×10^{-6}
4.1868	4.2694×10^2	1	1.163×10^{-3}	1.5596×10^{-3}
3.6000×10^3	3.671×10^5	8.5985×10^2	1	1.3410
2.6845×10^3	2.7374×10^5	6.4119×10^2	0.7457	1

(6) 功率单位换算

W，J/s	kcal/h	kgf·m/s	hp
瓦	千卡/时	公斤力·米/秒	马力
1	0.8604	0.1020	1.3596×10^3
1.163	1	11.859	1.5812×10^3
9.8065	8.4322	1	1.3333×10^4
7.355×10^{-4}	6.3242×10^{-4}	7.5×10^{-5}	1

附录二　化工常见气体的热力学特性表

名称	分子式	密度(0℃，101.3kPa)/kg·m^{-3}	比热容/kJ·kg^{-1}·℃$^{-1}$	黏度 u /10^{6}Pa·s	沸点(101.3 kPa)/℃	汽化热/kJ·kg^{-1}	临界点 温度/℃	临界点 压强/kPa	热导率/W·m^{-1}·℃$^{-1}$
空气		1.293	1.009	1.73	−195	197	−140.7	3768.4	0.0244
氧	O$_2$	1.429	0.653	2.03	−132.98	213	−118.82	5036.6	0.0240
氮	N$_2$	1.251	0.745	1.70	−195.78	199.2	−147.13	3392.5	0.0228
氢	H$_2$	0.0899	10.13	0.842	−252.75	454.2	−239.9	1296.6	0.163
氦	He$_2$	0.1785	3.18	1.88	−268.95	19.5	−267.96	228.94	0.144
氩	Ar$_2$	1.7820	0.322	2.09	−185.87	163	−122.44	4862.4	0.0173
氨	NH$_3$	0.771	0.67	0.918	−33.4	1373	+132.4	11295	0.0215
一氧化碳	CO	1.250	0.754	1.66	−191.48	211	−140.2	3497.9	0.0226
二氧化碳	CO$_2$	1.976	0.653	1.37	−78.2	574	+31.1	7384.8	0.0137
硫化氢	H$_2$S	1.539	0.804	1.166	−60.2	548	+100.4	19136	0.0131
甲烷	CH$_4$	0.717	1.70	1.03	−161.58	511	−82.15	461.93	0.0300
乙烷	C$_2$H$_6$	1.357	1.44	0.850	−88.50	486	+32.1	4948.5	0.0180
丙烷	C$_3$H$_6$	2.020	1.65	0.795(18℃)	−42.1	427	+95.6	4355.9	0.0148
正丁烷	C$_4$H$_{10}$	2.673	1.73	0.810	−0.5	386	+152	8798.8	0.0135
正戊烷	C$_5$H$_{12}$		1.57	0.874	−36.08	151	+197.1	2342.9	0.0128
乙烯	C$_2$H$_4$	1.261	1.222	0.935	−103.7	481	+9.7	5135.9	0.0164
丙烯	C$_3$H$_4$	1.914	1.436	0.835(20℃)	−47.7	440	+91.4	4599.0	
乙炔	C$_2$H$_2$	1.171	1.352	0.935	−83.66(升华)	829	+35.7	6240.0	0.0184
氯甲烷	CH$_3$Cl	2.303	0.582	0.989	−24.1	406	+148	6685.8	0.0085
苯	C$_6$H$_6$		1.139	0.72	+80.2	394	+288.5	4832.0	0.0088
二氧化硫	SO$_2$	2.927	0.502	1.17	−10.8	394	+157.5	7879.1	0.0077
二氧化氮	NO$_2$		0.615		−21.2	712	+158.2	10130	0.0400

附录三　化工机械相关英语词汇

一、化工机械材料　Chemical Mechanics Materials

1. 金属材料　Metal Material

(1) 黑色金属　Ferrous Metal

碳素钢　carbon steel

低碳钢　low-carbon steel

中碳钢　medium-carbon steel

高碳钢　high-carbon steel

普通碳素钢　general carbon steel

优质碳素钢　high-quality carbon steel

普通低合金结构钢　general structure low-alloy steel

合金结构钢　structural alloy steel

合金钢　alloy steel

低合金钢　low alloy steel

中合金钢　medium alloy steel

高合金钢　high alloy steel

耐热钢　heat resisting steel

高强度钢　high strength steel

复合钢　clad steel

工具钢　tool steel

弹簧钢　spring steel

钼钢　molybdenum steel

镍钢　nickel steel

铬钢　chromium steel

铬钼钢　chrome-molybdenum steel

铬镍钢　chromium-nickel steel，

不锈钢　stainless steel (S. S.)

奥氏体不锈钢　Austenitic stainless steel

马氏体不锈钢　Martensitic stainless steel

司特来合金（钨铬钴合金）　Stellite

耐蚀耐热镍基合金　Hastelloy

铬镍铁合金　inconel

耐热铬镍铁合金　incoloy

20 合金　20 alloy

平炉钢（马丁钢）　Martin steel

镇静钢　killed steel

半镇静钢　semi-killed steel

沸腾钢　rimmed steel；rimming steel；open-steel

锻钢　forged steel

铸钢　cast steel

铸铁　cast iron

灰铸铁　grey cast iron

可锻铸铁　malleable iron

球墨铸铁　nodular cast iron；nodular graphite iron

生铁　pig iron

熟铁，锻铁　wrought iron

高硅铸铁　high silicon cast iron

(2) 有色金属　Non-ferrous Metal

铝　aluminum

铜，紫铜　copper

黄铜　brass

青铜　bronze

铝青铜　aluminum bronze

磷青铜　phosphor bronze

铝镁合金　aluminum magnesium

锰青铜　manganese bronze

蒙乃尔（注：镍及铜合金）　Monel

镍铜合金　nickel copper alloy

非铁合金　nonferrous alloy

钛　titanium

铅　lead

硬铅　hard lead

2. 非金属材料　Non-metallic Material

塑料　plastic

丙烯腈-丁二烯-苯乙烯　acrylonitrile-butadiene-styrene（ABS）

聚乙烯　polyethylene（PE）

聚氯乙烯　polyvinyl chloride（PVC）

苯乙烯橡胶　styrene-rubber（SR）

聚丁烯　polybutylene（PB）

聚丙烯　polypropylene（PP）

聚苯乙烯　polystyrene（PS）

氯化聚醚　chlorinated polyether（CPE）

聚酰胺　polyamide（PA）

聚碳酸酯　polycarbonate（PC）

聚甲基丙烯酸甲酯　polymethyl methacrylate（PMMA）

醋酸丁酸纤维素　cellulose acetate butyrate（CAB）

氯化聚氯乙烯　chlorinated polyvinyl chloride（CPVC）

聚偏二氟乙烯　polyvinylidene fluoride（PVDF）

缩醛塑料　acetal plastic

尼龙塑料　nylon plastic

聚烯烃　polyolefin（PO）

石墨酚醛塑料　graphite phenolic plastics

聚四氟乙烯　polytetrafluoroethylene（PTFE）

纤维增强热塑性塑料　fiber reinforced thermo-plastics

热塑性塑料　thermoplastic

热固性塑料　thermosetting plastics

胶黏剂　adhesive

溶剂胶接剂　solvent cement

树脂　resin

环氧树脂　epoxy，epoxy resin

聚酯树脂　polyester resin

聚酯纤维　polyester fibers

氟塑料　fluoro plastics

聚氨基甲酸酯　polyurethane

丙烯酸树脂　acrylic resin

脲醛树脂　urea resin

呋喃树脂　furan resin

乙烯丙烯二烃单体　ethylene propylene diene monomer（EPDM）

合成橡胶　synthetic rubber

橡胶　rubber

丁腈橡胶　nitrile butadiene rubber

氯丁橡胶　neoprene

天然橡胶　natural rubber

乙丙橡胶　ethylene propylene rubber（EPR）

玻璃　glass

硼硅玻璃　borosilicate glass

耐火砖　fire brick

陶瓷　ceramic

搪瓷　porcelain enamel

木材　wood

3. 型材　Section Materials

型钢　shaped steel，section steel，swage

角钢　angle steel

槽钢　channel

工字钢　I-beam

宽缘工字钢或 H 钢　wide flanged beam

T 型钢　T-bar

方钢　square bar

扁钢　flat bar

角钢　hexagonal steel bar

圆钢　round steel；rod

钢带　strap steel

钢板　plate

网纹钢板　checkered plate

腹板（指型钢的立板）　web

翼缘（指型钢的缘）　wing

4. 材料性能及试验　Properties and Test of Materials

极限强度　ultimate strength

抗拉强度　tensile strength

屈服极限　yield limit

屈服点　yield point

延伸率　percentage elongation

抗压强度　compressive strength

抗弯强度　bending strength

弹性极限　elastic limit

冲击值　impact value

疲劳极限　fatigue limit

蠕变极限　creep limit

持久极限　endurance limit

布氏硬度　Brinell hardness

洛氏硬度　Rockwell hardness

维氏硬度　Vickers diamond hardness，diamond penetrator hardness

韧性　toughness

脆性　brittleness

延性　ductility

冷脆　cold shortness

冷流　cold flow

拉伸试验　tension test

弹性极限　elastic test

屈服强度　yield strength

伸长率　elongation

断面收缩率　reduction of area

弯曲试验　bend test

成形弯曲试验　guide bend test

自由弯曲试验　free bend test

挠曲试验　flexure test

冲击试验　impact test

硬度试验　hardness test

蠕变试验　creep test

蠕变强度　creep strength

蠕变极限　creep limit

蠕变断裂强度　creep rupture strength

疲劳试验 fatigue test

压扁试验 flattening test

压碎试验 crushing test

倒换检验 reverse test

扩口试验 flaring test

腐蚀试验 corrosion test

宏观组织检测 macrostructure detecting test

金相试验、微观检验 microscopic test

硫黄检验 sulphur print

断口组织试验 fractography

二、化工容器 Chemical vessels

1. 压力容器分类与设计 classification & design of pressure vessels

公称直径 nominal diameter (DN)

公称压力 nominal pressure (PN)

压力级，等级，类别 class (CL)

低压容器 low pressure

中压容器 medium pressure

高压容器 high pressure

超高压容器 super-high pressure vessel

大气压 atmosphere (ATM)

真空 vacuum

薄壁容器 thin-walled vessel

薄膜应力 membrane stress

环向应力 circumferential/hoop stress

轴向应力 longitudinal/axial stress

径向应力 radial stress

工作压力 operating pressure; working pressure

设计压力 design pressure

计算压力 calculation pressure

工作温度 operating temperature

设计温度 design temperature

环境温度 ambient temperature

壁厚 wall thickness (WT)

计算厚度 calculated thickness

腐蚀速率 corrosion rate

腐蚀裕量 corrosion allowance

厚壁容器 thick-walled vessel

厚度附加量 additional thickness

2. 设备的结构和常用零部件 Structure and Commonly Used Parts of Equipment

(1) 筒体、封头 Shell and Heads

筒体 shell

多层包扎筒体 layered shell

内筒 inner shell

层板 layer plate

椭圆形封头 ellipsoidal head

平盖 plat cover

半球形封头 hemispherical head

碟形封头 dished head

锥形封头 conical head

折边锥形封头 flanged& conical head

锥段 conical section

(2) 支座 Support

鞍座 saddle

固定鞍座 fixed saddle

滑动鞍座 sliding saddle

耳座 support lug (or bracket)

垫板 wear plate (or pad)

底板 base plate

筋板 rib

腹板 celiac plate

裙座 skirt

通气孔 vent hole

进出口 access opening

腿座 support leg

(3) 主要零部件 Main Parts

接管 nozzle

管台 neck

补强圈 rein ring

加强圈 stiff ring

铭牌 name plate

接地板 earth lug

防冲板 impingement baffle

防涡流挡板 vortex breaker

液位计 level gauge

视镜 glasses

补强管 rein nozzle

筋板 rib

弯头 elbow

管 pipe

人孔 manhole/manway

手孔 handhole

组合视镜 combined glasses

内爬梯 internal ladder

内部扶手 internal handrail

垫圈 washer

吊耳　lifting lug

内件　internals

支承圈　support ring

夹、卡子　clip

保温圈　insulation support ring

弯管　bend pipe

防火螺母　fireproof nut

角钢　angle steel

管帽　pipe cap

凸缘　pad

丝堵　threaded plug

一般挡板　baffle

预焊件　prewelded parts

管架　pipe rack

安全阀　safety valve

除沫器　demister

激冷环　quench ring

下降管　downcomer

溢流管　overflow nozzle

螺钉　screw

铆钉　rivet

锚栓　anchor

销钉　pin

夹具　jig

填料箱　packing box

填料压盖　packing gland

填料　packing

锥顶　cone roof

拱顶　cover roof

加热盘管或蛇管　coil

壁板　shell plate

底板　base plate

边缘板　side plate

中幅板　middle plate

液封槽　liquid seal

消防装置　firefighting device

排水槽　drain

夹套筒体　jacket shell

夹套封头　jacket ellip head

插入管　setin nozzle

复合板　clad plate

衬里　lining

堆焊层　deposited layer

高压筒体端部　shell end flange

高压螺栓　high tension bolt

(4) 密封元件　Seal Element

对焊法兰　welding neck flange

平焊法兰　slip-on flange

衬环法兰　cladded flange

凸面法兰　male flange

凹面法兰　female flange

榫面法兰　tongue flange

槽面法兰　groove flange

法兰盖　blind flange

法兰　Flange

整体管法兰　integral pipe flange

钢管法兰　steel pipe flange

螺纹法兰　threaded flange

承插焊法兰　socket welding flange

松套法兰　lap joint flange（LJF）

孔板法兰　orifice flange

异径法兰　reducing flange

盘座式法兰　pad type flange

松套带颈法兰　loose hubbed flange

焊接板式法兰　welding plate flange

对焊环　welding neck collar（与 stub end 相似）

平焊环　welding-on collar

突缘短节　stub end, lap

翻边端　lapped pipe end

松套板式法兰　loose plate flange

压力级　pressure rating, pressure rating class

压力-温度等级　pressure-temperature rating

法兰密封面，法兰面　flange facing

突面　raised face（RF）

凸面　male face（MF）

凹面　female face（FMF）

榫面　tongue face

槽面　groove face

环连接面　ring joint face

全平面；满平面　flat face; full face（FF）

光滑突面　smooth raised face（SRF）

法兰面加工　facing finish

配对法兰　companion-flange

螺栓圆　bolt circle

垫片　Gasket

平垫片　flat gasket

石棉橡胶垫片　asbestos gasket

缠绕垫片　spiral wound gasket

橡胶垫片　rubber gasket

金属包垫片　metal jacketed gasket

石墨垫片　graphite gasket

聚四氟乙烯垫片　polytetrafluoroethylene gasket

环形平垫片　flat ring gasket

平金属垫片　flat metal gasket

整体金属齿形垫片　solid metal serrated gasket

槽形金属垫片　grooved metal gasket

环形连接金属垫片　ring joint metal gasket

八角环形垫片　octagonal ring gasket

椭圆环形垫片　oval ring gasket

透镜式垫片　lens gasket

非金属垫片　non-metallic gasket

螺栓　bolt

双头螺柱　stud

螺母　nut

3. 检验及试验　Inspection and Test

肉眼检验；外观检验　visual inspection

无损检验　non-destructive testing（NDT）

着色渗透检验　dye penetrant inspection

液体渗透检验　liquid penetrant test（PT）

磁粉探伤检验　magnetic particle test（MT）

超声波探伤检验　ultrasonic test（UT）

涡流探伤　eddy current test（ET）

射线探伤检验　radiographic test（RT）

X 射线照相　X-ray radiography

γ 射线照相　gamma radiography

透度计　penetrameter

对比计　contrast meter

针孔检验　pinhole meter

声波发射　acoustic emission（AE）

荧光渗透检验　fluorescent penetrant inspection

水压试验　hydrostatic test

气压试验　pneumatic test

气密试验　air tightness test

泄漏试验　leak test

焊接检验　welding inspection

卤气泄漏试验　halogen gas leak test

氦泄漏试验　helium leakage test

阀门打压试验　seat leakage test

蒸汽试验　steam test

盛水试验　full water test

真空试验　vacuum test

压力试验　pressure test

拉伸试验　tension test

弯曲试验　bending test

冲击试验　impact test

硬度试验　hardness test

疲劳试验　fatigue test

压扁试验　flattening test

扩口试验　flaring test

金相试验　microscopic test

腐蚀试验　corrosion test

焊接工艺评定试验　welding procedure qualification test

三、换热器　Heat Exchanger

管翅式换热器　tube fin heat exchanger

管壳式换热器　shell and tube heat exchanger

浮头式换热器　floating head heat exchanger

板翅式换热器　plate-fin heat exchanger

螺旋管式换热器　spiral tube heat exchanger

螺旋板式换热器　spiral plate heat exchanger

套管式换热器　double pipe heat exchanger

U 形管式换热器　U-type heat exchanger

填料函式换热器　outside packed floating head heat exchanger

换热器　heat exchanger

空冷器　air cooler

水冷却器　water cooler

冷凝器　condenser

蒸发器　evaporator

再沸器　reboiler

急冷器　quencher

深冷器　chiller

预热器　preheater

再热器　reheater

加热器　heater

电加热器　electric heater

过热器　super heater

给水加热器　feed water heater

中间冷却器　inter cooler

后冷却器　after cooler

管束　bundle

管板　tubesheet

折流板　transverse baffle

弓形折流板　segmental baffle

支持板　support plate

换热管　tube

三角形排列　triangular pattern

正方形排列　square pattern

定距管　spacer

挡管　dummy tube

拉杆　tie rod

防冲板　impingement baffle

滑道杆　guide rod（bar）

旁路挡板　seal strip

分程隔板　pass partition

壳体纵向隔板　longitudinal baffle

密封条　seal strip

U 形管　U tube

中间分流挡板　intermediate baffle

浮动管板　floating tubesheet

浮头盖　floating head cover

浮头盖法兰　floating head over flange

钩圈　backing device

平盖管箱　channel

凸形封头管箱　channel

后端管箱　rear end head

外头盖　shell cover

防松支耳　anti-loosening lug

防松螺栓　anti-loosening bolt

环首螺钉　eye bolt

顶丝　jack screw

膨胀节　expansion joint

波纹膨胀节　bellows expansion' joint

排污口　drain

放空口　vent

堰板　weir

釜式锥段　conical section

偏心锥段　eccentric conical section

鞍座间调整垫板　shim plate

四、塔设备　Tower

洗涤塔　scrubber

吸收塔　absorber

冷却塔　cooling tower

精馏塔　fractionating tower

蒸馏塔　distillation tower

再生塔　regenering tower

造粒塔　preflling tower

汽提塔　stripper

脱气塔　degasifier

合成塔　synthesis tower

塔盘　tray

吊柱　davit

支持圈　support ring

降液管（板）　downcomer

填料　packing

填充物　filling

分布器　distributor

再分布器　redistributor

泡罩　bubble cap

浮阀　floating valve

溢流堰　overflow weir

受液堰　seal pan

入口堰　inlet weir

出口堰　outlet weir

筛板　sieve plate

内件　internals

限位板　stopper

拉杆　tie rod

防溅溢流板　deck

碎流挡板　stream breaker

预焊件　prewelded part

管架　bracket

栅板　grating

支承块　support block

就位吊耳　retaining lug

反应器　reactor

聚台釜　polymerizer

转化器，变换器　converter

脱硫反应器　desulphurization reactor

甲烷化器　methanator

五、管路与阀门　Pipeline and Valves

1. 管子　Pipe，Tube

管子（按照配管标准规格制造的）　pipe

管子（不按配管标准规格制造的其他用管）　tube

钢管　steel pipe

铸铁管　cast iron pipe

衬里管　lined pipe

复合管　clad pipe

碳钢管　carbon steel pipe

合金钢管　alloy steel pipe

不锈钢　stainless steel pipe

奥氏体不锈钢管　austenitic stainless steel pipe

铁合金钢管　ferritic alloy steel pipe

轧制钢管　wrought-steel pipe

锻铁管　wrought-iron pipe

无缝钢管　seamless（SMLS）steel pipe

焊接钢管　welded steel pipe

电阻焊钢管　electric-resistance welded steel pipe

电熔（弧）焊钢板卷管　electric-fusion（arc）-welded steel-plate pipe

螺旋焊接钢管　spiral welded steel pipe

镀锌钢管　galvanized steel pipe

热轧无缝钢管　hot-rolling seamless pipe

冷拔无缝钢管　cold-drawing seamless pipe

水煤气钢管　water-gas steel pipe

塑料管　plastic pipe

玻璃管　glass tube

橡胶管　rubber tube

直管　run pipe；straight pipe

弯头　elbow

异径弯头　reducing elbow

带支座弯头　base elbow

长半径弯头　long radius elbow

短半径弯头　short radius elbow

长半径180°弯头　long radius return

短半径180°弯头　short radius return

带侧向口的弯头（右向或左向）　side outlet elbow（right hand or left hand）

双支管弯头　double branch elbow

三通　tee

异径三通　reducing tee

等径三通　straight tee

45°斜三通　45° lateral

Y型三通（俗称裤衩）　true "Y"

四通　cross

等径四通　straight cross

异径四通　reducing cross

异径管　reducer

螺纹支管台　threadolet

焊接支管台　weldolet

承插支管台　sockolet

弯头支管台　elbolet

斜接支管台　latrolet

镶入式支管嘴　sweepolet

短管支管台　nipolet

支管台，插入式支管台　boss

管接头　coupling，full coupling

半管接头　half coupling

异径管接头　reducing coupling

活接头　union

内外螺纹缩接（俗称补芯）　bushing

管帽　cap（C）

堵头　plug

短节　nipple

异径短节　reducing nipple；swage nipple

预制弯管　fabricated pipe bend

跨越弯管　cross-over bend

偏置弯管　offset bend

90°弯管　quarter bend

环形弯管　cirele bend

单侧偏置90°弯管　single offset quarter bend

S形弯管　"S" bend

单侧偏置U形膨胀弯管　single offset "U" bend

U形弯管　"U" bend

双偏置U形膨胀弯管　double offset expansion "U" bend

斜接弯管　mitre bend

三节斜接弯管　3-piece mitre bend

折皱弯管　corrugated bend

圆度　roundness

阀轭　yoke

外螺纹阀杆及阀轭　outside screw and yoke（OS & Y）

阀杆　stem

内螺纹　inside screw（IS）

阀轭套　yoke sleeve

阀杆环　stem ring

阀座　valve seat（body seat）

阀座环、密封圈　seat ring

整体（阀）座　integral seat

堆焊（阀）座　deposited seat

阀芯（包括密封圈、杆等内件）　trim

阀盘　disc

阀盘密封圈　disc seat

阀体　body

阀盖　bonnet

阀盖衬套　bonnet bush

螺纹阀帽　screw cap

螺纹阀盖　screw bonnet

螺栓连接的阀盖　bolted bonnet（BB）

活接阀盖（帽）　union bonnet（cap）

螺栓连接的阀帽　bolted cap（BC）

焊接阀盖　welded bonnet（WB）

本体阀杆密封　body stem seal

石棉安全密封　asbestos emenen seal

倒密封　back seal

压力密封的阀盖　pressure-tight bonnet

动力操纵器　powered operator

电动操纵器　electric motor operator

气动操纵器　pneumatic operator

液压操纵器　hydraulic operator

快速操纵器　quick-acting operator

滑动阀杆　sliding stem

正齿轮传动　spur gear operated

锥齿轮传动　bevel gear operated

扳手操作　wrench operated

链轮　chain wheel

手轮　hand wheel

手柄 hand lever（handle）

汽缸（或液压缸）操纵的　cylinder operated

链条操纵的　chain operated

等径孔道　full bore；full port

异径孔道　reducing bore

短型　short pattern

紧凑型（小型）compact type

笼式环　lantern ring

2. 阀门　Valves

压盖　gland

阀杆填料　stem packing

阀盖垫片　bonnet gasket

升杆式（明杆）rising stem（RS）

非升杆式（暗杆）non-rising stem（NRS）

指示器/限位器　indicator/stopper

注油器　grease injector

可更换的阀座环　renewable seat ring

阀　gate valve

截止阀　globe valve

节流阀　throttle valve

针阀　needle valve

角阀　angle valve

Y 型阀（Y 型阀体截止阀）Y-valve（Y-body globe valve）

球阀　ball valve

蝶阀　butterfly valve

柱塞阀　piston type valve

旋塞阀　plug valve

隔膜阀　diaphragm valve

夹紧式胶管阀　pinch valve（用于泥浆、粉尘等）

止回阀　check valve

安全泄气阀　safety valve（SV）

安全泄液阀　relief valve（RV）

安全泄压阀　safety relief valve

杠杆重锤式　lever and weight type

引导阀操纵的安全泄气阀　pilot operated safety valve

复式安全泄气阀　twin type safety valve

罐底排污阀　flush-bottom tank valve

电磁阀　solenoid valve，solenoid operated valve

电动阀　electrically operated valve，electric-motor operated valve

气动阀　pneumatic operated valve

低温用阀　cryogenic service valve

蒸汽疏水阀　steam trap

机械式疏水阀　mechanical trap

浮桶式疏水阀　open bucket trap，open top bucket trap

浮球式疏水阀　float trap

倒吊桶式疏水阀　inverted bucket trap

自由浮球式疏水阀　loose float trap

恒温式疏水阀　thermostatic trap

金属膨胀式蒸汽疏水阀　metal expansion steam trap

液体膨胀式蒸汽疏水阀　liquid expansion steam trap

双金属膨胀式蒸汽疏水阀　bimetallic expansion steam trap

压力平衡式恒温疏水阀　balanced pressure thermostatic trap

热动力式疏水阀　thermodynamic trap

脉冲式蒸汽疏水阀　impulse steam trap

放气阀（自动放气阀）air vent valve（automatic air vent valve）（疏水阀用）

平板式滑动闸阀　slab type sliding gate valve

盖阀　flat valve

换向阀　diverting valve，reversing valve

热膨胀阀　thermo expansion valve

自动关闭阀　self-closing gate valve

自动排液阀　self-draining valve

管道盲板阀　line-blind valve

挤压阀 squeeze valve（用于泥浆及粉尘等）

呼吸阀 breather valve

风门、挡板 damper

减压阀 pressure reducing valve, reducing valve

控制阀 control valve

膜式控制阀 diaphragm operated control valve

执行机构 actuator

背压调节阀 back pressure regulating valve

差压调节阀 differential pressure regulating valve

压力比例调节阀 pressure ratio regulating valve

切断阀 block valve; shut-off valve; stop valve

调节阀 regulating valve

快开阀 quick opening valve

快闭阀 quick closing valve

隔断阀 isolating valve

三通阀 three way valve

夹套阀 jacketed valve

非旋转式阀 non-rotary valve

排污阀 blowdown valve

集液排放阀 drip valve

排液阀 drain valve

放空阀 vent valve

卸载阀 unloading valve

排出阀 discharge valve

吸入阀 suction valve

多通路阀 multiport valve

取样阀 sampling valve

手动阀 hand-operated valve; manually operated valve

锻造阀 forged valve

铸造阀 cast valve

（水）龙头 bib; faucet

抽出液阀（小阀） bleed valve

旁路阀 by-pass valve

软管阀 hose valve

混合阀 mixing valve

破真空阀 vacuum breaker

冲洗阀 flush valve

第一道阀；根部阀 primary valve

根部阀 root valve

总管阀 header valve

事故切断阀 emergency valve

3. 管道特殊件 Piping Specialty

粗滤器 strainer

过滤器 filter

临时粗滤器（锥型） temporary strainer（cone type）

Y型粗滤器 Y-type strainer

T型粗滤器 T-type strainer

永久过滤器 permanent filter

丝网粗滤器 gauze strainer

洗眼器及淋浴器 eye washer and shower

视镜 sight glass

阻火器 flame arrester

喷嘴；喷头 spray nozzle

取样冷却器 sample cooler

消声器 silencer

膨胀节 expansion joint

波纹膨胀节 bellow expansion joint

单波 single bellow

双波 double bellow

多波 multiple bellow

压力平衡式膨胀节 pressure balanced expansion

带铰链膨胀节 hinged expansion joint

轴向位移型膨胀节 axial movement type expansion joint

自均衡膨胀节（外加强环） self-equalizing expansion joint

带接杆膨胀节 tied expansion joint

万向型膨胀节 universal type expansion joint

球形补偿器 ball type expansion joint

填函式补偿器 slip type（packed type） expansion joint

单向滑动填料函补偿器 single actionpacked slip joint

软管接头 hose connection（HC）

快速接头 quick coupling

金属软管 metal hose

橡胶管 rubber hose

挠性管 flexible tube

鞍形补强板 reinforcing saddles

补强板 reinforcement pad

特殊法兰 special flange

漏斗 funnel

排液环 drip ring

排液漏斗 drain funnel

插板 blank

垫环　spacer

"8"字盲板　spectacle blind；figure 8 blind

限流孔板　restriction orifice

爆破片　rupture disk

法兰盖贴面　protective disc

费托立克接头　victaulic coupling

六、化工设备的制造　Manufacture of Chemical Equipment

1. 压力加工和切削加工　Pressing and Cutting

组装在一起　fit together

熔合　fuse together

热熔机　fuse machine

修理　repair

外观检查　cosmetic inspect

内部检查　inner parts inspect

大头螺钉　thumb screw

工作间　work cell

台车　trolley

冲压厂　stamping factory

烤漆厂　painting factory

成型厂　molding factory

常用设备　common equipment

整平机　uncoiler and straightener

冲床　punching machine

机械手　robot

油压机　hydraulic machine

车床　lathe

刨床　planer

铣床　miller

磨床　grinder

钻床　driller

线切割　linear cutting

电火花　electrical sparkle

电焊机　welder

铆合机　staker

搬运　to move, to carry, to handle

入库　be put in storage

包装　pack packing

擦油　to apply oil

锉毛刺　to file burr

终检　final inspection

接料　to connect material

翻料　to reverse material

上料　to load material

卸料　to unload material

退料　to return material/stock to

报废　scraped

刮；削　scrape

刮伤　scratch

卷料　roll material

制造流程　manufacture procedure

作业流程　operation procedure

冲压　stamping, press

冲床　punch press, dieing out press

送料机　feeder

料架　rack, shelf, stack

液压缸　cylinder

装上模具　to load a die

拧紧螺栓　to tight a bolt

拧松螺栓　to looser a bolt

易损件　easily damaged parts

标准件　standard parts

润滑　to lubricate

2. 焊接　Welding

电弧焊　arc welding

电熔焊　electric fusion welding（EFW）

气熔焊　fusion gas welding（FGW）

电阻焊　electric resistance welding（ERW）

有保护的金属电弧焊　shielded metal arc welding（SMAW）

手工或自动隋性气体保护钨极电弧焊　manual and automatic inert gas tungsten arc welding（GTAW）

自动埋弧焊　automatic submerged arc welding

金属极惰性气体保护电弧焊　gas metal arc weiding（GMAW）

氩弧焊　argon-arc welding，

气体保护电弧焊　gas-shielded arc welding

气焊　gas welding；flame welding

等离子焊　plasma welding

硬钎焊　braze welding

电渣焊　electroslag welding

爆炸焊　explosive welding

角焊　fillet welding

间断焊　intermittent welding

点焊　spot welding

对焊　butt welding

搭焊　lap welding

塞焊　plug welding

珠焊　bead welding

槽焊　slot welding

堆焊　build up welding

垫板焊　backing weld

坡口　groove

V 形坡口　V groove

单面 U 形坡口　single U groove

K 形坡口　double bevel groove

X 形坡口　double V groove

双面 U 形坡口　double U groove

U-V 组合坡口　combination U and V groove

根部间隙　root gap

焊接符号　symbol of weld

错边量　alignment tolerance

仰焊　overhead welding

现场焊　field weld（F. W.）

封底焊　back run welding

立焊　vertical welding

平焊　flat welding

工厂（车间）焊接 shop weld

定位焊　tack weld

跳焊　skip welding

节距　pitch

焊接缺陷 defects of welding

焊接裂纹　weld crack

根部裂纹　root crack

微裂纹　micro crack

错位　mismatch

弧坑　pit；crater

焊穿　burn through

夹渣　slag inclusion

咬边　undercut

焊瘤　overlap

气孔　porosity，blow hole

砂眼　blister

针孔　pin hole

严重飞溅　excessive spatter

未熔合　incomplete fusion；lack of fusion

根部未焊透　incomplete penetration

母材；基层金属　base metal

预热　preheating

热影响区　heat affected zone（HAZ）

焊条　welding electrode（rod）

焊丝　welding wire

焊药（剂）　flux

3. 热处理　Heat Treatment

（1）普通热处理　Conventional Heat Treatment

退火　annealing

局部退火　spot annealing

中间退火　process annealing

球化退火　spheroids annealing

等温退火　isothermal annealing

极软退火　dead-soft annealing

回水　tempering

正火　normalizing

淬火　quenching

水淬火　water quenching

油淬火　oil quenching

等温淬火　isothermal quenching

断续淬火　slack quenching

高温淬火　hot quenching

水冷淬火　cold quenching

调质　quenching and tempering

消除应力　stress relief

时效处理　ageing treatment

可淬性　hardenability

过热敏感性　superheated susceptivity

回火脆性　temper brittleness

（2）表面热处理　Surface Heat Treatment

火焰表面淬火　flame surface quenching

感应（高频）硬化 induction hardening

渗碳　carbonization

渗氮　nitridation

渗铬　chromizing

渗铝　aluminizing

七、单位　Unit

单位制　system of units

米　meter（m）

毫米　millimeter（mm）

英尺　foot（ft）

英寸　inch（in）

弧度　radian（rad）

度　degree（°）

摄氏　Celsius（C）

华氏　Fahrenheit（F）

磅/平方英寸　pounds per square inch（psi）

百万帕斯卡　million pascal（MPa）

巴　bar

千克（公斤）　kilogram（kg）

克　gram（g）

牛顿　newton（N）

吨　ton（t）

千磅　kilopound（kip）

平方米　square meter（m^2）

方毫米　square millimeter（mm^2）

立方米　cubic meter（m^3）

升　liter；litre（L）

转/分　revolutions per minute（rpm）

百万分之一　parts per million（ppm）

焦（耳）　Joule（J）

千瓦　kilowatt（kW）

伏（特）　volt（V）

安（培）　ampere（A）

欧（姆）　ohm（Ω）

（小）时　hour（h）

分　minute（min）

秒　second（s）

参 考 文 献

[1] 江会保. 化工制图. 北京：化学工业出版社，1998.
[2] 熊放明，曹咏梅. 化工制图. 北京：化学工业出版社，2008.
[3] 潘传九. 化工设备机械基础. 第2版. 北京：化学工业出版社，2002.
[4] 杨素萍. 模具材料与热处理. 上海：上海科技出版社出版，2011.
[5] 仲崇生. 机械设计基础. 上海：上海科技出版社，2011.
[6] 曾宗福. 机械基础. 第2版. 北京：化学工业出版社，2007.
[7] 王绍良. 化工设备基础. 北京：化学工业出版社，2008.
[8] 靳兆文. 压缩机工. 北京：化学工业出版社，2007.
[9] 黄志远，黄勇，杨存吉等. 检修钳工. 北京：化学工业出版社，2008.
[10] 钱锡俊，陈弘. 泵和压缩机. 第2版. 东营：中国石油大学出版社，2003.
[11] 徐建英. 螺杆式空气压缩机，北京：中国铁道出版社，2003.
[12] 李建刚. 汽轮机设备及运行，北京：中国电力出版社，2006.
[13] 高朝祥，文申柳. 化工维修基础. 北京：化学工业出版社，2007.
[14] 潘传九，金燕. 化工机械类专业技能考核试题集. 北京：化工出版社出版，2009.